고층건축물의 세계사

도시건축사

［KOSO KENCHIKUBUTSU NO SEKAISHI］
ⓒ Akihiko Osawa 2015
All rights reserved.
Original Japanese edition published by KODANSHA LTD.
Korean translation rights arranged with KODANSHA LTD.
through Tony International.

고층건축물의 세계사
도시건축사

—

인쇄 2024년 3월 10일 1판 1쇄   **발행** 2024년 3월 15일 1판 1쇄

지은이 오사와 아키히코
옮긴이 이기배
펴낸이 강찬석
펴낸곳 도서출판 미세움
주소 (07315) 서울시 영등포구 도신로51길 4
전화 02-703-7507   **팩스** 02-703-7508
등록 제313-2007-000133호
홈페이지 www.misewoom.com

정가 19,000원

—

ISBN 979-11-88602-75-9   03540

| 고충건축물의 세계사 |

도시건축사

오사와 아키히코 지음
이기배 옮김

미세움

일러두기

1. 내용상 추가 설명이 필요한 부분은 역자주 *로 표시하고 하단에 각주로 실었습니다.
2. 인명, 지명 및 외래어는 굳어진 것은 제외하고 국립국어원의 외래어 표기법과 용례를 따랐습니다.

시작하며

민주사회에서 사람들은 자기 자신을 떠올리면 상상력이 위축된
다. 그러나 국가를 생각할 때는 무한히 확대된다. 좁은 집에서 소
박하게 사는 사람들도 공공 기념비라고 하면, 바로 거대한 것을
계획한다.

– Alexis de Tocqueville, Democracy in America

일상풍경인 고층건축물

고층건축물이 있는 풍경, 이제는 일상적인 것이 됐다. 대도
시뿐만 아니라 지방도시에서도 고층빌딩과 아파트를 볼 수 있다.

일본에서 이렇게 높은 건물들을 볼 수 있게 된 것은 그리 오래
전 일이 아니다. 겨우 십수 년의 일이다. 처음으로 높이 100m를
넘어선 고층빌딩은 1968년 완성된 높이 156m(처마높이 147m)의 가스
미가세키 빌딩이다. 당시 높은 건물로는, 도쿄에는 도쿄 타워, 교
토와 나라에는 오중탑(五重塔) 등이 있었다. 도쿄에서는 1964년까
지, 전국적으로는 1970년까지 일반 건축물의 높이를 원칙적으로

31m로 제한하고 있었다. 그리고 40년 이상이 지난 지금(2014년 말기준)은 도쿄 내에만 100m 넘는 빌딩이 약 400동에 이른다.

이러한 고층건축물 숲은 도시의 스카이라인에 변화를 가져왔다. '스카이라인(skyline)'이란 건물에 의해 만들어지는 하늘의 윤곽을 의미한다.

내 직장은 요코하마 교외 언덕 위에 서 있는 고층빌딩에 있다. 그 최상층 창으로 밖을 바라보면 도쿄 도심의 스카이라인이 멀리 드러난다. 니시신주쿠의 초고층빌딩군을 시작으로 시부야, 이케부쿠로, 롯폰기, 시나가와 등에 서있는 고층건축물이 도쿄의 하늘을 복잡하게 잘라내고 있다. 그 중앙에 높이 634m의 도쿄 스카이트리(TOKYO SKYTREE)가 솟아있다. 한눈에 도쿄의 스카이라인이라는 것을 알 수 있는 실루엣이다.

'스카이라인'은 본래 지표면과 하늘의 경계선을 가리키는 말이었다. 앞에서 이야기한 지금의 의미를 갖게 된 것은 미국의 시카고와 뉴욕에서 마천루가 발전한 19세기 말 무렵이다. 이 시기에 현재 고층오피스빌딩과 고층아파트의 원형이 생겨났다.

그러나 높은 건축물 자체는 고대부터 존재해 있었다.

역사 속에서 고층건축물을 보다

역사를 바라보면 고층건축물의 중심지는 계속 바뀌어왔다. 고대에는 지구라트라는 거대한 종교적 건조물을 건설한 메소포타미아 문명과 피라미드를 만든 이집트 문명이 있는 중동지역이 중심이었다. 중세에 들어서면 크리스트교 고딕 대성당이 있는 유럽으로 옮겨 간다. 19세기 말에는 대서양을 건너 마천루가 임립한 북아메리카로 넘어간다. 그리고 20세기 말 이후, 아시아와 중동이 중심이 된다.

즉, 높은 건물이 입지하는 중심지는 중동에서 시작하여 약 5000년을 지나면서 지구를 한 바퀴 돌아 다시금 중동으로 돌아온 것이다. 고대 바빌론의 지구라트는 높이가 약 90m였다고 하나, 지금은 아랍에미리트 연합국(이하, UAE) 두바이에 지구라트 높이의 약 10배, 828m의 고층빌딩이 서있다. 나아가 1000m를 넘는 빌딩도 계획되고 있다.

역사를 따라 변해 온 것은 높이만이 아니다. 고층건축물의 기능과 건설 시행자, 소유자도 변화해 왔다. 근대 이전에는 국왕의 신전이나 대성당, 모스크와 같은 종교시설, 그리고 성곽의 주탑 등 군사적 시설이 중심이었으며, 국왕, 교회(교황), 영주라는 강력한 권력자가 아니면 만들 수 없는 것이었다. 그러나 근대 이후, 주로 자본가나 기업이 고층건축물을 건설하고 있으며, 오피스빌딩, 공동주택, 전파탑(텔레비전 탑), 전망탑이 중심이 되어갔다.

이 책의 목적

이 책의 목적은 아래 세 가지라고 할 수 있다.

우선, 하나는 역사를 통해 사람들이 어떤 고층건축물을 만들어 왔는가를 돌아보는 것이다. 시대와 지역별로 살펴보려 한다.

둘째는, 사람들이 고층건축물을 만들어온 동기를 찾는 것이다. 고층건축물이 어떠한 의미를 보여 왔는가에 대해서 시대적, 사회

이 책에서 중요하게 다루는 주요 고층건축물과 그 높이

구분	건물명	소재지	높이	완성년도
400m~	부르즈 할리파	두바이, UAE	828m	2010년
	도쿄 스카이트리	도쿄, 일본	634m	2012년
	원 월드 트레이드 센터	뉴욕, 미국	541m	2014년
	월드 트레이드 센터(현존하지 않음)	뉴욕, 미국	417m(북)	1972년
			415m(남)	1973년
400~ 200m	엠파이어 스테이트 빌딩	뉴욕, 미국	381m	1931년
	도쿄 타워	도쿄, 일본	333m	1958년
	에펠 탑	파리, 프랑스	300m*	1889년
	아베노 하루카스	오사카, 일본	300m	2014년
	도쿄도청 제1본청사	도쿄, 일본	243m	1991년
200~ 100m	쾰른 대성당	쾰른, 독일	157m	1880년
	워싱턴 기념탑	워싱턴, D.C, 미국	169m	1884년
	가스미가세키 빌딩	도쿄, 일본	156m	1968년
	쿠푸 왕 피라미드	기자, 이집트	147m*	기원전 2540년
	산 피에트로 대성당	바티칸	138m	1593년 (탑부분)
	세인트 폴 대성당	런던, 영국	110m	1710년
~100m	국회의사당	도쿄, 일본	66.45m	1936년
	도우지 오중탑	쿄토, 일본	55m	1644년
	도쿄 역 마루노우치 역사	도쿄, 일본	46m**	1914년
	마루노우치 빌딩	도쿄, 일본	31m	1923년

* 건설 당초 높이   ** 최고부분 높이

적 배경을 생각하며 찾아보려 한다.

셋째는, 고층건축물의 역사를 통해 '건물의 높이로 본 도시의 역사'를 생각하는 것이다. 건물이 만드는 가로경관의 높이가 도시에서 무엇을 표현해 왔는가에 대해서 생각한다.

이 책에서는 세계 고층건축물의 역사를 크게 여섯 개로 나누어, 각각의 시대에 대해 이야기한다(제1장부터 제6장). 각 장마다 당시 일본의 고층건축물에 대해서도 다룬다. 그리고 마지막 장에서는 정리를 하며 고층건축물의 의미를 일곱 개 시점에서 생각해 본다.

책 전체가 역사적 흐름을 따르고 있으나, 장마다 독립되어 있기 때문에 흥미가 있는 부분부터 읽으면 좋을 것 같다. 고층건축물에 대한 입문서로서 보길 바란다.

고층건축물이라는 단어의 의미를 보면, 본래 일반적 정의는 존재하지 않는다. 이 책에서는 고층오피스빌딩이나 고층아파트는 말할 것도 없고, 피라미드와 대성당, 종루, 천수각, 전파탑, 전망탑 등 다양한 건축물(건조물)을 이야기한다. '수직성을 지향하는 높이의 건조물'을 고층건축물로 본다고 이해하길 바란다. 편의상 100m 넘는 고층빌딩을 초고층빌딩 또는 초고층건축물이라고 표기한다.

건축을 보며 도시를 생각한다

　잠시, 지난 서울의 모습을 떠올려본다. 내 어린 시절 기억을 채우고 있는 우리 동네 흔적은 이제는 어디에도 남아 있지 않다. 굳이 수십 년을 거슬러가지 않아도, 쫓기듯 지내는 일상 속에서 고개를 들어 주변을 볼 때면 서울의 새로운 모습에 새삼 놀라기도 한다. 지금의 도시가 어느 한순간 나타난 것이 아니라는 것은 자명하다. 지난 시간 끊임없이 이어온 삶의 흔적, 그리고 생존과 번영을 위한 경쟁, 최고를 향한 도전이 지금의 도시를 만들었다. 도시는 결코 생명을 다하지 않는 거대한 무엇이다. 그런 의미에서 보면, 우리 모두는 도시의 창조자다. 이 도시를 채우고 있는 한 사람 한 사람의 삶에는 가치가 있다.

　어느 날, 일본 유학 시절 연구실에서 함께 지낸 친구 오사와 아키히코(大澤昭彦) 교수로부터 반가운 연락을 받았다. 오사와 교수는 동갑내기로, 내가 일본에서 생활하고 공부하는 것을 도와준 매우 고마운 친구다. 유학 시절, 궁금한 많은 것을 물어보면 오사와는 늘 친절히 알려주었다. 안부인사와 함께 책을 한 권 보내왔다. 《고층건축물의 세계사》였다. 오사와의 연구 주제는 '건축물 높이 제한'이었다. 건축물의 높이에 대하여 탐구하고 연구하여, '협의형 건축물 높이제한의 도입 가능성'에 관한 연구로 박사학위를 받았다. 《고층건축물의 세계사》는 그가 건축물 높이의 의미를 탐구하는 과정에서 조사한 자료를 바탕으로 집필한 책이었다.

《고층건축물의 세계사》는 메소포타미아 문명에서 시작하여 지난 5000년 동안의 고층건축물을 이야기한다. 지구라트(90m)에서 부르즈 할리파(828m)까지, 수많은 건축물과 높이가 등장한다. 그리고 권력, 본능, 경제성, 경쟁, 아이덴티티, 조망, 경관, 이렇게 일곱 개의 시점에서 그 의미를 찾아간다. 실로 방대한 자료를 보았을 것이다. 그리고 수천 년을 일괄하기 위한 큰 노력이 있었을 것이다. 오사와의 꼼꼼한 성격과 학자로서의 빈틈없는 철저함을 알고 있는 나였기에, 《고층건축물의 세계사》라는 책을 통해 연구에 몰두하고 있는 그의 모습을 떠올릴 수 있었다.

책을 보던 중, 나는 오사와 교수에게 메일을 보냈다. 오사와의 저서를 한국어로 번역하여 많은 이가 읽을 수 있게 하고 싶다는 생각을 전했다. 고마운 친구에게 뭔가 해주고 싶은 마음도 있었다. 그는 흔쾌히 승낙하며 오히려 나에게 감사를 표했다. 그 약속부터 오늘 책을 출판하기까지 너무 오랜 시간이 지났다. 다름 아닌 나의 게으름 때문이었음을 고백한다. 수년간 마음 한구석에 끝내지 못한 숙제를 안고 있었다. 이제 그 숙제를 마무리하면서 조금은 홀가분함을 느낀다. 게으름에 더하여 온전함을 위한 내 고집도 한몫했다. 글자를 번역하는 것이 아닌, 내용을 번역해야 한다는 생각이었다. 그러면서도 저자의 뜻을 오해해선 안 되었다. 우선, 내게 공부가 필요했다. 오사와의 책을 기본 교과서로 하여 건축물의 높이를 이해하기 위한 시간이 필요했다. 그리고 책에서 언급하고 인용한 모든 문헌을 찾아봐야 했다. 본 번역서는 게으름과 고집의 결과물이다.

나의 책꽂이에는 역사를 다룬 책이 적지 않다. 역사 전공자도 아니며, 작은 글씨를 보는 것이 편치 않으면서도 책이 자꾸 늘어난다. 역사에 대해서는 뭔가 의무감 같은 것이 있다. 역사는 과거와 현재, 그리고 미래를 담고 있다. 과거가 쌓여 현재를 이루고 있음은 말할 것도 없다. 역사를 보는 것은 현재를 보는 것이다. 역사를 이해하지 않으면 지금 눈에 보이는 것의 실체와 의미를 알 수 없다. 그리고 과거와 현재는 미래를 채워간다. 역사는 사실의 기록을 의미하는 것이 아니다. 현재와 미래를 포함하는 하나의 흐름이다.

이 책에는 여러 건축물과 그것을 둘러싼 스토리, 그리고 사상가와 건축가가 등장한다. 책을 읽다 보면, 우리 기억에 남아 있는 이야기나 사건이 떠오르기도 한다. 쿠푸 왕 피라미드 건설에 대한 이야기 속에서는 롯데월드타워가 떠올랐으며, 화려한 궁전, 포럼과 신전 같은 공공건축, 그리고 인술라(insula)가 있는 고밀도시 고대 로마 부분에서는 우리의 서울이 생각났다. 로난 포인트 주택의 사례에서는 우리의 아픈 기억인 붕괴사고들이 떠올랐다. 또한 마사오카(正岡子規)가 그린 미래 도쿄를 보면서는 중동지역에서 계획되고 있는 미래도시의 모습이 스쳐갔다. 사람마다 다르겠으나,

책의 내용을 보며 우리나라의 건축물에 관한 이야기나 개인적 경험을 떠올려보는 것도 좋을 듯하다.

이 책은 2015년까지의 이야기를 담고 있다. 즉, 최근 수년간의 고층건축물에 대한 추가적인 연구가 필요하다. 수천 년 전을 시작으로 하고 있음을 생각하면 몇 년 정도야 아무것도 아니라고 할 수도 있겠으나, 꼭 그렇지만은 않다. 우리나라만 보더라도 10년 전, 최고(最高)였던 10개 건축물 중, 현재 10위 안에 남아 있는 것은 단 두 개뿐이다. 최고 높이는 두 배 이상 높아졌다. 높이 200m를 넘어서면서 1985년부터 2003년까지 최고 건축물로서 대한민국 마천루를 상징했던 63빌딩은 2023년 지금, 18위에 자리한다. 순위에 큰 의미를 부여할 이유는 없겠으나, 급속한 기술의 발달은 고층건축물의 역사에도 큰 변화를 주고 있다. 이 책에서 다루고 있는 고층건축물 역사의 연장과 함께, 지금의 고층건축물에 대해서 새롭게 다루는 연구가 필요하다고 생각한다. 거기에는 스마트 기술은 물론, 지구온난화와 기후변화, 공존과 공생과 같은 시점에서 도시의 지속성을 이야기해야 할 것이다.

고층건축물에는 특별함이 있다. 역사 속 고층건축물은 토지소유자, 무덤 주인, 성당의 신자만의 것이 아니었다. 그 시대 도시에서 고층건축물을 바라보았던 모든 이의 공동소유였다. 오사와 교수가 이야기하는 '도(圖)'와 '지(地)', 빅토르 위고가 이야기한 '효용과 아름다움'은 고층건축물이 도시민 공동의 것이라는 것을 이야기한다. 한편, 더는 건축물과 도시를 구분하기 어렵다는 생각도 해 본다. 고층건축물을 보면 하나의 도시와 다름이 없다. 도심에 자리하고 있는 거대한 고층건축물을 가득 채우고 있는 생각과 움직임, 숫자와 정보, 경제활동은 완전한 하나의 도시를 이룬다.

　이 책을 읽는 분들이 잠시 우리의 고층건축물을 바라보고 내일의 도시에 대해서 생각해 보는 시간을 갖게 된다면 좋겠다.

　이 자리를 빌려, 학위논문을 지도해 주신 도쿄 공업대학교(東京工業大学) 나카이 노리히로(中井検裕) 교수님과 요코하마 시립대학교(横浜市立大学) 나카니시 마사히코(中西正彦) 교수님께 감사를 드리고 싶다. 그리고 학창시절부터 지금까지 많은 가르침을 주시는 노춘희 교수님, 이춘호 교수님, 이명훈 교수님, 늘 저에 대한 응원과 조언을 주시는 이상대 박사님과 김제국 박사님께는 감사한 마음을 이루 표할 길이 없다. 나의 연구활동을 아낌없이 지원해 주시는 윤중경 사장님께도 진심으로 감사하다는 말씀을 드린다. 마지막으로, 이 책은 미세움의 강찬석 사장님과 임혜정 편집부장님의 도움으로 출판될 수 있었다. 늘 따뜻한 말씀을 해주시는 미세움 식구들께도 감사의 마음을 전한다.

2023년 12월
이기배

차 례

제5장

초고층빌딩과 타워의 시대 ⋯⋯⋯⋯⋯⋯⋯⋯⋯⋯⋯⋯⋯⋯⋯⋯⋯ 223

제 7 장

병사들이여, 저 피라미드 꼭대기에서 4000년의 역사가 제군들을 내려다보고 있다!

Napoleon Bonaparte(Nina Burleigh 'Napoleon's Scientists and the Unveiling of Egypt)

제 1 장

신을 모시는 거대 건조물

: 기원전 3000년 무렵~기원후 500년 무렵

고층건축물은 도시문명과 함께 태어났다.

메소포타미아(Mesopotamia) 문명은 도시신(都市神)을 모시는 신전이 있는 거대한 건조물, 지구라트(Ziggurat)를 만들었고, 고대 이집트 문명에서는 파라오(Pharaoh, 王)가 피라미드를 건설했다. 높이뿐 아니라 부피도 상당했다. 고층건축물이라기보다는 거대 건조물이라고 표현하는 것이 적절할 듯하다. 이들 거대 건조물은 후세에 건설될 대성당과 종루, 전파탑, 고층빌딩 등 고층건축물에 커다란 영향을 미치게 된다. 따라서 이 책에서는 이른바 고층건축물에 앞선 역사로서 '거대 건조물의 역사'를 살펴보고자 한다.

고대 거대 건조물이 생겨난 배경은 도시주민의 신앙과 관계가 깊다. 도시문명은 안정적 농작물 수확과 정주인구 증가의 결과로서 탄생했다. 그러나 수확량은 홍수, 가뭄, 폭풍우, 한랭 등 자연재해의 영향을 받는다. 자연과학 지식이 충분치 않던 시대에는 필연적으로 천변지이(天變地異) 요인을 초자연적 존재, 즉 신(神)에게서 찾게 된다. 신에게 비는 것만이 풍요를 약속받는 것이라고 믿었다. 그러면서 종교적 제의 등의 체계가 확립되어 간다.

종교의례를 지내면서 신과 교신할 수 있는 특별한 존재가 바로 국가를 운영하는 위정자(爲政者)다. 위정자는 자기 자신이 신과 지상(地上)의 세계를 매개하는 유일한 존재라는 것을 사람들에게 분명히 알리고자 했다. 그러한 이유로 신전과 같은 종교적 건조물을 만들었을 것이다. 크기가 크면 클수록 그 정통성이 보증되었을지도 모른다.

이 장에서는 고대 오리엔트(메소포타미아, 이집트), 고대 그리스, 고대 로마 등 지중해 문명, 그리고 일본의 야요이 시대(弥生時代)*부터 고훈 시대(古墳時代)**를 중심으로 하여, 다종다양한 신을 모시는 도시문명 속에서 만들어진 거대 건조물을 살펴본다. 시기적으로 본다면 대략 기원전 3000년 무렵부터 기원후 5세기 무렵에 해당한다.

1 고대 메소포타미아의 지구라트

우선, 문명의 시작이라고 일컬어지는 고대 메소포타미아의 거대 건조물을 보자.

메소포타미아는 그리스어로 '강(江) 사이의 토지'를 의미한다. 그 이름이 보여주듯, 이 문명은 티그리스 강과 유프라테스 강, 두 개의 큰 강 사이 유역에서 탄생했다. 강물을 끌어들이는 관개농업이 발달했으며 농작물 수확도 안정적이었다. 이러한 조건은 정주사회의 토대가 됐다. 기원전 5000년 무렵부터 사람이 정착하기 시작했고, 기원전 3500년 즈음에는 도시국가로 발전한다.

도시국가에서 농작물의 풍요는 중요한 관심사였다. 넉넉한 농

* 일본의 시대구분 중 하나로, 기원전 10세기 또는 기원전 5세기, 기원전 4세기 무렵부터 기원후 3세기 중반까지의 시대를 이른다.
** 야오이 시대를 잇는 고고학상의 시대구분으로, 고분(古墳)이 활발히 만들어진 시대를 말한다.

작물 수확은 신이 보살펴 준 덕택이라고 믿었다. 메소포타미아 신 중에서 가장 격이 높은 신은 도시의 수호신 '도시신'이었다. 이 시대 신화에서는 신이 내는 화의 결과로서 천변지이를 그리고 있다. 자연재해는 신의 의지를 거역했기 때문에 발생하는 것이라고 받아들여졌다.

이러한 배경에서 꼭대기에 도시신을 모시는 신전을 둔 거대한 계단상의 건조물, 즉 지구라트를 건설했다.

지구라트, '신의 옥좌'이자 '하늘을 향한 사다리'

당시, 사람들은 신의 노동을 대신 떠맡은 존재였다. 도시신에 대한 신앙에 온 생애를 바쳤다. 도시신이 지켜주고 있다는 의식이 강했으며 도시신에 대한 충성심도 높았다고 한다.

왕은 도시신의 집무를 대행하는 존재였으며, 신을 위한 신전을 만드는 것도 중대한 책무 중 하나였다. 도시 내에 다수의 신전, 궁전 등 웅장하고 화려한 건조물을 건설했으며, 그 중심적 존재가 지구라트였다. 지구라트는 도시신을 모시는 신전이 있는 건조물로, 도시 중심에 위치했다. 왕은 거대한 종교시설을 건설함으로써, 도시신이 인정하는 권력의 수행자임을 나타냈다. 자기 자신의 권위를 시각화한 것이다.

지구라트는 아카드어(Akkad)로 '천상의 산', '신의 산'을 의

우루남무 지구라트 복원도

(출처 : Spiro Kostof 저, 鈴木博之 역, 1990, 建築全史, p.111, 住まいの図書館出版局)

미한다. 메소포타미아 문명의 시조인 수메르인은 원래 산지에 살면서, 산 정상에 신을 모셨다. 그러한 영향으로 메소포타미아 사람들이 지구라트를 신성한 산으로 삼았을 것이라는 설이 있다.

지구라트 정상에 있는 신전은 제사(祭司)를 지상으로 내려보낸 신에게 가까이 갈 수 있는 장소, 즉 신관(神官)과 같이 선택받은 인간이 도시신과 교류할 수 있는 장이었다. 지구라트는 하늘과 지상을 잇는 특별한 제단(祭壇)이었으며, 지상에 마련된 '신의 옥좌(玉座)'와 '하늘을 향한 사다리'를 상징하는 것이었다.

바벨탑

역사상, 가장 커다란 지구라트는 '에테멘앙키(É.TEMEN.AN.KI, Etemenanki, 하늘과 땅의 기초가 되는 집)'라고 불리는 바빌론(Babylon)의 지구라트다. 구약성서의 창세기에 기록되어 있는 '바벨탑(Tower of Babel)'이 바로 이 지구라트라고 한다. 바벨탑에는 다음과 같은 설화가 있다.

> 동방 사람들이 와서, 시날(Shinar, 바빌로니아) 땅에서 평야를 발견하고 그곳에 정착했다. 그들은 서로 이야기했다. "벽돌을 구워서 만들자." 그들은 돌 대신 벽돌을, 회칠 대신 아스팔트를 사용했다. 그들은 말했다. "그럼 도시를 만들고 탑을 지어서, 그 꼭대기가 하늘에 닿게 하자. 그렇게 함으로써 우리의 이름을 널리 알리자."
>
> 야훼(Yahweh)가 사람들이 지은 도시와 탑을 보기 위해 내려왔다.

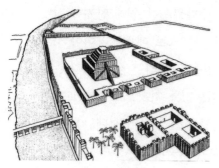

바빌론의 지구라트 복원도

(출처 : B'eatrice Andre'e-Salvini 저, 斎藤かぐみ 역, 2005, バビロン, p.111, 白水社)

그리고 말했다. "저들은 하나의 언어를 가지는 하나의 민족이다. 이것은 시작이다. 이제, 저들은 하고자 하면 못할 것이 없을 것이다. 자, 우리가 내려가서 저들의 언어를 혼란스럽게 만들고 서로 말이 통하지 않도록 하자."

야훼는 그들을 온 땅에 흩어 놓았다. 그리하여 그들은 도시 건설을 멈췄다. 그리고 그 도시의 이름을 '바벨'이라고 불렀다. 야훼가 온 땅의 언어를 어지럽히고, 그들을 온 땅으로 흩어놓았기 때문이다.*

바벨탑 전설은 '신이 있는 하늘을 향하는 거대 건조물 건설은 신에 대한 모독'이라는 '인간의 불손한 태도를 벌하는 교훈'으로서 전해지고 있다. 성서의 기술에는 벽돌과 아스팔트 등과 같은 건설재료에 대한 언급이 있다. 이는 바벨탑이 지구라트였다는 것을 뒷받침하는 근거 중 하나다.

바빌론의 지구라트는 본래 존재하던 지구라트를 다시 만든 것이었다. 신 바빌로니아(New Babylonia) 왕국의 창시자 나보폴라사르(Nabopolassar)가 수복을 개시하여, 네브카드네자르(Nebuchadnezzar) 2세(재위 기원전 604~기원전 562년)가 완성한 것으로 알려져 있다. 바빌로니아의 주신(主神) 마르두크(Marduk)에게 바친 것으로, 점

---

* 구약성서 창세기, 제11장 제2-9절.

토판 문서에는 지구라트 건설에서
왕의 역할이 설형문자로 기록되어
있다.

바빌론의 지구라트 높이

구분	높이	양변 길이
1층	33m	90×90m
2층	18m	78×78m
3층	6m	60×60m
4층	6m	51×51m
5층	6m	42×42m
6층	6m	33×33m
7층	15m	24×21m
합계	90m	−

> 주신 마르두크는 바빌론 단상의
> 탑 … 에테멘앙키에 관해서, 그 기
> 초는 황천의 나라로 하고 정상은
> 하늘처럼 만들도록 명하여 … 나는 벽돌을 굽도록 했다. 또한, 헤
> 아릴 수 없는 높이에서 억수같이 쏟아지는 비와 같은 기세로, 역청(瀝
> 靑, 아스팔트)을 아라후투 운하(River Arahtu)로 옮겨 오게 했다. (중
> 략) 나는 갈대를 가지고 직접 계측했다. … 주신 마르두크를 위해
> 나는 머리를 숙이고, 왕가의 핏줄을 상징하는 이 옷도 버렸다. 그
> 리고 스스로의 머리 위에 벽돌과 흙을 지고 옮겼다.*

'정상은 하늘처럼'이라고 되어 있다. 유적에서 발굴된 점토판
에는 설형문자로 각 층의 크기가 기록되어 있다. 내용을 보면 합
계 7층, 높이 약 90m에 이르며, 바닥 둘레는 전체 높이와 같은 약
90m로 추정된다. 그리고 정상에는 도시신 마르두크가 주거하는
신전이 있다.

바벨탑은 바빌론에 침입한 여러 국가에 의해 파괴되어 버렸기
때문에 현재 남겨진 형태는 존재하지 않는다. 침략자가 피침략국
의 상징적 건조물을 파괴하는 것은 새로운 위정자의 힘을 나타내
는 방법으로, 오랜 역사 속에서 계속 반복되어 왔다.

---

* Spiro Kostof, A History of Architecture.

2 고대 이집트의 피라미드와 오벨리스크

바벨탑을 포함하여 대부분의 지구라트는 현존하지 않는다. 한편, 지금도 그 모습을 볼 수 있는 거대 건조물이 있다. 고대 이집트의 피라미드다. 그중에서도 나폴레옹이 "저 피라미드 꼭대기에서 4000년의 역사가 제군들을 내려다보고 있다"*고 이야기한 높이 약 150m에 이르는 쿠푸 왕의 피라미드가 잘 알려져 있다.

고대 이집트 문명(기원전 3100년 무렵~기원전 332년)에서는 파라오가 절대적인 지배자였다. 파라오는 지배자임과 동시에 살아있는 신으로 간주됐다. '신들과 사람들을 잇는 존재'**였다. 그리고 파라오가 신과의 매개자라는 것을 국민에게 알려주는 상징이 바로 피라미드였다.

피라미드라는 말은 그리스어로 사각뿔 모양의 빵을 의미하는 '피라미스(pyramis)'에서 유래한다. 고대 이집트인은 피라미드를 높이와 계단, 승천의 장소를 의미하는 '메르' 또는 '무르'라고 불렀다. 즉, 피라미드는 그 높이가 중요했다. 이는 파라오가 모시는 신에 대한 신앙과 관계가 깊다.

피라미드를 건설한 의도에 관해서는, 이전에는 살아있는 신인 파라오의 분묘로 알려져 있었으나, 지금은 이에 대한 부정적 견해가 많다. 그 이유는 피라미드 안에 파라오의 사체, 즉 미라가 존재하지 않는 것, 그리고 한 왕이 복수의 피라미드를 건설한 케이

---

* Nina Burleigh, Napoleon's Scientists and the Unveiling of Egypt.
** 大城道則, ピラミッドへの道.

스가 있다는 것 등이다. 그렇기
는 해도 피라미드 원형은 '마스
타바(mastaba)'라는 파라오의 분
묘였다. 마스타바는 지하에 만
든 묘실 위에 일건연와(日乾煉瓦,
점토를 굳히고 햇볕에 말려서 만드는 연
와)로 만든 사다리꼴 구조물을
덮은 수혈식(竪穴式) 지하묘실이

조세르 왕의 피라미드
(출처 : Alberto Siliotti 저, 吉田春美 역, 1998, ピラミッド, p.110,
河出書房新社)

다. 마스타바는 메소포타미아의
지구라트와 같은 계단상 피라미
드가 되면서 전형적인 피라미드로 발전해갔다.

쿠푸 왕 피라미드

피라미드의 정형은 스네프루 왕(Sneferu)의 아들 쿠푸 왕(재위 기
원전 2549~기원전 2526년) 시대에 완성을 맞이했다. 기자(Giza, Gizeh)의
대지에 지어진 3대 피라미드가 대표적이다.

그중 하나인 쿠푸 왕의 피라미드는 밑변 230m, 높이 146.6m에
이른다(현재의 높이는 138.75m). 덧붙이자면, 일본에서 처음으로 높이
100m를 넘은 고층건축물 가스미가세키 빌딩의 처마높이가 이 피
라미드와 거의 같은 147m다.

쿠푸 왕 피라미드에는 평균 2.5t의 석회암이 약 230만 개나 사
용됐다. 석재 운반에는 정기적으로 찾아오는 나일 강의 범람이 이
용되었다고 한다. 범람으로 침수역이 넓어지면 돌을 뗏목에 신

쿠푸 왕의 피라미드

(출처 : Alberto Siliotti 저, 吉田春美 역, 1998, ピラミッド, p.50, 河出書房新社)

고 건설현장 가까이 옮기는 것이 가능했다. 채석장이 나일 강변에 분포해 있는 것은 그 때문이다. 헤로도토스(Herodotos)의 《역사(Historiae)》에 기술된 "이집트는 나일 강의 선물"이라는 유명한 말이 있다. 나일 강은 대지를 비옥하게 만들 뿐만 아니라, 피라미드 건설에도 은혜를 베푼 것이다.

피라미드 건설에는 자연의 힘뿐 아니라, 당시의 최첨단 측량기술과 천문학 지식도 결집됐다. 예를 들어, 사변 길이의 수치를 보면, 각각 동 230.391m, 서 230.357m, 남 230.454m, 북 230.230m로 그 오차는 수십㎝에 그친다. 또한, 사변은 정확히 동서남북을 향하고 있으며, 동측 변과 정북방향 축의 어긋남은 겨우 0도5분30초라고 한다. 피라미드의 아름다움은 무수히 많은 거대한 돌을 정밀하게 쌓아올리는 기술이 있었기에 가능한 것이었다.

태양신앙

고대 이집트에서 피라미드와 같은 거대한 건조물을 건설한 이유는 무엇이었을까.

피라미드 건설의 이유는 고대 이집트 종교와 깊은 관계가 있다고 알려져 있다. 피라미드 정형이 확립된 제4왕조는 태양신앙이

고대 이집트의 주요 피라미드

피라미드	시대	높이	바닥 한 변의 길이	경사각
메이둠의 무너진 피라미드	후니 왕(제3왕조) ~스네프루 왕 (제4왕조)	93.5m	147m	51도50분35초
굴절 피라미드	스네프루 왕	105m (설계상 높이는 128.5m)	188.6m	43도22분(상부), 51도20분35초(하부)
빨간 피라미드	스네프루 왕	104m	약 220m	43도22분
쿠푸 왕의 피라미드	쿠푸 왕(제4왕조)	146.6m (현재는 138.75m)	약 230m	51도50분40초
카프라 왕의 피라미드	카프라 왕 (제4왕조)	약 143.5m (현재는 136.4m)	215.25m	53도10분
멘카우레 왕의 피라미드	멘카우레 왕 (제4왕조)	65~66m	약 103.4m	51도20분

가장 성하였던 시기다. 태양신앙에 의하면, 파라오에게는 사후에 영원의 생명이 주어지며 태양 배를 타고 낮에는 동쪽에서 서쪽으로, 밤에는 지하를 서쪽에서 동쪽으로 나아간다고 한다. 피라미드에는 사후에 태양신 곁으로 가까이 가고 싶어 하는 파라오의 바람이 담겨 있었다. 그 때문에 높은 피라미드를 원했다고 한다.

피라미드를 사각뿔 형상으로 만든 이유는 안정성이나 최소한의 재료로 건설이 가능하다는 건설기술상의 합리성은 물론, 그 외에도 태양이 있는 하늘로 향하는 모양을 표현한 것이라고도 한다. 피라미드 텍스트(피라미드에 새겨진 장례문서의 하나) 중에 "태양 빛은 왕이 하늘로 오르는 경사로(傾斜路)다"라는 기술이 있다. 즉, 사각뿔 모양의 피라미드 형태는 '빛을 돌로 나타낸 것'이며 '왕을 신으로 바꾸기 위한 장치'였던 것이다.*

---

* Jackson, Kevin and Stamp, Jonathan, Pyramid: Beyond Imagination.

신전을 치장하는 오벨리스크

고대 이집트를 대표하는 거대 모뉴먼트가 피라미드만은 아니다. 피라미드 건설이 시들해진 후, 오벨리스크(obelisk)라고 불리는 '신전에 지어진 거대한 돌기둥'이 신앙의 새로운 상징이 된다.

오벨리스크는 바위 한 장으로 만들어진 기둥이다. 위쪽으로 가면서 가늘어지는 직방체로, 가장 끝부분은 피라미드와 같이 뾰족하다. 정상부에는 금박을 씌운 '피라미디온(Pyramidion)'이 있다. 피라미디온은 태양 빛을 반사하는 역할을 한다. 오벨리스크도 피라미드와 같이 태양신앙과 깊은 관계가 있으며, 역시 태양신에게 바치는 것이었다.

오벨리스크 건설은 중왕국(中王國) 시대부터 신왕국(新王國) 시대(기원전 2000~기원전 1000년 무렵)에 걸쳐 왕성했다. 처음에는 단독으로 건설되었으나, 기본적으로 2개 1조가 되어 신전의 탑문(Pylon) 앞에 설치됐다.

대표적인 것이 룩소르 신전(Luxor Temple)의 오벨리스크다. 람세스 2세(재위 기원전 1279~기원전 1213년 무렵)가 신전을 증축하면서 만든 것으로, 탑문 앞의 람세스 2세 거대좌상 앞에 설치됐다.

2개 1조의 오벨리스크는 신전의 정면을 장식하는 '문(門)'으로서 기능했다. 탑문 자체로 문이기는 하지만 그 앞에 오벨리스크를 세움으로써, 문 안쪽으로 사람들의 시선을 끌어들여 신전의 구심성을 강조했다고 한다. 일반 사람들은 탑문 안쪽으로는 들어갈 수 없었다. 그러나 탑문의 벽면과 오벨리스크 표면에 파라오나 신을 칭송하는 비문과 조각을 새겼기 때문에 사람들이 그것을 볼 수는 있었을 것이다. 오벨리스크는 하늘을 향해 솟은 높이와 함께 파라오의 위엄과 권위를 국민에게 보여주는 모뉴먼트였다.

그 후, 왕국이 쇠퇴하고 로마 제국의 침공을 받게 되면서, 고대 이집트의 유구 오벨리스크는 전리품이 되어 로마로 옮겨졌다. 그리고 오벨리스크는 로마 시내를 장식하는 모뉴먼트로 사용됐다.

앞에서 이야기한 룩소르 신전의 오벨리스크는 현재 한 개밖에 남아있지 않다. 다른 하나는 1918년 프랑스에 기증되어, 지

룩소르 신전의 오벨리스크
(출처 : Richard H. Wilkinson 저, 内田杉彦 역, 2002, 古代エジプト神殿大百科, p54, 東洋書林)

금은 파리의 콩코르드 광장(Place de la Concorde) 중심에 서있다. 그리고 투트모세 3세(Thutmose III, 재위 기원전 1490~기원전 1436년 무렵) 시대에 만들어진 오벨리스크가 런던, 뉴욕, 이스탄불에 있다. 외국으로 옮겨진 오벨리스크에 대해서는 뒤쪽에서 다시 다룬다.

3 거대한 고층건축물 도시, 고대 로마

고대 이집트 왕국의 힘이 약해지면서 지중해 세계의 중심이 된 것은 고대 그리스였다. 과학과 문화의 기초를 쌓은 고대 그리스는 신전을 시작으로 건축에서도 독자의 체계를 만들어냈다.

그리스 건축은 비례원칙이나 장식을 중요하게 여겼기 때문에 피라미드와 지구라트 같은 거대한 건조물은 만들어지지 않았다. 아크로폴리스 언덕 위에 서 있는 파르테논 신전(Parthenon)은 어디서나 볼 수 있는 랜드마크다. 그러나 건물 자체가 높게 돌출되어 있지는 않다.

그리스 건축은 크기보다는 질서 있는 디자인, 인간의 척도 등

제정 로마 시기의 주요 공공건축

건물 종류	개수
개선문	40개
공공광장	12개
도서관	28개
공회당	12개
대욕장	11개
공중목욕탕	약 1000개
신전	100개
고명한 인물의 청동상	3500개
황금 및 상아 신상(神像)	160개
기마상(騎馬像)	25개
고대 이집트 오벨리스크	25개
창가(娼家)	46개
수도	11개
가로 변의 급수장	1352개
전차경기장	2개(대경기장은 40만 명 수용 가능)
검투사 원형경기장	2개(콜로세움은 5만~7만 명 관객석)
극장	4개(폼페이우스 극장은 5만 5000석)
모의 해전장(海戰場)	2개(수중 또는 선상경기용의 인공 못)
운동 경기장	1개(도미티아누스 황제의 경기장. 3만 명 관객석)

을 중시했다. 이러한 그리스 건축은 후에 지중해 세계를 지배하고 대제국을 이룬 고대 로마로 계승됐다.

공화정 시기의 로마 건축은 고대 그리스와 같이 인간의 척도로 파악 가능한 건물이 중심이었다. 그러나 제정 시기에 들어 압도적 군사력을 배경으로 판도를 확장하면서, 수도 로마에 웅장하고 화려한 궁전과 포럼(Forum, 공공광장), 신전(神殿), 개선문(凱旋門) 등 모뉴멘틀한 대규모 건조물을 건설했다. 한편, 로마 시내의 인구는 증가 일로를 걸었고, 시민 주택으로서 인술라(insula)라고 불리는 고층아파트가 건설됐다.

판테온

초대 로마 황제 아우구스투스(재위 기원전 27~기원전 14년)는 "나는 로마를 연와(煉瓦) 도시로 이어받아 대리석 도시로 이어줄 것이다"라고 했다.* 대대로 황제가 건설한 거대 건조물은 로마 시내를 웅장한 경관으로 변모시켰으며 제국의 번영을 상징하는 것이 된다.

그 하나가 하드리아누스 황제(재위 117~138년)가 재건한 판테온(Pantheon, 萬神殿)이다. 반구의 거대 돔이 있는 거대한 신전으로 그 높이는 43.2m에 이른다. 고대 그리스와 같이 로마 제국도 여러 신을 모시고 있었다. 이 돔은 로마가 여러 신에게 보호받는 하나의 완결한 세계라는 것을 표현한다고 한다. 판테온 돔의 곡선은 콘크리트를 사용함으로써 실현할 수 있었다고 한다. 고대 로마는 세계 최초로 콘크리트 건조물을 지은 문명이기도 하다.

---

* 青柳正規, 皇帝たちの都ローマ.

개선문, 오락시설

로마 제국은 전쟁으로 영토를 계속 확장해 갔으며, 전승을 축하하는 모뉴먼트를 다수 건설했다. 개선문도 그중 하나다. 전쟁에 승리한 황제를 칭송하기 위하여, 수도 로마로의 개선을 축하하는 의식으로 황제가 그 문을 지나갔다. 따라서 성벽과는 독립된 상징적 성격의 강한 문이 됐다. 셉티미우스 세베루스 황제와 콘스탄티누스 황제의 개선문이 특히 유명하다. 각각 높이는 23m, 21m다. 후에 프랑스의 나폴레옹 1세는 이보다 높은 50m의 개선문을 건설한다. 그에 대해서는 제3장에서 이야기한다.

콘스탄티누스 황제 개선문

(출처 : 堀内淸治, 1982, 世界の建築2: ギリシア・ローマ, p.65, 学習研究社)

전승 기념비라고 하면 앞에서 보았던 고대 이집트의 오벨리스크가 생각난다. 아우구스투스 황제는 이집트를 정복하고 그 증거로 오벨리스크를 로마로 가지고 왔다. 그중에는 30m가 넘

콜로세움

(출처 : 堀内淸治, 1982, 世界の建築2: ギリシア・ローマ, p.69, 学習研究社)

는 것도 있었다.

로마 제국의 큰 건조물은 정부와 종교 관련 시설뿐 아니라, 공동욕장(thermae), 투기장(Colosseum), 야외극장, 체육관, 원형극장(circus) 등 시민의 즐거움을 위한 오락시설도 많았다.

콜로세움은 기원후 80년에 건설된 타원형 투기장으로, 장경 188m, 단경 156m의 5만 명을 수용할 수 있는 거대한 스타디움이었다. 높이는 48.5m였으나 객석 최상부에 목조로 관객석을 더 증설했기 때문에 실제로는 52m 정도가 되었을 것이다.

고층아파트가 밀집한 고밀도시, 고대 로마

제정 시기, 로마의 도시화가 급속히 진행됐다. 로마는 웅장하고 화려한 기념건조물의 도시임과 동시에, 고층아파트가 밀집한 고밀도 주택의 도시였다.

로마 제국의 융성과 함께, 수도 로마로 인구가 집중했다. 시내 면적은 한정되어 있었기에 주택은 필연적으로 고층화할 수밖에 없었다. 기원전 3세기 무렵의 주택은 높아봐야 3층 건물이었다고 한다. 하지만 인구증가에 맞추어 서서히 높이가 높아져 갔으며, 일반시민은 '인술라'라고 불리는 6층에서 8층의 고층아파트에서 살았다.

인술라는 본래 '섬'이라는 의미며, 가구(街區)를 나타내는 단어다. 가구에 꽉 차게 지어진 아파트로 1층은 점포, 각층은 독립된 주택이었다. 시내에는 수도망이 정비되어 있었으나, 펌프가 없었기 때문에 주민은 물이 있는 곳까지 가서 물을 길어와야 했다.

인술라 복원모형
(출처 : Spiro Kostof 저, 鈴木博之 역, 1990, 建築全史, p.350, 住まいの図書館出版局)

　본격적인 인술라는 기원전 1세기 무렵에 처음 만들어졌다. 이후 아우구스투스 황제 시대에 확산되었으며, 네로 황제(재위 54~68년) 시대 대화재에 이은 도시재건 때 단숨에 보급된다.

　황제 시대 말, 기원후 2세기 셉티미우스 세베루스 황제 시대의 토지대장에는 인술라가 4만 6602개소 있었다는 기록이 남아있다. 단독주택(domus)이 1797호였던 것을 보면, 로마 시민의 주택은 주로 고층아파트였다고 할 수 있다. 당시 웅변가 아엘리우스 아리스티데스(Publius Aelius Aristides Theodorus)는 "만약 모든 주택을 지면에 내려놓는다면 로마는 순식간에 아드리아해까지 펼쳐질 것이다"라고 했다.

　1세기부터 2세기에 걸쳐 로마 인구는 약 110만 명, 시 면적은 1783ha다. 인구밀도는 1ha당 617명이 된다. 지금 일본에서 가장 인구밀도가 높은 지자체는 도쿄도 도시마구로, 1ha당 216.8명(2010년 국세조사)이다. 고대 로마는 그 약 3배에 이른 것이다. 아리스티데스의 말은 과장이 아니었다.

고밀도시, 고대 로마의 도시문제

로마 시내의 인구는 계속해서 증가했으며, 아파트 건설은 토지소유자에게 안정적인 수입을 가져다주었다. 토지소유자는 여러 개의 인술라를 가지고 있었다. 한 동을 한 명의 임차인에게 빌려주고, 임차인은 또 다른 사람에게 다시 빌려주었다고 한다. 또한 금융업자도 인술라 건설에 투자하고 이익을 얻었다. 인술라에는 투자 대상으로서의 가치도 있었다.

인술라에 대한 투자 과열로 도시는 더욱 고층화되어갔다. 그리고 화재나 붕괴 등과 같은 사고를 부르게 된다. 고대 로마의 건축가 비트루비우스(Marcus Vitruvius Pollio)는 《건축십서(建築十書, De Architectura)》에 그 원인을 기록했다. 급증하는 인구를 받아들이기 위해서는 주택 공급이 필요했다. 로마 시내 토지는 한정되어 있으므로 건물의 고도이용으로 상면적을 확보하지 않으면 안 됐다. 그 때문에 법률로 건물 벽 두께를 약 45cm 이하로 제한하고 실내 공간을 넓게 하도록 했다. 그러나 그것이 건물의 구조를 취약하게 했으며, 결과적으로 붕괴 등의 사고를 유발했다고 한다.

대부분의 인술라는 4층까지는 외벽을 기와로 덮은 콘크리트조였으며, 5층 이상은 건물의 하중을 가볍게 하도록 목조로 만들어졌다. 이 목조 부분의 벽은 흙벽과 같은 내구성이 약한 소재로 만들어졌기 때문에 균열이 생기기 쉬웠으며, 한도를 넘어서면 붕괴하고 말았다. 또한 상층부를 가볍게 했다고 해도 건물 자체의 무게를 이겨내지 못하여 무너지는 것도 있었다.

붕괴로 무너지는 것 외에 화재로 인한 사고도 빈발했다. 로마는 지중해성 기후로 여름이 건조하기 때문에 화재가 발생하기 쉬웠다. 한 번 화재가 일어나면 가구 전체가 연소되는 경우도 적지 않았다. 예를 들면, 기원전 64년 네로 황제 시대에는 대화재로 시의 3분의 1이 소실됐다. 대도시 로마에서 화재는 커다란 도시 위험이 된 것이다.

아우구스투스 황제는 방화 대책의 하나로 소방청을 설치했다. 소방사가 7000명이나 되는 대규모 조직이었으며, 해방노예가 소방작업에 종사했다. 소방사는 화재가 발생하면 불길이 번지는 것을 방지하기 위하여 건물을 무너뜨려 빈 땅을 만들었다고 한다.

또한, 아우구스투스 황제는 인술라의 방재성과 안전성을 확보하기 위하여 높이제한을 실시했다. 로마 성벽 내, 사유 건조물 높이를 70페스(pes, 약 20.65m)로 규제했다. 그러나 그 정도로는 충분치 않았다. 트라야누스 황제 시대에는 60페스(약 17.7m)로 더 낮아졌다. 또한, 높이제한뿐 아니라, 중정의 설치를 의무화했으며, 바닥에 목재를 사용하는 것도 금지했다.

네로 황제는 대화재 후, 도시를 재건하면서 구획정리와 함께 도로 폭을 확장했다. 그리고 도로의 최소폭원을 규정하고 건물의 높이도 도로 폭원의 두 배로 제한했다.

로마법에서도 일조와 조망을 확보하기 위하여 높이를 제한했다. 예를 들어, 토지소유자가 건물을 개조할 때는 인접 토지의 조망이나 채광을 저해하지 않아야 하며, 신축할 때는 인접 토지의 바다 조망을 저해하지 않아야 한다고 규정했다. 그렇지만 실제로는 제한을 지키지 않는 건물이 적지 않았으며, 그중에는 붕괴한 것도 있었다고 한다.

기원전 100~200년 무렵 '인술라 페리클레스'라는 거대한 인술라가 건설됐다. 높이가 상당히 높아서 판테온, 마르쿠스 아우렐리우스 기념주(Colonna di Marco Aurelio) 등과 함께 로마의 관광명소가 되었다고 한다. 높이가 어느 정도였는지 확실하지는 않으나 제한을 크게 웃돌았음은 분명하다.

4 알렉산드리아의 파로스 대등대

그리스의 세력이 약해지고 로마 제국이 세력을 키워가는 시기, 지중해 문명을 견인한 도시는 이집트의 알렉산드리아(Alexandria)였다.

나일 강 서부 지중해 연안에 위치하는 알렉산드리아는 기원전 331년 무렵 알렉산더 대왕이 건설한 도시다. 격자 모양으로 뻗어나아가는 그리스 도시 특유의 도시구조였으며, 무세이온(Mouseion)이라는 연구기관과 도서관이 있는 학술도시로도 알려져 있다. 고대 문서에 "거대한, 아주 거대한 도시. 풍요롭고, 가장 고귀한 도시. 행복하고, 웅장한 도시. 사람이 얻을 수 있는 모든 것, 그리고 바라는 모든 것을 품고 있는 도시"*로 기록되어 있다. 알렉산드리아는 경제, 문화, 과학의 중심도시로서 번영을 이뤘다.

---

* Daniel Rondeau, Alexandrie.

여행기가 전해주는 거대함

알렉산드리아의 랜드마크로 일컬어지는 존재가 기원전 280년 무렵에 건설된 파로스(Paros)의 대등대(Lighthouse of Alexandria)다. 세계 7대 불가사의 중 하나다. 지금까지도 매혹적 존재로 알려져 있으며, 이후 건축에도 적지 않은 영향을 미친 건물이다. 높이는 약 120m에 달했으며, 화강암과 석탄암을 쌓아올리고 그 표면을 하얀 대리석으로 덮었다고 한다.

현존하지 않기 때문에 정확한 높이나 건축재료는 명확하지 않으나, 12세기에 알렉산드리아를 찾은 이븐 주바이르(Ibn Jubayr)의 《여행기(Riḥlah)》 기술에서 그 거대함을 엿볼 수 있다.

> 그 건물은 전체가 고풍스럽고 강하고 단단하며, 하늘과 다투듯 높게 우뚝 솟아있다. 글과 말로는 다할 수 없다. 한번 흘깃 보는 것만으로는 전체를 볼 수 없고, 이에 대해 이야기하는 것도 불가능하다. 그 전모를 전하기는 어렵고, 전부를 다 관찰할 수도 없다.*

등대 이름은 등대가 건설된 알렉산드리아 앞바다 파로스(Paros) 섬에 유래한다. 등대를 영어로는 pharos, 독일어로는 Pharus, 프랑스어로는 phare라고 하는데, 모두 '파로스'라는 섬 이름이 어원이다.

등대 꼭대기에는 등이 설치됐다. 등은 수지를 많이 포함한 아카시아나 위성류(渭城柳) 나무를 연료로 하여 횃불을 켜고, 반사

---

* Ibn Jubayr, Riḥlah.

알렉산드리아 등대(상상도)

(출처 : Francois Chamoux 저, 桐村泰次 역, 2011, ヘレニズム文明, p.398, 論創社)

경을 통하여 빛을 투사했다. 그리고 낮에는 태양광을 모아서 반사시켰다고 한다. 고대 로마의 역사가 플라비우스 요세푸스(Titus Flavius Josephus)에 의하면, 등대의 빛이 300스타디온(약 54km)까지 미쳤다고 한다.

학술도시와 대등대

당시, 높이 약 100m를 넘는 건조물은 쿠푸 왕. 카프라 왕 등의 피라미드 외에는 존재하지 않았다. 이 정도 높은 건물을 만들기 위해서는 고도의 기술이 반드시 필요했을 것이다. 건설기술의 기초가 된 것은 지식의 거점 '무세이온(Mouseion)'과 '대도서관(大圖書館)'이었다.

영어의 museum(박물관)의 어원이기도 한 무세이온은 지금의 대학과 같은 것이었으나 교육기관은 아니었다. 어디까지나 연구만을 행하는 장소였다고 한다. 한편, 대도서관에는 세계 곳곳에서 모은 50만 권의 장서가 있었으며, 그리스 연구자들이 이들 방대한 자료를 보며 연구에 힘쓰고 있었다고 한다. 무세이온에는 최첨단의 수학과 과학 지식이 집적되어 있었다. 파로스 대등대는 무세이온에 모인 연구자들 지혜의 결과물이었으며, 알렉산드리아를 상징하는 건조물이었다. "아테네가 파르테논으로 알려지고, 산 피에트로 사원이 로마를 가리키는 것과 같이, 당시 사람들의 상상력 안에서는 파로스가 곧 알렉산드리아였고 알렉산드리아는 파로스였다."* 그러나 대등대는 여러 차례의 지진을 겪었으며, 결국 14세기에 일어난 두 번의 대지진으로 완전히 붕괴됐다.

다음 장에서 이야기하겠으나, 아랍인은 이 파로스의 대등대를 모델로 하여 이슬람의 모스크 미너렛(Minaret)을 만들었다고 한다.

5 고대 일본의 거대 건조물

이 책에서는 각 장을 마무리하면서 동시대 일본의 상황을 서술하고자 한다.

이 시대, 일본에서도 농경정주사회 탄생과 함께 거대 건조물이 건설된다. 조몬 시대(繩文時代) 산나이마루야마(三內丸山) 유적의 대형 굴립주(堀立柱) 건물이나 야요이 시대(弥生時代) 요시노가리(吉野 ヶ里) 유적 환호취락(環濠集落)의 망루(物見櫓) 등이 대표적이다. 또

---

* Edward Morgan Forster, Pharos and Pharillon.

한 고훈 시대(古墳時代)에 들어서면 국가를 지배하는 왕이나 지역을 관리하는 수장을 모시는 거대한 전방후원분(前方後圓墳)이 만들어진다. 그 크기는 일본 왕을 중심으로 하는 정치적 질서와 권력의 크기를 나타낸다.

전방후원분

야오이 시대 말기가 되면, 각지를 통치하는 유력자(首長) 묘가 거대화된다. 3세기 중반부터 7세기 초에 걸쳐 건조된 전방후원분이 대표적이다. 전방후원분은 문자 그대로, 원형의 언덕과 사다리꼴의 언덕을 조합한 고분이며, 위에서 보면 열쇠구멍과 같은 평면형상을 나타내는 것이 특징이다.

하시하카(箸墓) 고분은 가장 오래된 최대급 전방후원분으로 길이 280m, 높이 약 30m에 이른다. 나라의 미와산(三輪山) 기슭에 위치하며, 3세기 중반에 건조되었을 것으로 추정된다. 그 후 하시하카 고분을 축소 재생산한 것과 같은 모양의 전방후원분이 각지에서 건설됐다.

5세기에 들어서면서 전방후원분이 확대됐다. 무덤의 길이가 300m, 400m를 넘는 것도 축조됐다. 그중에서도 최대의 전방후원분이 오사카 부 사카이

하시하카 고분

(사진: 위: 淸水眞一, 2007, 最初の巨大古墳·箸墓古墳, p.11, 新泉社., 아래: 大澤昭彦)

다이센료

(사진 : 大澤昭彦)

시에 있는 다이센료 고분(大仙陵古墳)이다. 닌토쿠 천황(仁德天皇)의 능으로 길이는 486m, 가장 높은 부분의 높이는 약 35m다. 후원부 직경은 249m, 전방부 폭은 305m에 달하며, 이는 바닥 사방이 약 230m인 쿠푸 왕 피라미드보다 훨씬 큰 규모다.

한편, 중국에는 다이센료 고분 규모를 크게 웃도는 고분이 있다. 기원전 3세기에 중국 전역을 처음으로 통일한 진시황제의 무덤이다. 평면 350m×345m, 높이 76m의 분묘며, 축조 시에는 485m×515m, 높이는 115m였을 것으로 추측된다. 현상의 높이와 비교하여도 다이센료 고분의 두 배를 크게 넘어선다.

거대한 무덤을 만든 이유

왜 이렇게 거대한 무덤을 만들어야 했을까.

전방후원분의 크기는 정치적 질서를 반영한 것이라고 보는 견해가 있다. 당시, 귀중한 자원이었던 철은 대륙에서 수입되고 있었다. 철의 입수에 관한 교섭이나 수송, 더 나아가 분배를 관리하는 사람을 중심으로, 수장 간 정치적 계급(Hierarchie)이 형성되었을 것이다. 즉, 철의 입수를 둘러싼 정치적 질서를 시각화한 것이 전방후원분이었다고 보는 것이다.

또 하나의 이유는, 수장 등 권력자가 일반 백성과는 다른 숭고

한 존재라는 것을 의식시키려는 의도가 담겼기 때문이라는 것이다. 수장은 사후 신이 되어서 공동체를 지킨다는 믿음이 있었다. 전방후원분은 매장된 인물의 신격화를 도모하는 종교적 장치로서 만들어진 분묘였다고 할 수 있다.* 선대 수장의 위대함을 거대한 무덤을 건조하여 시각화하고, 현 수장이 선대의 정통 후계자라는 것을 과시하고자 하는 의도도 있었을 것이다.

현재 전방후원분은 전체가 수목으로 덮여 있어, 약간 높은 산처럼 보인다. 그 모습은 지구라트나 피라미드와 같이 하늘을 지향하는 모습이 아니라, 어디까지나 수평성을 기조로 한 거대 건조물이다. 전방후원분은 돌을 쌓아올린 구조물이 아니라, 흙을 쌓아서 만든 것이다. 그렇기 때문에 높게 쌓기 위해서는 그만큼 바닥을 넓게 하고 옆으로 펼칠 필요가 있었다. 다이센료의 높이를 보면 전방부가 33m, 후원부가 35m로 10층 빌딩 정도의 상당한 높이임에도 불구하고, 그 높이를 실감하기 어려운 이유가 거기에 있다.

그렇다고는 해도 당시에는 돌출된 상당히 높은 건조물이었다는 것은 확실하다. 고분이 완성된 당시에는 수목이 덮고 있지도 않았으며 즙석(葺石)이 드러나 있었기 때문에, 이집트의 피라미드와 같이 어느 쪽에서 보아도 사람들의 눈에 들어오는 랜드마크였을 것이다.

전방후원분이 시들해지는 6세기에 들어서면, 대륙에서 불교가 도래하고 불탑을 포함하는 대가람(大伽藍)이 만들어지게 된다.

---

* 松木武彦, 古墳とはなにか.

사람은 대성당을 위해서 죽는다. 석재를 위해 죽는 것이 아니다. (중략)
'인간'이 '공동체'라는 궁륭(穹窿)의 쐐기돌(要石)이라면
사람은 '인간'에 대한 사랑 때문에 죽는다.
사람은 살아있는 것을 위해서만 죽는다.

Saint—Exupéry 'Pilot de Guerre'

제 2 장

탑의 시대

: 5세기~15세기

이 장에서는 유럽의 '중세'에 해당하는 5세기부터 15세기까지를 이야기한다. 해당 약 1000년간을 '탑의 시대'라고 부르려 한다. 유럽에서 아시아에 걸쳐 성곽의 탑과 감시 탑, 고딕 대성당, 모스크의 미너렛(minaret), 불탑 등 수직성을 강조한 건조물이 건설됐다.

　'탑의 시대'의 추진력이 된 것은 기독교, 이슬람, 불교 등 새로운 종교의 번성이었다. 예배의 장인 대성당, 모스크, 가람(伽藍)이 도시의 중심을 차지했으며, 새로운 건물이 하늘의 윤곽, 스카이라인을 형성했다. 그리고 고층건축물은 새로운 신앙의 보급과 확립이라는 중대한 역할을 담당한다.

　탑은 종교뿐 아니라 군사적 필요로도 건설됐다. 로마 제국의 붕괴로 인한 권력분산과 주변 민족의 이동은 다툼을 불러왔다. 영주 등 각지의 권력자는 스스로의 영지를 지키기 위해 성을 쌓았다. 탑은 방위와 군사상으로도 중요한 거점이 됐다.

　탑의 시대는 경제적·기술적 뒷받침이 있었기에 가능했다. 9~11세기 이후, 대개간운동으로 수확량이 증대됐다. 이를 배경으로 한 인구증가와 도시의 부흥·개발은 탑의 건설자금 확보를 가능하게 했으며 기술 개발을 재촉했다.

　높이의 추구와 위험은 함께 존재한다. '탑의 시대'는 붕괴, 도괴(倒壞), 낙뢰 등의 위험을 끌어안으면서도 더 높은 높이를 바라던 시대기도 하다.

1 중세 유럽의 성새

　높은 곳에 우뚝 솟은 석조 성(城)은 중세 유럽의 모습을 지금까지 전하고 있는 거대 건조물 중 하나다. 주위를 지배하듯 서 있는 주탑(主塔), 그것을 감싸듯 둘러싸고 있는 해자와 성벽, 그리고 성벽을 따라 등간격으로 설치된 망루탑 등이 일반적인 성의 구성이다. 물론 성새(城塞)가 중세가 되어 처음 탄생한 것은 아니다. 고대 오리엔트와 로마 등에서도 건설됐다. 그러나 수직성이 두드러지는 주탑이나 망루탑이 축조된 것은 19세기 이후 유럽에서다.

　5세기 서로마 제국 붕괴 후, 프랑크 왕국이 유럽을 통일했으나, 9세기에 들어가면 다시 분열하고 게다가 바이킹(노르만인)의 침입도 있어 불안정한 정세가 계속됐다. 그러한 상황에서 각지의 영주는 영지 방위를 위하여 새로운 성을 짓고 있었다.

　성의 주요 기능은 당연히 군사적 거점으로서의 요새다. 그러나 그 외에도 영주와 그 가족의 거주, 영민(領民)에 대한 권력자로서의 위엄과 권위의 과시, 다른 영주와 제후에 대한 대항의식의 과시 등의 역할도 겸하고 있었다. 중세 봉건사회에서 성은 군사적 권력뿐만 아니라, 경제, 사법, 행정 등 여러 방면에 걸친 권력의 '중심'이기도 했다.

흙과 나무로 지은 성

모트 앤드 베일리 모식도

(출처 : Matthew Bennett 외 저, 野下祥子 역, 2009, 戰鬪技術
の歴史2: 中世編, p.251, 創元社)

중세 유럽에서 성의 원형이 된 것은 9세기 이후 발전한 모트 앤드 베일리(Motte-and-bailey)라는 흙과 나무로 지은 성이었다. 인공적으로 만든 모트(언덕, 작은 토성)를 베일리(목재 방호울타리)로 둘러싼 것이다. 때에 따라서는 언덕 주변에 해자가 설치된 것도 있다.

성의 가장 높은 장소에는 주탑(영어 Keep, 프랑스어 Donjon)이라고 불리는 목조 건물이 설치됐다. 주탑은 성주나 그 가족의 거주, 공격의 거점, 망루탑, 비축고 등 다양한 역할을 가진다. 적으로부터 공격을 받았을 때는 성주와 가족, 가신(家臣)이 안으로 들어가 방위 거점으로 삼았으며, 영내의 주민을 성 안으로 피난시킨 일도 있었다고 한다. 그리고 방호울타리를 따라 일정 간격으로 망루나 공격을 위한 탑을 설치한 것도 있었다.

이 모트 앤드 베일리식의 장점은 건설비가 적고 건설기간도 그다지 걸리지 않는 것이었다. 특별한 기술이 필요 없음에도 불구하고, 군사적으로는 일정의 효과를 발휘했기 때문에 각지에서 보급되어 갔다.

목조에서 석조로

11세기에 들어서 목조였던 성이 석조로 바뀌어 간다. 예를 들어 잉글랜드의 윈저 성(Windsor Castle)은 본래 전형적인 모트 앤드 베일리식이었다. 당초 목조탑이 있었으나 1170년대에 헨리 2세에 의해 석조탑으로 재건축된다.

방위 기능면에서 보면, 목조보다 석조가 뛰어난 것은 말할 것도 없다. 그때까지 석조로 성을 건설하지 않은 이유는 비용과 기술의 문제였다. 석재를 잘라내는 것은 나무를 벌채하는 것보다 고도의 기술을 필요로 한다. 또한 무거운 석재를 운반하고 자르기 위해서는 노동력과 비용이 필요했다. 이에 비해, 목재는 양도 풍부하고 다루기도 쉬웠다. 비용도 적게 들었기 때문에 매우 유용했다.

11세기 이후, 도시경제가 발전하고 농업생산성도 높아지면서 영주의 부가 축적된다. 돌을 사용한 축성이 가능해진 것이다. 석조 성은 다른 제후에게 자신의 권력을 과시면서 위압감을 주는 효과도 있었다. 성은 계속해서 석조로 재건축되었으며, 12세기부터 13세기까지에 걸쳐 성벽, 탑, 주탑은 석조로 세워지게 된다.

중세 유럽 성의 주탑

국가명	건물명	건설시기	평면형상	주탑 높이	주탑 총수
프랑스	쿠시 성	1220~1240년 무렵	원형	약 54m	4층
	뱅센느 성	1337~1370년 무렵	사각형※	약 66m	5층
잉글랜드	런던 탑	1078년 무렵	사각형※※	약 27m	4층
	로체스터 성	1130년 무렵	사각형※※	약 35m	4층
	도버 성	1180년 무렵	사각형※※	약 29m	3층
웰즈	카나번 성	1283~1323년	다각형평면	약 36m	-

※ 네 모퉁이, 원형평면의 성탑
※※ 네 모퉁이, 사각평면의 성탑

성벽과 주탑은 더 높아지고 방위 성능도 강화됐다. 주탑은 30m 정도 되는 것이 많았으나, 뱅센느 성의 66m와 같이 그 두 배가 넘는 것도 있었다.

이러한 성새 발전의 요인 중에는 십자군이 아랍에서 축성·공격 기술을 가지고 온 것이 있었다. 예를 들면, 유럽 성탑의 평면 형상은 당초 사각형이었으나, 아랍에서 사용되고 있던 원형탑이 점차 확산되어 갔다. 사각형 탑은 포격의 표적이 되기 쉬우나, 원형은 포탄의 충격을 완화시킬 수 있었다. 또한 사각형은 망을 볼 때 사각(死角)이 생기는 결점이 있었으나, 원형으로 하면 사각을 줄일 수 있었다.

이와 같은 장점이 있었으나, 석조는 당연히 목재보다 무겁다. 종래의 모트는 돌로 만들어진 주탑의 무게를 버틸 수 없었기 때문에, 더 이상 모트 앤드 베일리식을 사용하지 않게 됐다. 바꿔 말하면, 인공의 언덕을 만들지 않아도 성벽과 주탑만으로 충분한 방위가 가능하게 된 것이다.

모트 앤드 베일리식이 쇠퇴하고, 주탑은 성벽과 일체적으로 정비됐다. 즉, 주탑 자체가 공격의 최전선으로 기능해진 것이다. 성벽과 주탑을 함께 만드는 것은 건설비용의 경감 효과도 있어서, 13세기에는 단독으로 주탑 자체를 만드는 일이 거의 사라졌다. 성벽과 주탑의 기능을 가지는 대규모 성문이 주류를 이루게 된다.

영토 확장을 위한 축성

성을 짓는 것은 영토를 확대하고, 영주가 신하에게 자신의 권

위를 보이기 위한 유효한 수단
이었다.

예를 들면, 목조 성이 주류였
던 시대로 거슬러 올라가 노르
망디 공작 기욤(Guillaume, William
I, 정복왕)의 축성의 예가 있다.
1066년 도버 해협을 건너 잉글랜
드로 쳐들어간 기욤은 이동식 목
조성새를 가지고 들어가 잉글랜

원저 성

(출처 : 太田静六, 2010, 世界の城郭: イギリスの古城, p.30, 吉
川弘文館)

드 내에 84개의 성을 지었다. 그 대부분이 모트 앤드 베일리식 성
이었다. 게다가 그의 후계자가 지은 성은 수백에 이른다고 한다.

지배가 일단락되고, 이번에는 축성 억제로 전환한다. 12세기
초, 기욤의 아들인 잉글랜드 국왕 헨리 1세는 허가 없이 성을 건
설하는 것을 금지한다. 성의 난립을 막음으로써 국왕의 지배를 확
고히 하고자 한 것이다.

프랑스의 왕 중에는 지배를 강화하기 위하여 영주에게 성새의
파괴를 명한 왕도 있었다고 한다.

2 고딕 대성당

11세기 이후 성이 목조에서 석조로 바뀌고 있던 것처럼, 크
리스트교 교회당도 석조로 재건축된다. 그 전형이 고딕 대성당

(Gothic Cathedral)이다.

고딕 대성당의 가장 큰 특징은 수직성을 강조한 그 높이다. '절도와 균형, 안정성과 합리성에 구애받지 않고, 오로지 더 높은 높이를 향한다'는 것에 그 본질이 있다.* 성을 훨씬 넘어서는 압도적 높이는 중세의 스카이라인을 만들면서 새로운 도시의 시대를 상징하는 것이 된다.

대성당

우선, 대성당(大聖堂)이란 본래 무엇인가에 대해서 확인해 두자. 대성당은 단순히 큰 성당(교회당)을 이야기하는 것이 아니다. '사교전례(司教典禮)'에 의하면, 대성당은 사교좌(司教座)가 있는 교회를 가리킨다. 인구 200명당 성당 한 곳이 있었다고 하며, 이 범위를 사교구(司教區)라고 부른다. 사교구(교구) 내를 감독하는 직위가 사교(司教)며, 기도, 설교, 미사를 집행한다. 그리고 복수의 사교구를 통합하는 역할을 담당하는 교회가 사교좌성당(司教座聖堂), 즉 대성당이다. 대성당은 사교의 권력을 상징하며, 신자들을 잇는 통합의 상징이기도 하다. 사교좌성당이 관할하는 구역은 현재 프랑스의 데파르트망(département)과 거의 비슷하다. 사교좌성당은 현청(縣廳)과 같은 존재였다고 할 수 있다.

대성당을 프랑스어로 카테드랄(cathédrale)이라고 하는데, 이것은 '사교좌가 있는'이라는 의미의 형용사가 명사화한 것이다. 영어의 캐시드랄(cathedral)도 라틴어의 cathedra를 어원으로 하며, 이

---

* 酒井建, ゴシックとは何か.

는 본래 그리스어의 'kathedra=
좌석(座席)'을 가리킨다. 사교가
앉는 의자를 카테드라라고 부르
는 것에서, '사교가 앉는 의자가
있는 성당'에 유래한다고 한다.
또한 독일어로는 돔(dom), 이탈
리아어로는 두오모(duomo)라고
부른다. 모두 프랑스어로 집을
의미하는 도무스(demus)에 유래

솔즈베리 대성당
(출처 : https://www.salisburycathedral.org.uk/discover/what
-to-see/)

한다. 대성당은 신이 자기의 백
성(신자)을 모으는 집, 즉 '신의 집'을 의미한다.

'신의 집'이기도 한 대성당의 특징 중 하나는 커다란 내부공간
을 가지는 것이다. 대성당에는 많은 시민이 들어갈 수 있었다. 신
자의 예배를 위한 장소만이 아니라, 집회, 축제행사, 잡담, 식사,
수면 등에도 자유롭게 사용됐다. 제1장에서 살펴보았던 지구라트
나 피라미드가 거리 사람들이 들어갈 수 없는 성역이며, 기본적
으로 사람들이 출입하기 위한 내부공간을 갖지 않았던 것과는 대
조적이다.

천정 높이 경쟁

'신의 집'으로서의 대성당은 신의 숭고함을 나타내는 것이었다.
우뚝 치솟아 있는 모습은 교회가 신과 인간(성스러움과 속됨)을 매개
하는 유일한 존재인 것을 보여준다. 교회에 순종하는 것이야말로

천국으로 들어가는 지름길이라는 것을 사람들에게 알리는 효과가 있었다. 높이의 추구는 신의 숭고함을 시각적으로 강조하여 표현하기 위한 것이었다.

고딕 이전 대성당 신랑(身廊)의 천정 높이는 기껏해야 20m 정도였으나, 1163년 착공된 파리의 노트르담 대성당(Cathédrale Notre-Dame de Paris) 재건에서는 이전의 1.5배인 35m가 됐다. 그 후, 샤르트르 대성당(Cathédrale Notre-Dame de Chartres) 36.5m, 랭스 대성당(Cathédrale Notre-Dame de Reims) 38m, 아미앵 대성당(Cathédrale Notre-Dame d'Amiens) 42m로 계속해서 높이가 갱신되어 갔다. 천정을 높게 하는 것은 그만큼 하늘에 가까워지는 것을 의미한다.

12세기 말부터 13세기 초에 걸쳐, 천정 높이의 기록은 계속해서 새로 바뀌었다. 그러나 머지않아 한계를 맞이하게 된다. 보베 대성당(Cathédrale Saint-Pierre de Beauvais)은 당초 43m에서 48m로 계획이 변경되어, 착공부터 47년 후인 1272년에 주요 부분이 완성됐다. 48m는 도쿄 역 마루노우치 역사 8각형 돔의 꼭대기(48.1m)와 거의 같은 높이이다. 그러나 완성되고 겨우 12년 후, 천정의 무게를 버티지 못하고 버팀벽이 무너지고 말았다.

이 사고 후, 천정 높이 경쟁은 일단락되고, 사람들의 관심은 대성당 첨탑의 높이로 옮겨간다.

탑의 높이

대성당에서 가장 높은 부분은 입구 쪽에 위치하는 쌍탑이거나 신랑(身廊)과 익랑(翼廊)의 교차부에 세워지는 중앙의 첨탑이다. 이

들 첨탑은 도시 밖에서도 보이는 랜드마크가 되었을 것이다. 도시 내측에서 보면, 좁고 구불구불한 길에서 보였다 안 보였다 하는 탑이 도시중심부 방향을 가리키는 표시가 되었는지도 모른다.

대성당 탑은 높이가 100m를 넘는 것이 적지 않았다.

고딕 대성당이 유행한 12세기부터 14세기에 걸쳐, 구 세인트 폴 대성당(Old St. Paul's Cathedral, 영국), 링컨 대성당(Lincoln Cathedral, 영국), 보베 대성당(Cathedrale Saint-Pierre de Beauvais, 프랑스)의 첨탑 높이는 150m를 넘었다. 제1장에서 본 쿠푸 왕의 피라미드가 당시 약 147m였으니, 그보다 더 높았다고 할 수 있다.

그중에서 14세기에 완성된 링컨 대성당의 중앙탑이 당시 가장 높았다. 그 높이는 172m(160m라는 이야기도 있다)에 달했다.

그러나 석조 탑 위에 목조 지붕을 얹은 구조였기 때문에 1548년 폭풍우로 윗부분이 붕괴되어버렸다. 그 후, 이 지붕을 재건한 일은 없었다.

보베 대성당은 앞에서 이야기한 것처럼, 1284년에 천정의 무게

주요 고딕 대성당 탑의 높이

소재지	건물명	건설시기	탑의 높이
프랑스	스트라스부르 대성당	1176~1439년	142m
	샤르트르 대성당	1194~1220년	북탑 115m(1517년 재건) 남탑 106m
	보베 대성당	1225~1569년	153m
영국	링컨 대성당(현존하지 않음)	1192~1320년	172m
	솔즈베리 대성당	1220~1266년	124m
	옛 세인트 폴 대성당	1087~1240년	152m(164m라는 설도 있음)
독일	쾰른 대성당	1248~1880년	157m
	울머 대성당	1377~1890년	161m
벨기에	안트베르펜 대성당	1352~1592년	123m
오스트리아	슈테판 대성당	1359~1455년	137m

를 버티지 못하고 붕괴됐으나, 약 300년 후 이번에는 중앙탑으로 높이의 한계에 도전한다. 1558년부터 1569년의 사이에 건설된 중앙탑의 높이는 153m에 달했다. 링컨 대성당의 꼭대기 지붕이 무너지고부터 20년 후의 일이며 세계 제일의 높이가 됐다. 그러나 준공 전부터 지적됐던 구조적 결함으로, 이 중앙탑도 완성 4년 후에는 붕괴되어버린다.

붕괴, 무너질 수 있다는 위험을 무릅쓰고서라도 높이를 추구한 링컨과 보베 성당 건설은 중세 유럽의 열광적 탑의 시대를 상징하는 사건이라고 할 수 있다.

고딕 대성당에 사용된 기술

고딕 대성당을 특징 짓는 높이는 당시 새롭게 개발된 건축기술이 있었기에 실현될 수 있었다. ①리브 볼트(rib vault, 아치로 보강한 곡면천정) 기술과 ②플라잉 버트레스(flying buttress)의 이용이다.

고딕 이전의 대표적 교회건축으로는 로마네스크 양식(Romanesque style)의 수도원 건축이 있다. 초기 크리스트교 성당을 발전시킨 것으로, 기본적으로 벽이 건물 전체를 지지하는 구조다. 이 구조는 상당히 두꺼운 석조로 덮인 어두컴컴한 내부 공간이 특징이다. 수도원은 수도사의 '기도의 장'이며 '반성의 장'이라는 특성이 있었기에, 어둡고 조용한 내부공간이 요구되었던 것이다.

그러나 고딕 건축에서는 리브 볼트로 벽이 아니라 기둥 정도로도 지탱할 수 있게 되었으며, 이때까지는 없었던 개구부를 만드는 것이 가능하게 됐다. 그리고 스테인드글라스를 끼워 넣음으로써 장엄한 빛으로 내부공간을 가득 채웠다.

빛은 크리스트교에서 특별한 의미를 가진다. 크리스트교의 성당은 모두 동서방향을 향한다. 서쪽에 입구, 동쪽에 제단을 배치하고, 사람들은 태양이 오르는 동쪽을 향해서 기도를 드린다. 크리스트교에서 빛이란 '불안을 지우고, 악에 대한 선의, 악마에 대한 신의, 죽음에 대한 영원의, 확실한 승리를 선언'하는 것이었다.[*]

샤르트르 대성당의 플라잉 버트레스
(출처 : 飯田喜四郎, 1982, 世界の建築5: ゴシック, p.21, 学習研究社)

내부로 빛이 들게 하는 장치로 스테인드글라스를 사용했다. "스테인드글라스 창은 태양의 빛을 교회로 내리쏟는 신성한 서적이다. 태양은 신 자신이며, 교회는 신자들의 마음이다. 이리하여 그 신성한 서적은 신자들을 밝게 비추는 것이다(Guillaume Durand)"[**]라고 하듯이, 대성당은 신자를 인도하는 성서의 역할을 하고 있었다.

개구부를 늘리는 것이 가능하게 되었으나, 기둥만으로 석조 천정 전부를 지탱하기는 어렵다. 따라서 외측의 버팀 벽과 기둥을 잇는 플라잉 버트레스를 설치하여 보강한다. 외측으로 넘어

---

[*]   Georges Duby, The Age of the Cathedrals: Art and Society.
[**] Patrick Demouy, Les Cathedrales.

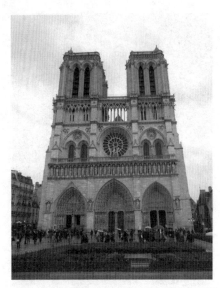

파리의 노트르담 대성당
(사진 : 大澤昭彦)

지려는 힘을 플라잉 버트레스를 통하여 버팀벽이 흡수하는 방법으로 대성당의 무게를 지탱하는 구조다. 파리의 노트르담 대성당의 천정이 종래의 1.5배까지 높아진 것은 이 플라잉 버트레스 덕택이었다.

신기술을 적용함으로써, 사용하는 석재의 양도 대폭 줄일 수 있었다. 건물용적에서 차지하는 석재 비율은 9%로 줄었다. 가벼워졌기 때문에 높이와 밝기를 확보할 수 있었던 것이다.

크리스트교 포교

대성당의 내부공간을 높게 한 이유 중 하나는 이교도(異敎徒, 크리스트교를 신앙하지 않는 도시주민)에 대한 크리스트교 포교였다.

당시 도시에는 농촌에서 일을 찾아 도시로 이주해 온 사람이 많았다. 1050년 무렵부터 늘상 식량난을 겪고 있던 북프랑스의 농민은 삼림을 베어 농지를 개간했다. 이 대(大)개간운동은 1300년 무렵까지 계속된다. 그 결과 9세기부터 13세기에 걸쳐, 농작물 수확량은 2배로 상승하고 식량사정은 호전됐다. 참고로 고기후학 연구에 의하면 11세기부터 13세기는 온난화시기에 해당하며, 풍작

이 매년 계속된 보기 드문 시기
였다고 한다.

　농민이었던 신도시주민의 신
앙은 크리스트교가 아닌 다신
교였다. 자연계에서 신적인 존
재를 찾아내고 있었다. 그들은
'사라진 거목(巨木) 성림(聖林)에
대한 생각이 강했으며, 어머니
와 같은 대지를 향한 동경이 컸
다.'* 크리스트 교회 측은 사라
진 거목 삼림의 상징으로서 고
딕 대성당을 건설하고, 주민
의 크리스트교화를 도모했다
고 한다.

아미앵 대성당 내부

(출처 : 飯田喜四郎, 1982, 世界の建築5: ゴシック, p.123, 学習研究社)

사교와 국왕의 권위 세우기

　대성당 건설의 배경에는 사교(司敎)와 국왕이 자신의 권위를 높
이려는 의도도 있었다. 이러한 사교의 허영심은 '왕령 내의 사교
간 대항의식을 만들어내고, 고딕 건설 러시와 대성당의 장대화라
는 사태를 일으킨다.'**

　대성당 건설은 국왕이 권력 기반을 견고하게 하는 것에도 크게
기여한다. 건설에 국왕이 직접적으로 관계하는 일은 적었으며, 사

* 　酒井, 전게서.
** 　酒井, 전게서.

교가 중심적 역할을 담당했다. 기회를 잘 이용한 것이다.

예를 들면, 프랑스의 필립 2세(尊嚴王)는 통상로(通商路)를 정비하여 사교좌 도시(대성당이 있는 도시)의 경제발전을 촉진하고, 사교좌 도시를 국왕의 거점으로 만들었다. 그리고 프랑스 국왕의 대관식을 프랑스 대성당에서 집행하는 전통을 만들었다. 대성당을 정치적으로 이용함으로써, 국왕이 신의 위탁을 받아서 영토를 지배하고 있다는 것을 보여주는 효과가 있었을 것이다.

시민의 경쟁심

고딕은 '도시에서 태어나, 도시에서 분출하여, 도시를 승화시키고, 도시에 군림한다. 그야말로 도시의 예술'*이라고 한다. 고딕 대성당의 대부분은 도시에, 특히 발전도상에 있는 도시에 세워진다. 마을에서 떨어진 장소에 지어진 로마네스크 양식의 수도원 건축과는 대조적으로, 고딕 대성당은 도시의 시대를 상징하는 존재였다.

도시의 산물이기도 한 까닭에 높이를 둘러싼 도시 간 경쟁도 일어난다. 다른 도시의 정보를 알 수 없다면 경쟁심 자체가 생기지 않는다. 높게 짓고 싶다는 욕망은 비교대상이 있어야 생긴다.

최초기 고딕 양식 성당 중 하나로 생드니 수도원 성당(Basilique de Saint-Denis)이 있다. 1966년에 사교좌가 놓여 대성당이 된 성당이다. 이 교회당의 헌당식에는 전국의 대사교와 사교가 열석하여, 전에 없던 높이와 밝기의 성당에 커다란 감명을 받았다고 한다.

---

* Jacques Le Goff, La civilisation de l'Occident medieval.

이렇게 알게 된 다른 도시의 대성당 존재가 사교에게 대성당에 대한 욕구와 경쟁심을 불러일으켰을 것은 쉽게 짐작할 수 있다.

또한, 도시경제가 발전하고, 교역, 직인(職人)의 왕래, 순례 등 종교적 교류가 많아지면서, 이를 통하여 시민도 다른 도시의 고딕 대성당 존재를 알게 됐다. 시민들은 더 훌륭한 대성당을 원하게 된 것이다.

다른 도시의 대성당을 능가하기 위하여 호화로운 장식은 물론 신랑의 천정이나 탑을 더 높게 짓고자 힘을 쏟았다. 탑의 높이는 '실제 목적은 거의 없는, 순전히 감정의 산물'이며, '인간의 열망이 최고였던 시대에 인간의 열망을 전형화한 것'*이었다.

건설비용 조달

고딕 대성당에는 현란하고 호화로운 장식이 설치됐다. 대규모일 뿐만 아니라, 건설비용도 막대했다. 자금조달에 국왕이 직접 관여하지는 않았으며, 사교가 중심이 되어 자금을 모았다고 한다. 조달 방법은 면죄부 발행, 신자의 기부, 성유물(聖遺物, 성모 마리아나 크리스트가 착용했다고 전해지는 의복 등)의 순회로 모아진 기부금 등, 시민의 신앙심을 이용한 것이었다. 즉, 시민이 고딕 대성당을 만들었다고도 할 수 있다. 앞에서 고딕 대성당 건설의 이유 중 하나로 시민의 경쟁심을 들었으나, 그것과 신앙심이 만나서 대성당 건설의 원동력이 되었다고도 생각할 수 있다.

그러나 이러한 신앙심을 이용한 집금에 대해 '구두쇠가 번 이

---

* Henry Adams, Mont-Saint-Michel and Chartres.

자, 허위의 술책, 설교사의 궤변"*이라는 반발도 있었다. 이는 면죄부 발행이나 근거 없는 성유물의 활용 등을 용인하고 있던 교회 자체에 대한 비판으로 이어져, 머지않아 종교개혁의 원인이 되기도 한다. 고딕 대성당과 종교개혁과의 관계에 대해서는 다음 장에서 다룬다.

3 탑의 도시, 중세 이탈리아

12세기부터 고딕 대성당이 유럽을 석권했으나, 이탈리아에서는 그 정도로 유행하지는 않았다. '고딕'이라는 호칭 자체는 르네상스기의 예술가가 붙인 것으로, '야만적인 고트족(Goths)이 만든 중세의 건축양식'을 가리키는 멸칭이었다는 것은 잘 알려져 있다. 물론 이탈리아에서도 거대한 대성당을 건설하기는 했으나, 이 시기에 이탈리아를 상징하는 고층건축물은 카사 토레(Casa Torre)라는 탑상주택(塔像住宅)과 시청사의 탑, 그리고 종루였다.

단테(Dante Alighieri)는 토스카나 지방의 성곽도시 산 지미냐노를 '아름다운 탑의 도시'라고 불렀다. '시에나에 넘치는 네 가지는 기사(騎士), 숙녀, 탑, 종'이라는 이야기가 있을 정도로 탑은 중세 이탈리아를 특징짓는 것이었다.

중세 이탈리아 도시는 그야말로 '탑의 도시'였다. 그러나 한편으로 그 아름다운 풍경은 귀족 간 권력투쟁의 산물이기도 했다.

* Jean Gimpel, Author's The cathedral builders.

귀족 간 다툼, 탑상주택

11세기 이후, 북부·중부 이탈리아는 농업생산이 증대하면서 상공업이 발달한다. 부를 축적한 봉건영주와 귀족 등 지배계급은 도시에 호화로운 주택을 짓고, 일족의 힘과 명예를 과시하기 위하여 경쟁하듯 높은 탑을 세우고 있었다. 12세기 말 피렌체에는 196개, 산 지미냐노에는 72개, 시에나에는 50~60개나 되는 탑이 즐비했다고 한다.

산 지미냐노의 스카이라인

(출처 : Erwin Heinle, Fritz Leonhardt, 1989, Towers: a Historical Survey, p.170, Rizzoli International Publications)

그렇게 많은 탑을 건설한 배경에는 군사방위라는 실제적 목적도 있었다. 그럴만한 것이, 도시 내에서는 귀족 간 다툼이 일상다반사였다. 탑은 방위나 공격과 같은 군사행동의 거점이기도 했다. 탑상주택은 적으로부터 공격을 받았을 때, 몸을 피하는 장소로도 사용됐다.

탑이 공격을 받아 파괴되는 것을 막기 위해 가문끼리 서로

탑상주택

(출처 : Erwin Heinle, Fritz Leonhardt, 1989, Towers: a Historical Survey, p.171, Rizzoli International Publications)

동맹을 맺는 일도 적지 않았다. 동맹 관계에 있는 가문끼리는 전쟁에서 서로의 탑을 활용했다고 한다.

피렌체의 정치항쟁에서 탑이 얼마나 큰 의미를 가지고 있었는가를 살펴보자. 당시, 피렌체는 정치적으로 신성 로마 황제(프리드리히 2세)를 지지하는 '기벨리니파(황제파, Ghibellini)'와 로마교황을 지지하는 '겔피파(교황파, Guelfi)'로 이분되어 있었다. 전자는 주로 봉건귀족(농촌에 토지를 소유하는 있는 기사계층 등), 후자는 주로 교역이나 금융으로 부를 이룬 신흥상인을 중심으로 하는 포포로(비봉건계층, popolo)였다.

1248년, 기벨리니파가 피렌체를 지배하면서 겔피파 가문이 소유하던 36개의 탑을 파괴한다. 그러나 1250년 기벨리니파의 후원자였던 황제 프리드리히 2세가 사거하자, 겔피파가 다시 세력을 회복하고 지배권을 되찾았다. 그리고 자기들이 당한 것과 똑같이, 기벨리니파의 탑과 저택을 철저하게 파괴한다. 본보기로 삼고자, 파괴한 탑을 그 모습 그대로 내버려 두었다고 한다.

시에나와 피렌체의 시청사

겔피파의 포포로가 지배하는 자치정부는 정부가 중심이 되어 시청사를 건설한다. 그리고 시청사에 자치정부를 상징하는 탑을 세웠다. 예를 들어 1255년 건설한 행정장관 건물을 보면, 기존에 존재하던 높이 57m의 볼로냐나 탑(Torre volognana)을 건물의 일부로 포함시키는 형태로 건물을 정비했다. 1314년에는 새로운 시청사 팔라초 베키오(Palazzo Vecchio)가 완성됐다. 높이는 약 84m에 달했다.

피렌체의 라이벌 도시, 같은 토스카나 지방의 시에나에서는 1338년, 피렌체에 대항하여 시청사인 팔라초 푸블리코(Palazzo Pubblico) 건설을 시작한다. 당시 시에나의 평의원들은 시청사 신축에 대하여 다음과 같이 결의했다.

> 도시의 지배자와 역인들이 아름답고 멋있는 건물을 차지하는 것은 코무네(comune, 자치도시) 스스로를 위해서도, 그리고 외국인이 종종 그들을 방문하는 것을 생각하더라도, 각 도시의 명예가 걸린 사항이다. 이는 도시의 위신을 세우는 대단히 중요한 것이다.*

1384년 완성된 시청사의 만지아 탑(Torre del Mangia) 높이는 피렌체의 팔라초 베키오를 넘어 101m에 달했다. 시청사 앞 캄포 광장(Piazza del Campo)은 제사나 집회의 장으로도 사용되었으며, 시민의 정신적 핵이기도 했다. 높이 100m를 넘는 탑이 있는 시청사는 캄포 광장과 함께 시에나를 상징하는 도시경관을 만들어냈다.

또한, 시청사의 탑에는 기계식 시계가 설치됐다. 기계식 시계는 13세기 말에 탄생된 것으로, 이탈리아, 독일, 프랑스, 잉글랜드로 확산되어 14~15세기에는 전 크리스트교 세계에 보급됐다.

일찍이 시간은 교회의 종이 사람들에게 알려주는 것이었다. 그러나 기계식 시계가 발명되면서 객관적으로 계측 가능한 단위로 인식할 수 있게 됐다. 시간은 교회의 종으로 상징되는 '성직자의 시간'에서 기계식 시계가 주는 '세속적인 시간'으로 바뀌었다. 시

---

* Daniel Philip Waley, The Political History of an Italian City-State 1157~1334.

시에나 시청사와 만지아 탑

(출처 : 石鍋真澄, 1988, 聖母の都市シエナ:中世イタリアの都市国家と美術, p.127, 吉川弘文館)

계탑은 객관적이고 과학적으로 사물을 이해하고자 하는 르네상스 시대의 시작을 알리는 상징이었다.

탑의 높이제한

포포로의 자치정부가 힘을 얻으면서 탑에 대한 규제가 이루어지게 된다.

첫 번째가 피렌체의 남서쪽에 위치한 도시 볼테라의 높이제한이었다. 1210년 제정된 법규에서는 탑의 높이를 25브라차(약 15m)와 30브라차(약 18m)로 제한했으며, 행정장관이 규제 준수를 감시하도록 했다.

그리고 산 지미냐노에서는 시청사의 탑(구청사 50m, 신청사 53m)보다 높은 탑을 금지했으며, 탑을 세울 때는 일정액 이상의 재산 소유를 증명하도록 정했다. 13세기 중반 볼로냐 법률에서는 궁전과 재판소보다 높은 건물을 지은 자에게 벌금을 부과하고 탑을 파괴하도록 명령했다고 한다.

피렌체에는 최성기에 170개 이상의 탑이 즐비했으나, 포포로가 실권을 잡은 1250년에는 탑의 높이를 50브라차(약 30m)로 제한하고, 제한을 넘는 부분은 잘라냈다. 13세기 연대기를 보면, 당시 대부분 탑의 높이는 120브라차(약 72m) 정도였다고 한다. 높이가 절반 이하로 낮아진 것이다. 단, 앞에서 본 시청사의 탑(팔라초 베키오, 볼로냐 탑)은 규제대상에서 예외였다.

그 후, 포포로는 정권을 빼앗기나 13세기 말에 다시 정권을 잡으면서 1250년의 제한을 계승한 조례를 제정한다(1325년). 위반자에게 벌금을 부과하고 탑은 철거하도록 했다. 권력을 잡는 자에 따라서 높이제한도 좌우되었던 것이다.

이와 같은 제한에는 붕괴를 방지하는 등 안전상의 이유도 있었으나 권력투쟁의 측면이 컸다. 도시의 상징은 시청사의 탑이었다. 그보다 높은 건물을 못 짓게 함으로써 자치정부의 지배력을 시각적으로 나타낸 것이다.

탑과 도시경관

중세 도시의 전형적 모습은 좁고 구불구불한 도로변에 건물이 밀집해 있는 혼란스러운 시가지다. 그러나 14세기 이후, 도시경관을 고려한 정비와 규정을 만드는 도시가 나타난다.

예를 들어, 시에나의 캄포 광장 주변에서는 창의 장식이나 건물의 높이 등을 제한했다. 피렌체에서도 시청사 앞 시뇨리아 광장을 둘러싸고 있는 건물의 높이를 제한하면서 광장의 경관정비를 도모했다. 그 근저에는 경관을 정비하는 것이 도시의 위신을 나타내는 것이라는 생각이 있었다.

탑에 대해서도 앞에서 이야기한 것처럼, 13세기까지는 탑의 건설과 높이를 규제했으나, 14세기에 들어서면 발상이 역전되어 탑은 경관을 구성하는 중요한 요소가 되고, 파괴를 금지하는 조례까지 만들어진다. 페루자의 1342년 제정 법률에서는 탑을 미관 형성의 중요한 요소로 보아, 허가 없이 매각, 파괴하는 것을 금지했다.

이처럼, 경관의 시점에서 탑을 보게 된 배경으로, 13세기 후반까지 점차 도시 내, 도시 간 항쟁이 줄어들어 방위시설로서의 역할이 약해진 것을 들 수 있다. 또한, 건축규제와 파괴 등으로 그 수가 감소한 부분도 있다. 이전에는 군사력과 귀족 권력의 상징이었던 탑이 랜드마크로 긍정적인 평가를 받게 되었다고 할 수 있다.

중세 이탈리아에서 스카이라인, 즉 건물로 만들어지는 하늘의 윤곽과 경관은 11세기부터 14세기에 걸쳐 혼란스러운 것에서 질서 있는 것으로 변용해 간다. 도시경관의 핵(核, 랜드마크)이 되는 건물을 중심으로, 그 주변은 랜드마크와의 관계를 배려하여 높이를 유도하는 발상으로 전환한 것이다.

여기에서 르네상스 이후 질서 있는 높이가 만드는 경관으로 이어지는 사상의 맹아를 볼 수 있다. 이에 대해서는 다음 장에서 보도록 한다.

4 이슬람의 모스크

크리스트교와 함께 이슬람(이슬람敎)도 세력을 확대해 간다. 이슬람의 도시에는 예배의 장인 모스크가 건설된다. 크리스트교에서 예배당이 성당이라면, 이슬람에서는 모스크가 그것이다. 모스크의 미너렛과 돔은 지역의 랜드마크가 되었으며 종교적 권위를 상징했다.

모스크

610년 무렵, 상인 무함마드(Muḥammad)가 신의 계시를 받아 이슬람을 탄생시켰다. 그 예언자 무함마드의 거택이 최초의 모스크였으며, 그 후에 지어지는 모스크의 원형이 된다. 예언자 무함마드의 모스크는 흙벽돌(sun-dried brick, adobe)로 지은 건물이 중정을 둘러싸는 간소한 형식이었다. 현재, 모스크의 대명사라고도 할 수 있는 미너렛이나 돔은 나중에 이슬람 건축이 발전하면서 더해진 것이다.

술탄 하산 모스크

(출처 : Jonathan Bloom 외 저, 桝屋友子 역, 2001, 岩波世界の美術: イスラーム美術, p.175, 岩波書店)

모스크(mosque)란 무슬림(이슬람교도)이 예배를 하기 위한 건축물이며, 그 외에도 종교교육(학교), 휴식, 정치활동 등 다양한 기능을 가진다. 누구나 들어갈 수 있는 공적인 공간이라는 것도 크리스트교 성당과의 공통점이다.

미너렛

모스크에서 유독 높이로 눈에 띄는 요소가 있다. 모스크에 부속한 미너렛이라고 불리는 탑이다. 미너렛은 아라비아어의 '마나라(manāra)'에 유래하며 '빛의 장소'를 의미한다. 그런 이유로 일본어로는 미너렛을 '광탑(光塔)'으로도 표기한다.

《코란(Qur'ān)》에서는 '빛'이 상징적 의미를 가진다. 크리스트교에서 빛이 신성한 것이었던 것과 같이, 이슬람에서도 빛은 중요하다. 미너렛은 코란의 가르침을 상징하는 존재기도 하다.

미너렛에는 실제적 역할도 있었다. 미너렛에서 마을에 살고 있는 신자들에게 예배 시간을 알려주었다. 이 부름을 '아잔(adhān)'이라고 한다. 미너렛이 없던 시대에는 모스크의 지붕 위에서 큰 소리로 사람들에게 예배 시간을 알렸다고 한다. 그 밖에도 불을 지펴서 위치를 나타내는 표지, 방위용 탑, 시간을 알림, 권력의 상징, 종교적 경건함의 상징 등의 기능이 있었다고 한다. 북아프리카에서는 고승의 숙박시설과 같이 거주용 탑으로 사용했다는 기록도 있다.

미너렛은 시대와 지역에 따라 다양한 형태로 만들어졌다. 아래에서는 구체적인 예를 들어 그 특징을 살펴본다.

다마스쿠스의 우마이야 모스크

최초기에 지어진 미너렛으로 현재 시리아의 수도 다마스쿠스에 있는 우마이야 모스크 (Umayyad Mosque)가 잘 알려져 있다. 우마이야 모스크는 우마이야조(Banu Umayya)의 6대 칼리프(Caliph, 무함마드의 대리를 의미하는 권력자) 왈리드 1세(Al-Walid ibn

우마이야 모스크

Abd al-Malik)가 706년부터 709년에 걸쳐 건설한 모스크다. 칼리프란 예언자 무함마드의 대리를 의미하는 권력자다. 당시, 왈리드 1세는 성지 메카(Makkah)를 지배하고 있던 다른 부족과의 내전에서 승리한 직후, 스스로의 위엄을 보이기 위하여 미너렛과 돔을 설치한 장식적인 모스크를 만들었다고 한다.

이 모스크는 동서 방향 157m, 남북 방향 100m의 넓이였다. 미너렛은 그 양쪽 끝에 한 개씩, 그리고 중정을 끼고 중앙의 돔을 향하는 쪽에 또 하나가 서 있었다. 이 미너렛은 크리스트교 성당의 망루를 재이용한 것이었다. 더 이전으로 거슬러 올라가면, 원래는 로마 제국 시대에 천공신(天空神) 주피터를 기리는 신전이 있었으나, 4세기 말에 크리스트교의 성당으로 재건축됐다. 그리고 7세기에 이슬람이 지배하게 되면서 다시 모스크로 전용된 것이다.

나선형 미너렛

이어서 9세기에 아바스조(al-Dawla al-'Abbāsīya)의 수도 사마라에 건설된 대(大)모스크(Jāmi 'Sāmarrā' Al-Kabīr)를 보자.

750년에 우마이야조를 이어서 건국된 아바스조는 수도를 다마스쿠스에서 바그다드로 옮긴다. 그리고 836년에는 다시 티그리스 강의 상류 약 120㎞에 있는 사마라로 천도한다. 10대 칼리프, 알 무타와킬(Al-Mutawakkil) 때 완성된 수도 사마라의 모스크 중 하나가 사마라의 대모스크다.

852년 완성된 대모스크(Grand Mosque)는 240m×158m의 넓이다. 앞에서 본 우마이야 모스크의 약 2.5배에 이르며, 수 세기에 걸쳐 세계 최대의 규모였다.

모스크에 부속하는 미너렛은 모스크 회랑의 외측에 흙벽돌로 만들어졌다. 높이는 기단부 포함 약 53m로, 후술할 교토의 도우지 오중탑(55m)과 거의 같다. 나선계단이 소용돌이를 돌며 위로 솟는 듯한 형상으로, 높아질수록 나선계단의 구배가 심해진다. 알 무타와킬은 당나귀를 타고 급구배의 나선계단을 올랐다고도 전해진다.

사마라 대모스크의 미너렛

(출처 : Jonathan Bloom 외 저, 桝屋友子 역, 2001, 岩波世界の美術: イスラーム美術, p.42, 岩波書店)

피테르 브뤼겔의 바벨탑

(출처 : セゾン美術館 편, 1993, ボイマンス美術館展: バベルの塔を
めぐって, 표지, セゾン美術館)

아타나시우스 키르허의 바벨탑

(출처 : Bernard Rudofsky 저, 平良敬一,岡野一宇 역, 1973,
人間のための街路, p.162, 鹿島出版会)

　이 미너렛의 형상은 구약성서에 기록되어 있는 바벨탑을 모방한 것이라는 설도 있으나, 제1장에서 본 것처럼 미너렛과 지구라트인 바벨탑의 모양은 전혀 다르다. 오히려 반대로, 화가들이 구약성서를 모티프로 그림을 그리면서, 메소포타미아 땅에 흘립한 사마라의 미너렛을 보고 상상력을 더하여 '바벨탑'을 그린 것은 아닐까 하는 생각이 든다. 유명한 피테르 브뤼겔(Pieter Bruegel)의 바벨탑 그림은 로마의 콜로세움을 보고 착상한 것이라고 한다. 그런데 나중에 브뤼겔 그림의 영향을 받아서 그려진 바벨탑 그림 중에는 사마라의 미너렛과 비슷한 것이 많다. 어쨌든 고대 지구라트처럼 한없이 펼쳐진 평야에 솟아있는 미너렛은 멀리서도 보이는 랜드마크였을 것이다.

사각탑 미너렛

아바스조 시대에는 나선형이 아닌 다른 모양의 미너렛도 만들어졌다. 알 무타와킬(Al-Mutawakkil) 모스크와 같이 9세기 중반에 완성된 카이르완 모스크(Mosque of Qayrawān)의 미너렛이다. 카이르완은 북아프리카 튀니지 부근에 건설된 군사캠프 도시다.

미너렛은 3층 구성의 사각탑(四角塔)으로 높이는 31m에 이른다. 아바스조의 다른 미너렛과 다른 점 중 하나는 연와조가 아니라 석조라는 것이다. 돌을 취할 수 없던 메소포타미아와 달리, 지중해 연안에는 재료로 사용할 수 있는 돌이 존재했다. 지구라트는 연와조, 피라미드는 석조라는 것도 지질의 차이가 반영된 것이라고 할 수 있다.

미너렛 형태가 사각형 평면의 사각탑인 것도 차이점이다. 카이르완 미너렛은 인근 사라크타(Salakta)라는 도시에 건설된 고대 로마 시대의 등대를 모방한 것이라고 전해지고 있다. 더 거슬러 올라가면, 같은 지중해 연안의 도시 알렉산드리아에 세워진 파로스 대등대(제1장 참조)의 영향을 받았을 것이다.

사각탑 미너렛은 북아프리카, 스페인 등 지중해 연안 도시로 확대되어 간다.

카이르완 모스크의 미너렛

출처 : Jonathan Bloom 외 저, 桝屋友子 역, 2001, 岩波世界の
美術: イスラーム美術, p.45, 岩波書店)

종교적 대립과 모스크

이슬람 세계에서는 종파가 다른 부족이 정치적으로 경합하면서 각각 격리된 지구를 형성하고 있었다. 모스크는 지구마다 건설됐다. 부족 간에 다툼이 일어나도 상대 부족의 모스크를 파괴하지는 않았다고 한다. 모스크가 가지는 종교적 신성성이 부족 간 정치적 경합보다 중시됐다.

그러나 다른 종교 간 대립에서는 상징적 존재인 모스크를 파괴의 대상으로 삼거나 혹은 다른 종교의 시설로 전용했다. 예를 들어, 8~15세기 레콩키스타(Reconquista, 국토회복운동)로 이베리아 반도가 크리스트교권이 되자, 코르도바(Córdoba) 모스크는 가톨릭 성당이 됐다. 그리고 십자군의 예루살렘 침공으로 알아크사(al-Aqsā) 모스크는 성당이 되고, 1187년 이슬람이 예루살렘을 탈환하자 다시 모스크로 돌아갔다.

반대로 크리스트교 성당이 모스크가 된 사례도 있다. 아야 소피아(Ayasofya Camii)가 대표적이다. 1453년 비잔틴 제국 수도 콘스탄티노플이 함락되고, 오스만 제국 수도 이스탄불로 개칭됐다. 당시 오스만 제국의 술탄(sultān, 황제) 메메트 2세(Mehmet II)의 명령으로 아야 소피아 대성당은 모스크로 전용됐다.

아야 소피아의 돔과 미너렛

(출처 : Erwin Heinle, Fritz Leonhardt, 1989, Towers: a Historical Survey, p.65, Rizzoli International Publications)

오스만 제국의 모스크

아야 소피아는 오스만 제국에서 모스크가 되었으나, 본래는 537년 완성된 크리스트교 대성당이었다. 높이 55.6m, 직경 31m의 대(大) 돔, 그리고 돔을 둘러싸듯 여러 개의 중소(中小) 돔이 있는 장중한 건축물이다. 고대 로마 판테온의 돔 직경(43m)에는 미치지 않으나 높이는 10m 이상 더 높다.

메메트 2세에게 아야 소피아는 오스만 제국의 새로운 수도를 장식할 최적의 건물이었다. 모스크로 개수하면서 4개의 가늘고 긴 미너렛을 부지 네 모퉁이 쪽에 배치했다. 꼭대기에 원추상 지붕이 있는 연필상의 미너렛으로, 중간 높이에는 발코니가 설치됐다.

끝이 뾰족한 미너렛 네 개를 배치하는 방법은 아야 소피아가 최초는 아니다. 메메트 2세의 아버지 무라트 2세가 당시의 수도 에디르네(Edirne)에 유츠 셰레펠리 모스크(Üç Şerefeli Mosque)를 건설하면서 이미 시도했다. 1447년에 완성한 이 모스크에는 네 개의 미너렛이 세워졌다. 높이와 디자인은 서로 달랐으며 가장 높은 미너렛은 67.5m에 이르렀다. 당시 제국 내에서 가장 높은 건조물이었다고 한다. 모스크를 장식한 네 개의 거대한 미너렛에는 술탄의 권위를 과시하려는 의도가 담겨졌을 것이다.

그 후, 아야 소피아의 영향을 받아서 건설된 쉴레이만(쉴레이마니예) 모스크(Süleymaniye Camii, 1557년 완성)에도 네 개의 미너렛이 설치됐다. 유츠 셰레펠리 모스크와 달리, 높이와 디자인은 통일되었으며 높이 76m와 56m의 미너렛이 각각 두 개씩 배치됐다. 또한, 술

탄 아흐메트 모스크(Sultan Ahmet
Camii, 1616년 완성, 통칭 블루 모스크)
에서는 여섯 개의 미너렛이 세
워졌다. 여섯 개가 된 경위에 대
해서는 제6장에서 이야기한다.

이렇게 가늘고 긴 미너렛과
크고 작은 돔으로 구성된 오스
만 시기의 모스크는 새로운 수
도의 랜드마크로서 이스탄불의
스카이라인을 형성했다.

블루 모스크
(출처 : Erwin Heinle, Fritz Leonhardt, 1989, Towers: a His-
torical Survey, p.64, Rizzoli International Publications)

5 일본의 불탑

크리스트교와 이슬람이 유럽 및 지중해 세계에서 세력을
확대해 가고 있던 시기, 아시아를 중심으로 침투하고 있던 종교
는 불교였다.

6세기 중반에 불교가 대륙에서 전래되면서 불교건축도 일본으
로 들어온다.

불교건축은 본존을 안치하는 금당(金堂, 本堂), 설법을 행하는 강
당(講堂), 불사리(佛舍利, 석가의 유골)를 안치하는 불탑(佛塔), 이들 건
물을 둘러싸는 회랑(回廊) 등으로 구성되며, 일련의 건조물 군을 가
람(伽藍)이라고 부른다. 가람 중에서 높이가 가장 두드러지는 불탑

은 크리스트교의 고딕 대성당이나 이슬람의 미너렛과 같이 수직성을 표현하는 상징적 건축이다.

불교는 국가적 종교로서 보호되었으며, 정치적으로도 이용됐다. 불탑도 국내외를 향하여 권력을 과시하는 모뉴먼트로서 중요한 역할을 담당하게 된다.

불탑

불탑은 석가(釋迦)를 상징하는 건축물로 불사리를 모시는 인도의 스투파(stūpa)를 기원으로 한다. 스투파는 원분(圓墳)이었으며 이른바 탑은 아니었다. 불교가 실크로드를 통하여 중국, 나아가 조선반도, 일본으로 전해지면서, 스토파의 호칭이 솔도파(率堵婆), 도파(堵婆), 탑(塔)으로 바뀌었으며, 그 형상도 점점 높아졌다. 일본의 불탑은 오중탑이나 삼중탑과 같은 다층건축이다. 왜 사리를 안치하는데 다층건축이 필요했는지는 분명하지 않다. 게다가 다층건축임에도 불구하고 내부에는 사람이 오를 수 있는 공간이 거의 없다. 즉, 외부로부터 보이는 것을 의도한 건축이었다. 불탑이 가람 중에서도 특별한 건축으로 간주되는 이유다.

한편, 중국 불탑은 내부에 계단이 설치되어 사람이 올라갈 수 있게 되어있다. 중국 고층건축의 원점이라고 할 수 있는 한(漢) 시대 누각건축의 영향을 받았기 때문이라고 생각된다. 선인(仙人)은 높은 장소에서 사는 것을 좋아했기 때문에, 선인과 선계(仙界)에 대한 동경이 누각건축으로 이어졌다고 한다. 그런 까닭으로 불탑도 안에 들어갈 수 있는 형식이 되었을 것이다. 또한, 멀리까지 살펴보는 군사적 목적을 겸하고 있었다는 설도 있다.

일본 불탑과 중국 불탑의 차이는 그 외에도 있다. 일본 불탑이 목조며 처마가 깊고 평면형상이 사각형인 것이 비해, 중국 불탑은 석조 혹은 전조(塼造, 연와조)며 처마가 얕고 평면형상도 사각형뿐 아니라, 팔각형이나 십이각형과 같은 다각형이 많다는 특징을 가진다.

아스카데라의 오중탑

일본에서 최초의 본격적 사원은 아스카데라(飛鳥寺)다. 아스카데라는 소가노 우마코(蘇我馬子)가 발원하여 세운 소가(蘇我) 가문의 사원으로 지금의 나라 현 아스카 촌 부근에 건립됐다.

아스카데라 건립 배경에는 신흥 호족의 하나였던 소가 가문과 오래 전부터 호족이었던 모노노베(物部) 가문의 대립이 있었다. 이 신구(新舊) 호족의 정치적 대립에서 신구의 종교가 이용됐다. 모노노베는 예전부터 신봉되고 있던 신들을 모시고 있었으나, 소가는 새로 들어온 불교로써 권력기반을 확립하고자 했다. 모노노베와 소가의 싸움은 신구 종교의 대리전쟁이기도 했다.

소가는 불교를 배척하는 모노노베와 격렬한 정치투쟁을 치른 끝에 결국 권력을 장악했다. 그리고 소가노 우마코는 아스카데라 건립에 착수했다. 588년부터 조영을 시작하여 약 20년에 걸쳐 가람을 완성했다. 아스카데라의 가람은 오중탑을 정가운데에 놓고 세 개의 금당이 둘러싸는 형식이다. 불탑이 가람의 중심적 존재였다는 것을 알 수 있다.

호류지의 오중탑
(사진 : 大澤昭彦)

소가노 우마코가 아스카데라 건립을 발원한 587년에 요우메 텐노(用明天皇)가 승하하고, 천황의 묘는 종래의 전방후원분이 아니라 방분(方墳)으로 축조했다. 그 크기는 전방후원분과 같이 대규모로 하지는 않았다. 즉, 아스카데라의 오중탑은 소가의 권력 크기를 나타냄과 동시에, 권력의 상징이 전방후원분에서 불탑으로 옮겨간 것을 상징한다고도 할 수 있다.

다이칸다이지의 구중탑

소가 가문의 아스카데라는 어디까지나 사적인 사원이었다. 그러나 국가가 불교를 보호하게 되면서 국가가 직접적으로 사원의 조영에 관여해 간다. 바로 국립 사원 다이칸다이지(大官大寺), 즉 관사(官寺)다.

일본 불탑의 형식은 오중탑이나 삼중탑이 일반적이나, 국가가 경영하는 관사에서는 구중탑이나 칠중탑의 거대한 불탑이 만들어졌다. 그중에서도 다이칸다이지의 구중탑(九重塔)이 잘 알려져 있다.

다이칸다이지는 후지하라쿄(藤原京)의 조영에 맞추어서 몬무텐노(文武天皇)가 발원하여 만든 관사다. 후지하라쿄에서는 야마토초테이(大和朝廷) 시대부터 다이칸다이지, 야쿠시지(薬師寺), 가와라데라(川原寺), 아스카데라, 이렇게 네 개의 사원을 중요하게 여겨 왔으며, 특히 다이칸다이지는 가장 격이 높은 사원이었다. 불탑을 포함하여 가람 전체가 소실되었기 때문에 현존하지는 않으나, 불탑의 높이는 약 91m로 추측되고 있다. 제1장에서 본 최고의 거대 전방후원분 하시하카 고분 높이가 약 30m였으니 그 세 배에 달한다고 할 수 있다.

이 높이는 다이칸다이지 북쪽에 있는 가구야마(香久山, 香具山)보다도 높은 것이다. 다이칸다이지 부근의 표고가 약 100m였기 때문에, 탑의 높이를 더하면 약 191m가 된다. 가구야마의 표고 152m를 약 40m 웃돈다. 다이칸다이지의 구중탑이 산을 기조로 하는 야마토의 스카이라인을 지배하고 있었다고 할 수 있다.

그때까지 가구야마를 포함하여 산들은 신체(神體)로서 숭배되었으며, 천황이 나라를 살피는 장, 즉 나라를 굽어보는 신성한 장이었다. 《만요슈(万葉集)》 중에 "야마토(大和)에는 산산이 이어져 가구야마에 올라서서 바라보면 들에는 연기가 피어오르고 물에는 물새들이 날아 오르네. 아름다운 나라로다, 아키츠시마 야마토여"* 라는 조메이텐노(舒明天皇)의 노래가 있듯이, 가구야마는 야마토에서도 특히 중요한 산이었다. 그러한 가구야마를 넘는 높이의 인공 건조물이 설치되었다는 것을 보면, 당시 일본 국내에 불교가 어느 정도 침투하고 있었는지 이해할 수 있을 것이다.

* 新日本古典文学大系1 万葉集一.

동아시아의 불탑 높이 경쟁

일본에서 높은 불탑이 만들어진 배경에는 국가의 의도가 있었다고 생각된다. 당시 중앙집권적인 국가체제가 견고해지고 있었으며, 국가가 조영하는 사원의 불탑을 높게 쌓음으로써 권력의 크기를 사람들에게 과시하려 했을 것이다.

그러나 일본의 구중탑에는 내정 문제뿐 아니라, 당시의 동아시아 정세에도 크게 영향을 미쳤다.

일본 최초의 구중탑은 앞에서 이야기한 후지하라쿄 다이칸다이지의 구중탑이 아니다. 다이칸다이지는 조메이텐노가 639년에 건립을 발원한 관사로 구다라노오데라(百濟大寺)를 기원으로 한다. 이 사원의 불탑이 일본 최고(最古)의 구중탑이며, 그 높이는 약 80m 였다고 한다. 이 구중탑이 건립된 7세기 전반은 조선반도의 백제와 신라의 관사에도 구중탑이 만들어지던 시기에 해당한다.

예를 들어, 백제의 무왕(武王)이 세운 미륵사 가람에는 세 개의 불탑이 있었으며, 동서로 배치된 석탑 사이에 목조의 구중탑이 있었다고 한다. 현재 서측 석탑만이 남아 있으며, 그 비(碑)에는 639년이라고 새겨져 있다. 바로 구다라노오데라 건립이 발원된 해다.

신라의 황룡사에는 선덕왕의 발원으로 646년에 구중탑이 만들어졌다. 그 높이는 구다라노오데라 구중탑과 거의 같은 80.2m로 추정된다. 불탑의 심초(心礎, 탑의 중심 기둥을 지지하는 돌)의 명문(銘文)에는 "인국(隣國)으로부터의 화(禍, 災)를 가라앉힌다"고 새겨져 있다. 불탑이 국가를 지키는 상징이었다는 것을 알 수 있다.

황룡사 구중탑의 명문에 있는 '인국으로부터의 화'는 당시의 불

안정한 동아시아 정세를 의미한다. 628년 중국 전역을 통일한 당
(唐)이 판도를 확대하고자, 인국으로의 진공을 도모하고 있던 것이
다. 당은 630년대에 북방, 서방의 나라를 솔하에 두고, 나아가 동
방의 고구려로 공격을 획책해 갔다. 630년에 제1차 견당사(遣唐使)
가 파견된 것을 생각하면, 당의 고구려 진공 정보는 견당사를 통
하여 일본으로도 전해졌을 것이다. 당과 신라 사이에 있던 고구려
는 백제와 왜(倭, 일본)와의 연계를 모색하고 있었으며, 다른 한편으
로, 신라는 고구려, 백제로부터 국가를 지키기 위하여 당과의 협
력태세를 정비하고 있었다.

　당의 군사적 신장이 조선반도와 일본을 포함하여 동아시아 지
역의 정치적 질서에 커다란 영향을 미치고 있던 것이다. 그 결과,
인국으로부터의 화, 즉 군사적 침략으로부터 국가를 지키기 위하
여 구중탑이 각국에서 건립됐다. 또한, 모든 불탑이 국가의 왕이
나 황제의 발원으로 만들어진 것을 보면, 유동적인 동아시아 정세
속에서 국가의 위신을 나타내는 상징이 불교 모뉴먼트인 구중탑
이었다고도 할 수 있겠다.

도다이지의 불탑전과 칠중탑

　일본의 불교사원은 624년부터 692년까지, 46개에서 545개로 증
가했다. 7세기에 불교가 일본 전국으로 급속히 확대되었다는 것
을 알 수 있다. 그러나 8세기에 들어서면, 기근과 역병의 유행, 내
정의 혼란 등으로 여론이 불안정해지면서 각지의 사원은 황폐해
져간다.

그러던 중, 741년에 쇼우무텐노(聖武天皇)는 고쿠분지(国分寺) 건립을 명한다. 그 명령은 불교로 나라를 지킨다는 진호국가(鎭護國家) 사상을 담은 시책이었으며, 전국 부(府)에 고쿠분지와 함께 칠중탑(七重塔) 1기의 건립을 명한 것이었다.

이 명에 따라 건립된 대표적인 고쿠분지 중 하나가 나라(奈良)의 대불(大佛)로 유명한 도다이지다. 도다이지 건립에는 743년부터 약 20년이 걸렸다. 높이 14.98m의 대불과 약 47m(40m라는 설도 있다)의 대불전(大佛殿)이 세워졌다. 현재의 대불전은 에도 시대(江戸) 1709년에 재건된 3대째다. 높이 47.5m로 전통공법의 목조건축으로서는 세계 최대다.

도다이지에는 두 개의 칠중탑이 있었다. '대불전 비문'에 따르면 동탑(東塔)은 23장(丈) 8촌(寸)(약 70m), 서탑(西塔)은 23장 6척 7촌(약 72m)이다. 지붕 위에 붙는 상륜(相輪)(높이 8장 8척 2촌, 약 27m)을 더하면, 동탑은 약 97m, 서탑은 약 99m로 대불전의 두 배나 된다. 거대한 대불전에 비해 왜소해 보이지 않기 위해서는 그 정도의 높이가 되어야 했을 것이다.

이 거대한 두 개의 탑은 모두 현존하지 않는다. 서탑은 934년에 낙뢰로 소실되었으며, 동탑은 1180년에 다이라(平) 가문의 화공(火攻)으로 잿더미가 됐다. 동탑은 그 후 재건되었으나 낙뢰에 의해 다시 불타 무너졌다.

이와 같이, 낙뢰나 화재 등으로 소실된 불탑은 적지 않다. 현존하는 일본의 목조 탑 중 가장 높은 탑인 도우지(東寺, 教王護国寺)의 오중탑(55m)도 창건 이래 소실되는 일이 잦았다. 9세기 말 완성된 후, 1055년, 1270년, 1563년, 1635년 이렇게 네 번이나 소실되었으며, 그때마다 매번 재건됐다. 현존하는 탑은 1644년에 도쿠가와 이에미츠(德川家光)가 재건한 것이다.

그런데 도다이지나 도우지를 포함해 지진으로 사원의 불탑이 무너졌다는 기록은 없다. 버드나무처럼 스스로 흔들리면서 지진의 커다란 힘을 흡수하는 구조로 되어 있기 때문이라고 한다. 이러한 불탑의 특성은 후에 초고층빌딩의 구조설계에 활용된다. 이에 대해서는 제5장에서 이야기한다.

국위선양을 위한 불탑

불탑이 불교건축의 중심적 건조물이기는 하지만, 시대와 함께 가람에서 차지하는 위상에는 변화가 나타난다. 앞에서 보았듯이, 아스카데라의 오중탑은 가람의 중심에 배치되어, 금당(金堂, 本堂)보다도 중요한 위치를 차지하고 있었다. 호류지(法隆寺)가 건립된 7세기 무렵에는 금당과 불탑이 병렬로 배치되고, 탑은 중정의 중심부에 놓여졌다.

그 후, 8세기의 야쿠시지, 도다이지 때가 되면, 불탑은 중정의 주변 혹은 외측으로 자리를 잡는다. 야쿠시지, 도다이지, 다이안지(大安寺)* 등에서는 동서 두 개의 탑이 가람의 전방에 세워져, 마치 두 개의 탑이 금당 등 가람의 가장 중요한 부분으로 이끄는 문과 같은 역할을 하는 것으로 보인다. 고대 이집트에서 신전의 탑문 앞에 설치된 한 쌍의 오벨리스크가 떠오른다(제1장 참조). 즉, 시대 흐름에 따라 탑은 가람의 중심적인 존재에서 벗어나게 되어,

---

* 구다라오데라(百済大寺), 다이칸다이지의 후신(後身) 사원.

가람을 꾸미는 역할이 강조되어 간 것으로 생각된다.

전에는 불사리를 모셨던 탑이 신앙의 중심적 대상이었다. 그러나 불상을 안치한 금당이 중요시되면서, 불탑이 신앙의 대상이라는 인식은 약해졌다. 쇼우무텐노(聖武天皇)의 고쿠분지(国分寺) 건립 명령을 보면 "사원의 탑은 국가의 명예"라는 내용의 글이 있다. 부처의 역할은 신앙의 대상에서 국위를 선양하기 위한 것으로 옮겨간다.

이즈모타이샤

불교가 크게 번성한 시기에도, 예전부터 모시고 있던 신들을 신앙하지 않았다는 것은 아니다. 신사(神社) 건축에서도 높이를 추구한 것이 있었다. 그 대표적인 것이 바로 이즈모타이샤(出雲大社)다. 이즈모타이샤는 가이아리즈키(神有月)*에 전국의 신들이 모이는 호국 성지로 알려져 있다. 이즈모타이샤 본전의 높이는 지금은 8장(약 24m)이지만, 전에는 그 배인 16장(약 48.5m)이었다고 한다.

오랫동안 그와 같은 거대한 사전(社殿)의 존재에 대하여 의문을 가진 이들이 많았다. 그러나 2000년 통나무 세 개를 한 조로 하여 금속 띠로 묶여있는 거대 기둥뿌리(직경 1장, 약 3m)가 발견되면서 높이 48m 본전의 존재가 뒷받침됐다.

이 본전이 최초로 모습을 드러낸 것은 8세기 초 이전으로 알려져 있다. 970년에 지어진 《구치즈사미(口遊)》에도 그 거대함이 기록되어 있다. 구치즈사미는 귀족 자식들의 공부를 위한 교과서와

---

* 이즈모에서 음력 10월을 부르는 명칭으로, 이 달에 일본의 모든 신들이 이즈모타이샤에 모인다는 전설이 있다.

같은 책이다. 구치즈사미 내용 중 일본의 다리(橋), 대불, 건축 등에서 가장 큰 것 세 개를 이야기하는 부분이 있다. 건축은 '운타(雲太), 와니(和二), 교산(京三)'이며 각각 이즈모타이샤, 야마토의 도다이지, 미야코(京)의 다이고쿠덴(大極殿)을 가리킨다. 여기에 탑은 포함되지 않는다.

이즈모타이샤 본전의 복원모형
(출처 : 福山敏夫 외, 1988, 季刊大林 No.27, pp.6-7, 大林組)

타(太), 니(二), 산(三)은 타로(太郎), 니지로(二郎), 사부로(三郎)의 약자로, 크기 순서를 나타낸 것이다. 즉, 이즈모타이샤는 당시 가장 큰 건축물이었다는 것이다. 두 번째로 큰 도다이지 대불전이 당시 15장 6척(약 47m)이었으니, 1위 이즈모타이샤 높이 16장과 잘 맞는다.

참고로, 다리는 '야마다(山太), 긴지(近二), 우미(宇三)'로 미야코의 야마사키바시(山崎橋), 오우미(近江)의 산다이쿄(勢多橋, 瀬田の唐橋), 미야코의 우지바시(宇治橋)를 이르며, 대불은 '와다(和太), 가니(河二), 긴산(近三)'으로 야먀토의 도다이지, 가와치(河內)의 치시키지(智識寺), 오우미의 세키데라(関寺) 이렇게 세 개를 가리킨다. 이들의 실제 크기를 보아도 구치즈사미의 기술과 순서가 같다.

이즈모타이샤 본전은 헤이안 시대 중기부터 가마쿠라 시대 초기까지 일곱 번이나 무너졌다는 기록이 있다. 예를 들어, 《사케이키(左経記)》에 보면, 1031년 바람이 불지 않았음에도 불구하고 "흔들려 무너지고 재목은 쓰러졌다. 단, 북쪽의 하나는 넘어지지 않았다"는 기술이 있다. 한 개가 남았다는 것은 기둥을 땅속에 묻는 매립식이었다는 증거기도 하다.

당시 통상의 건물은 초석을 놓고 그 위에 기둥을 세우고, 기둥 사이에 들보를 걸어서 수평 부재로 지지하는 형식을 취했다. 즉, 초석 위에 기둥을 세운 경우에는 기둥 하나가 넘어지면 모든 기둥이 함께 넘어지기 때문에 기둥 한 개가 남아 있을 수는 없다. 2000년에 지중에서 발견된 기둥뿌리의 존재는 예전에 무너졌다는 기록과도 부합하는 것이다. 이후, 가마쿠라 시대에 작은 본전으로 재건되고 다시 무너지는 일은 없었다고 한다.

이상의 이유에서, 본전이 무너지기 쉬운 불안정한 구조를 가지고 있었다는 것, 즉 극단적으로 높은 건물이었다고 추정할 수 있다.

"

장식을 꽃피우는 나라, 풍경의 매력, 건축의 매력, 온갖 무대장치 효과는
오로지 원근법의 법칙에서 비롯한다.

Franz(Walter Benjamin 'Das Passagen-Werk')

"

제 3 장

도시경관의 시대

: 15세기~19세기

중세도시를 석권한 탑의 임립 경쟁에 그늘이 보이기 시작하고, 도시의 높이에 일정한 질서가 나타나게 된다.

　이 장에서는 15세기부터 19세기까지를 이야기한다. 이 시대는 도시 전체 안에서 높이의 질서를 중요시한 시기다.

　이 시대의 건물로는 산 피에트로 대성당(Basilica di San Pietro in Vaticano), 세인트 폴 대성당(St Paul's Cathedral), 미국의 워싱턴 기념탑(Washington Monument) 등 100m를 넘는 것이 적지 않다. 그러나 높이만을 추구했다기보다는 도시 안에서 도시를 구성하는 일부로서의 의미를 중요하게 여겼다.

　심리학 학파의 하나인 게슈탈트 심리학(Gestalt psychology, 형태심리학)에서는 어떤 사물을 볼 때, 전경(前景)으로 지각되는 것을 '도(圖)', 그 배경으로서 보이는 것을 '지(地)'라고 부른다. 이 '도'와 '지'를 생각하고 도시의 높이를 바라보면 '도'는 거대 건조물과 고층건축물, '지'는 그 외 일반적인 건물군이라고 할 수 있다.

　이러한 생각에서 보면, 이 시대는 '지'가 되는 도시경관을 정비함으로써 '도'인 모뉴멘탈 고층건축물의 존재감을 두드러지게 한 시대였다. 도시 전체의 시각적 질서를 창출함으로써 가치를 찾아내는 것이다.

　그 전환점이 된 것은 14세기부터 16세기에 걸쳐 융성한 유럽의 르네상스였다. 르네상스기 그림기법에서 생겨난 원근법을 응용하여 원근감을 강조하는 이상도시(理想都市) 제안과 도시계획이 시도됐다.

16세기 로마 개조, 17세기 대화재 후의 런던 부흥, 19세기의 파리와 워싱턴 D.C.의 수도 개조와 건설 등, 모두가 정도의 차는 있지만, 곧게 뻗은 가로와 중요 장소에 랜드마크적으로 배치된 기념건조물 등이 질서 있는 장려한 도시경관을 형성한다.

경관정비의 목적은 다양했다. 예를 들어 로마는 쇠퇴하고 있던 가톨릭의 종교적 위세 재흥을 목적으로 했으며, 런던에서는 재해에 강한 수도로의 부흥을 기도했다. 19세기의 수도개조 및 건설에서는 국가의 위신을 내외에 과시하고자 했다.

일본을 보면, 15~19세기는 전국시대(戰國時代)부터 메이지 시대(明治時代)에 해당한다.

에도 시대 막부는 '도'가 되는 천수각(天守閣, 텐슈카쿠) 건설을 억제하는 한편, '지'가 되는 도시의 높이를 제한했다. 그 결과로 통일적 경관이 생겨났다. 막부의 목적은 중앙집권체제의 확립과 신분제에 기초하는 봉건질서의 유지였다.

메이지 시기, 긴자, 마루노우치 등에서는 미관형성을 의도하는 도시정비를 실시했다. 구미열강과 나란히 근대국가 대열에 들어가는 것을 목적으로 한 것이었다.

이 장에서는 이와 같은 '도'로서의 고층건축물과 '지'로서의 도시경관이라는 시점에서, 도시에서 높이가 어떠한 의미를 지니고, 어떻게 '도'와 '지'를 만들어갔는가를 보고자 한다.

] 르네상스 도시의 높이

고대 로마와 그리스 문화를 부흥, 재평가하는 르네상스 운동은 건축과 도시의 이상(理想)을 크게 변용시킨다. 비례원칙에 기초하여 조화를 이루는 건축과 도시가 지향되고, 기하학적 형태를 가지는 이상도시가 제안되었으며, 이후 질서 있는 높이를 가지는 도시정비의 기초가 된다.

고딕 대성당의 쇠퇴

15세기 이후, 유럽을 석권한 고딕 대성당 건설이 시들어져 갔다. 그 이유로 세 가지를 들 수 있다.

우선 하나는, 전쟁과 역병의 영향이다. 고딕 대성당의 발상지인 프랑스에서는 영불 백년전쟁(1337~1453년)과 페스트에 의한 인구감소로 도시가 피폐해지고, 거대한 대성당을 만들 노동력도 자금도 부족해졌다. 1300년대에 유행한 페스트로 유럽 인구는 3분의 1이 감소했다. 기도의 장(場)인 대성당보다는 사람들을 지켜주는 성새가 필요해진 것이다.

두 번째 이유는, 루터(Martin Luther)나 칼뱅(Jean Calvin)의 종교개혁이 미친 영향이다.

프랑스의 작가 빅토르 위고(Victor-Marie Hugo)가 《파리의 노트르담(Notre-Dame de Paris)》에서 "건물은 훨씬 더 견고하고 오래 가는 튼튼한 책이다!"라고 말한 것처럼, 대성당은 이른바 '돌 성서'였다. 중세에는 대성당의 현란하고 호화로운 스테인드글라스, 조각과 그림이 성서의 대체적 기능을 하고 있었다. 그리고 하늘을 향한 대성당 높이는 가톨릭의 위세를 사람들에게 알리는 역할을 했다. 앞장에서 말한 바와 같이, 교회는 신과 사람을 잇는 매개였고 대성당은 그 상징이었다.

그러나 성서 중심주의를 제창하는 루터(Martin Luther)와 프로테스탄트(Protestant)는 대성당을 신과의 직접적 연결을 가로막는 장해물로 여기고 거세게 비판했다. 대성당은 '나쁜 교회'를 상징하는 존재였으며 반달리즘(Vandalism, 파괴행위)의 대상이었다.

구텐베르크(Johannes Gutenberg)의 활판인쇄술 발명과 출판자본주의의 발달도 크게 영향을 미쳤다. 1455년 구텐베르크의 《42행 성서》 간행을 시작으로 성서는 급속히 보급되어 갔다. 그때까지 일부 엘리트만이 소유할 수 있었던 서적의 가치는 낮아졌으며, 16세기에 15만~20만 종류, 총 1억 5000만~2억 부가 유통되었다고 한다. 이와 같은 성서의 보급이 대성당 존재의 의의를 약화시키는 원인 중 하나였음은 틀림없다.

세 번째가 앞에서 이야기한 르네상스 운동의 발흥이다. 르네상스는 고대 그리스, 로마 예술의 부흥 및 재평가며, 건물의 비율, 질서, 밸런스를 중시했다. 그런 이유로 수직성의 극단적 표현인 고딕은 선호되지 않았다.

고딕 대성당이 다른 국가만큼 보급되지 않았던 이탈리아(특히 토스카나 지방)에서 르네상스가 탄생한 것은 우연이 아니다. 이탈리아는 고딕이라는 프랑스에서 태어난 양식보다 고대 로마나 그리스 쪽이 더 가까운 존재였다. 멀리 있는 고딕보다 가까이 있는 고전에서 전형을 찾은 것이다.

산타 마리아 델 피오레 대성당

르네상스를 낳은 도시 피렌체의 산타 마리아 델 피오레 대성
당(Cattedrale di Santa Maria del Fiore)은 고딕 시대의 마지막을 상징하
는 대성당이다. 대성당 돔은 1436년에 완성됐다. 높이 91m(정탑을
포함하면 114m)는 고딕기 대성당과 비교하여 특별히 돌출된 높이라
고는 할 수 없으나, 방추상 돔은 그때까지 없던 새로운 스카이라
인을 만들어낸다.

그때까지 돔 건축이라고 하면, 고대 로마의 판테온이나 콘스탄
티노플 대성당(현재의 아야 소피아, Ayasofya) 등과 같은 반구상 돔이 주

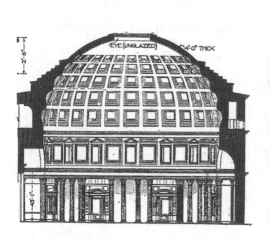

로마 판테온의 단면

(출처: Space design(13), 1966, p.18, 鹿島出版会)

산타 마리아 델 피오레 대성당

(출처 : 鈴木博之, 1983, 世界の建築6: ルネサンス・マ
ニエリスム, p.9, 学習研究社)

류였다. 구상(球狀)은 전능한 신을 체현(體現)한다는 상징적 의미를 가지고 있었다. 산타 마리아 델 피오레 대성당에도 당초에는 반구상 돔이 검토되었으나, 아무래도 반구상 돔의 대성당으로는 평범하다는 인상에서 벗어날 수 없었다. 그런 이유에서 설계를 담당한 필리포 브루넬레스키(Filippo Brunelleschi)는 반구상이 아닌 수직 방향으로 긴 모양의 방추상(紡錘狀) 돔을 생각했다. 고딕만큼 강력한 수직표현은 아니나, 판테온 등의 반구체보다는 시각적 랜드마크로서의 상징성이 더 커졌다.

브루넬레스키의 돔은 리브 구조(Rib Structure) 등 고딕 기술이 살아있으면서도, 명확하게 반(反)고딕적 미학으로 구성됐다.

당시 피렌체인에게는 고딕을 넘어서고자 하는 욕구가 있었으

산타 마리아 델 피오레 대성당과 피렌체의 스카이라인

(출처 : 金沢百枝, 小澤実, 2011, イタリア古寺巡礼: フィレンツェ→アッシジ, p.12, 新潮社)

밀라노 대성당
(출처 : 飯田喜四郎, 1982, 世界の建築5: ゴシック, p.138, 学習研究社)

며, 그 안에는 '내셔널리즘(Nationalism, 국가주의, 국수주의) 심리'가 작용하고 있었다고 한다.* 구체적으로 보면, 이웃 국가인 밀라노 공국(Ducato di Milano)에 대한 대항심이 있었다. 밀라노에는 높이 108m의 첨탑(소첨탑 135개, 조각 3400개 이상)을 가진 고딕 양식의 밀라노 대성당(Duomo di Milano)이 있었다.

　피렌체 입장에서, 고딕은 외래(북 프랑스) 양식일 뿐만 아니라 적국 밀라노의 상징이기도 했다. 한편, 돔은 자신들의 원점이라고도 할 수 있는 '고대 로마 판테온과의 연속성, 그리고 공화제라는 시민 간 조화를 느낄 수 있는 건조물이었으며, 그런 이유에서 그들의 애국주의적 긍지를 채워주는 건조물'**이었다.

---

* 酒井健, ゴシックとは何か.
** 酒井健, 상게서.

15세기의 건축가 레온 바티스타 알베르티(Leon Battista Alberti, 1404~1472년)는 그의 저서 《회화론(De pictura)》의 모두에서 산타 마리아 델 피오레를 평하여 "하늘로 우뚝 솟아, 그 그림자로 모든 토스카나 사람을 감싼다"*라고 말한다. 이 돔이 만드는 스카이라인은 피렌체의 이미지를 시민들에게 확립시켰으며, 피렌체 공화국의 영향력이 토스카나 지방 전역으로 미치는 것을 상징했다.

산타 마리아 델 피오레 대성당의 돔은 뒤에서 이야기할 로마의 산 피에트로 대성당의 재건축이나, 런던 세인트 폴 대성당의 재건, 미국의 연방의회 의사당 건설 등에도 영향을 미치게 된다.

르네상스 이상도시

성새도시(城塞都市)의 방어 방법도 크게 바뀌게 된다. 그 요인 중 하나는 14세기 대포의 출현이다. 대포는 기술적 개량을 거쳐 살상능력이 높아지고 사정거리가 늘어났으며, 전쟁의 주요한 무기로 보급됐다. 대포를 사용하면 성벽과 탑을 간단히 파괴할 수 있었다. 따라서 각 도시는 성새에 대해 발본적으로 다시 생각할 수밖에 없었다.

우선 표적이 되는 탑을 철거했다. 그리고 성벽을 낮추고 두껍게 했으며, 적을 공격할 때 사각이 생기지 않도록 기하학적인 다각형 보루를 구축했다. 더 이상 탑에는 군사적 기능이 요구되지 않았다.

중세의 도시는 좁고 구불구불한 가로를 따라 건물이 무질서하

---

* 若桑みどり, フィレンツェ.

게 늘어선 모습이었다. 르네상스기에는 계획적으로 구축된 이상
도시가 구상된다. 예를 들면, 르네상스기 건축가기도 한 알베르티
(Leon Battista Alberti)는 저서 《건축론(De re aedificatoria)》에서, "주요 가
로는 직선적으로 하고 연도에 늘어서는 건물의 높이는 통일시켜
야 하며, 같은 디자인의 주랑(柱廊)을 만들어야 한다"고 주장했다.

알베르티는 회화의 원근법 이론을 도시에 응용하는 시도를 했
다. 직선적 가로와 연도의 건물 높이를 통일시킴으로써 도시의 원
근감을 강조하고, 길을 지나는 사람들의 시선이 모아지는 끝 쪽
에 기념비적인 대규모 건물을 배치하여 시선을 끄는 장대한 도시
경관을 창출한다는 생각이었다. 레오나르도 다 빈치(Leonardo da
Vinci) 역시 "도로의 폭은 일반 가옥의 높이에 비례해야 한다"*며
이상도시는 가로의 폭과 연도건물 높이의 관계가 중요하다고 지
적했다.

르네상스기에 제안된 많은 이상도시는 성형(星形)이나 다각형의
성벽을 가지고 있으며, 직선적인 도로가 바둑판 눈, 방사상으로
배치된 기하학적인 것이었다. 이러한 다각형 보루는 단순히 디자
인 측면에서 만들어진 것이 아니라, 앞에서 이야기한 것처럼 군사
상의 필요로 고안된 것이었다.

기존의 도시를 모두 이상도시로 개량한다거나 하는 것은 현실
적이지 않았다. 그렇기 때문에 대부분은 중세도시를 서서히 개변
하면서 정비해가는 방법을 취했다.

앞장에서 이야기한 시에나나 피렌체의 광장 주변 높이제한 등
도 부분적인 개변이기는 하나, 이상도시 이론을 앞서 실현한 것

---

* 杉浦明平(翻訳) レオナルド・ダ・ヴィンチの手記下.

이라고 할 수 있다.

원근법 이론을 활용한 장대한 조망경관의 도시계획은 16세기 이후 여러 도시에서 시도된다.

2 종교도시 로마의 대개조

16세기 프로테스탄트의 종교개혁은 가톨릭의 약체화를 가져왔으나, 한편으로는 가톨릭 개혁을 재촉하게 된다.

1545~1563년 트리엔트 공회의(Concilium Tridentinum)에서 성모 마리아 신앙의 정통성이 확인되자, 반종교개혁(대항종교개혁) 활동이 활발해졌다. 그리고 가톨릭의 신뢰를 회복하고자, 로마 전체를 '하나의 성지'*로 재건하려는 움직임이 나타난다. 가톨릭의 수도 로마를 장중한 도시로 개조함으로써 가톨릭에 대한 신뢰와 신앙심 회복을 도모하고자 한 것이다.

로마 교황 식스토 5세(재위 1585~1590년)가 행한 도시 개조가 대표적이다.

교황 식스토 5세의 로마 개조

교황 식스토 5세의 로마 개조는 로마 교황청이 1300년부터 시작한 '성년(聖年, Jubilee)'이라는 행사를 활용했다.

---

* Sigfraid Giedion, Space, Time and Architecture.

성년이란 25년에 한 번, 로마 시내 일곱 개 주요 성당을 순례하면 속죄를 얻을 수 있다는 행사다. 성년을 배경으로, 로마를 찾는 수많은 순례자들에게 가톨릭의 위광을 알리고자 로마를 장려한 성지로 재건하고자 하는 움직임이 생겨난 것이다.

식스토 5세의 도시 개조 콘셉트는 명쾌하다. 일곱 개의 성당을 하루에 돌 수 있도록 도시를 만드는 것이다. 주요 성당을 직선도로로 잇고, 결절점이 되는 장소(주로 주요 성당의 앞)에 순례자의 성당 순회에 도표가 되는 오벨리스크를 건립한다.

제1장에서 이야기했듯이, 오벨리스크는 고대 이집트 신전의 탑문 앞에 세워진 기둥모양의 모뉴먼트다.

로마 시내에는 총 14개의 오벨리스크가 존재한다. 대부분 고대 로마 시대에 이집트에서 전리품으로 가져온 것이다. 로마제국 멸망 후, 그 존재가 잊히고 있었으나, 식스토 5세와 그의 복심인 건축가 도메니코 폰타나(Domenico Fontana)가 이 오벨리스크에 착목하여 재이용한 것이다.

그러나 크리스트교 입장에서 보면, 오벨리스크는 본래 이교(異敎)의 상징이다. 식스토 5세는 그러한 오벨리스크 끝에 십자가를 세움으로써 '성화(聖化)'하고 가톨릭의 모뉴먼트로 만들어냈다. '가톨릭 교회의 승리'*를 오벨리스크로 표현한 것이다. 또한, 오벨리스크 외에도 당시 로마 시내에 세워져 있던 트라야누스 황제와 마르쿠스 아우렐리우스의 기념주에도 꼭대기에 성 베드로와 성 바울로의 조각상을 세워 크리스트교화했다.

오벨리스크의 역할이 순례자의 표지만은 아니었다. 앞으로

---

* Spiro Kostof, A History of Architecture.

곧게 뻗은 가로의 끝에 오벨리스크를 배치함으로써 장대한 조망을 창출하고 성스러운 도시라는 인상을 강조하려는 목적도 있었다.

도시 개조의 결과, 가로 연도에 상점과 주택이 늘어서고 도시에 활력이 생기게 됐다. 1527년 5만 5000명 정도였던 인구는 16세기 말에는 당시 런던과 비슷한 10만 명 정도까지 회복했으며, 1600년 성년에는 무려 수천만 명의 순례자가 로마를 찾았다고 한다. 로마는 세계의 수도라고 불리면서 그 위광을 되

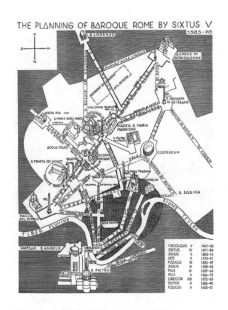

식스토 5세의 로마 개조 계획도

(출처: Sigfried Giedion 저, 太田實 역, 1973, 空間·時間·建築1, p119, 丸善)

찾아가고 있었다. 한편, 도로가 완성되자 추기경과 귀족들은 이동수단으로 마차를 사용하게 됐다. 로마의 도시 개조가 마차시대로의 전환을 선편(先鞭)했다고도 할 수 있다.

식스토 5세는 성도(聖都) 로마를 효과적으로 각인시키기 위하여 핵이 되는 다음의 네 개 거점에 오벨리스크를 배치했다.

①산 피에트로 대성당 앞 광장(1586년), ②산타 마리아 마조레 성당(Basilica di Santa Maria Maggiore) 앞(1587년), ③산 조반니 인 라테라노 대성당(San Giovanni in Laterano) 앞(1588년), ④포폴로 광장(Piazza del Popolo)(1589년)이다.

포폴로 광장의 오벨리스크
(출처 : Pierre Grimal, Folco Quilici 저, 野中夏実, 青柳正規 역, 1988, 都市ローマ, p.40, 岩波書店)

예를 들어, ④의 포폴로 광장은 유럽 각국에서 로마를 찾는 사람들이 처음으로 지나가는 포폴로 문의 바로 앞에 위치하는 현관이라고 할 수 있다. 세 개의 직선가로가 포폴로 광장에 수렴하도록 정비하고, 그 아이스톱(eye stop)으로서 오벨리스크를 세웠다. 이와 같이, 직선가로의 초점에 기념건조물을 배치하는 도시구조는 후에 베르사유나 파리, 워싱턴 D.C. 등으로 이어진다.

산 피에트로 대성당

위에서 이야기한 ①의 산 피에트로 대성당과 그 광장에 지어진 오벨리스크에 대해서 자세히 살펴보자.

가톨릭의 총본산 산 피에트로 대성당 앞 광장의 오벨리스크는 원래 산 피에트로 대성당 남측에 위치하는 네로 황제의 전차경기장에 있던 것을 대성당 앞 광장 중앙으로 이축한 것이다. 대리석으로 만들어졌으며, 높이 25m, 무게 320ton에 이르는 거대한 규모로 이설하는 데 인부 900명, 권양기(winch) 44대, 말 140마리가 필요했다고 한다.

이 오벨리스크가 지어진 1586년 당시, 산 피에트로 대성당은 재건축이 한창이었다. 재건축의 계기는 식스토 5세 시대인 약 150년 전으로 거슬러 올라간다.

당시 산 피에트로는 상당히 노후화되어 있었다. 순례자를 맞아들이는 성당의 기능을 충분히 하고 있다고 말하기 어려운 상태였다. 교황 니콜라우스 5세(재위 1447~1455년)는 성당을 다시 짓는 것을 제안하며, 이렇게 말했다. "견실하고 안정된 확신을 주기 위해서는 눈에 호소하는 것이 있어야 한다. 교의만으로 지지되는 신앙은 늘 약하며 흔들린다. … 만약 교황청의 권위가 눈에 보이는 장려한 건물의 형태로 제시된다면 … 온 세계가 그것을 받아들이고 존경할 것이다. 멋있고 아름다우며 위엄 있는 규모의 고상한 건축물은 산 피에트로의 지위를 상당히 높여줄 것이다."*

니콜라우스 5세 사후, 재건축 제안은 사라지는 듯했으나, 율리우스 2세 시대에 다시 각광을 받게 된다. 그러나 교회 내부에는 예전 모습의 산 피에트로의 철거를 바라지 않는 반대의견도 적지 않았다. 산 피에트로는 로마제국에서 크리스트교를 공인한 콘스탄티누스 황제가 324년에 창건한 유서 있는 성당이기 때문이었다.

반(反)가톨릭 세력에게, 산 피에트로 재건축은 아주 좋은 공격거리가 됐다. 마틴 루터는 "교황은 큰 부자들의 지갑보다도 더 커다란 지갑을 가지고 있다. 그런데 왜 자기의 돈이 아닌 가난한 신자들의 돈으로 산 피에트로 성당을 짓는 것인가?"**라며 속죄장 발행으로 건설비용을 조달하는 가톨릭을 비판했다.

* Barbara Wertheim Tuchman, The March of Folly: From Troy to Vietnam.
** Jean Delumeau, La civilisation de la renaissance.

산 피에트로 대성당과 오벨리스크

(출처 : Lewis Mumford 저, 生田勉 역, 1969, 歷史の都市:明日の都市, 권두화, 新潮社)

당시, 속죄장이나 성직 매매에 의한 수입은 로마 가톨릭 교회 수입 전체의 삼분의 일을 차지하기까지 되었다고 한다. 그러한 가톨릭을 배금주의(拜金主義)라고 비난하는 사람들이 적지 않았다. 예를 들어, 인문주의자 에라스무스(Desiderius Erasmus)는 경건한 가톨릭 신자였음에도 불구하고, 대성당 재건축은 낭비에 지나지 않다고 이의를 제기했다.

설계안이 좀처럼 결정되지 않는 문제도 있었다. 설계자도 여러 번 교체되어, 당시 주요 건축가 대부분이 산 피에트로의 설계에 관계되었을 정도였다고 한다.

최종적으로 설계를 담당한 것은 미켈란젤로(Michelangelo Buonarroti, 1475~1564년)였다. 교황이 미켈란젤로에게 산 피에트로의 건설을 위임하는 칙서를 내릴 때, 미켈란젤로는 "신을 향한 사랑이 있기에 어떠한 보수도 받지 않고 건조에 착수한다"*라고 칙서에 기재해 줄 것을 요청했다고 한다. 실제로 미켈란젤로는 만년 17년간을 무상으로 산 피에트로의 설계에 바쳤으며, 이 산 피에트로는 미켈란젤로의 유작이 된다.

미켈란젤로는 대성당의 평면을 대폭적으로 변경했으며, 당초 판테온과 같이 반구상이었던 돔을 피렌체의 산타 마리아 델 피오

* 石鍋眞澄, サン·ピエトロ大聖堂.

레 대성당처럼 방추상 돔으로 했다. 미켈란젤로는 산타 마리아 델 피오레의 돔에 대해서 "이와 같은 것을 만드는 것은 매우 어려운 것이며, 이 이상의 것을 만드는 것은 불가능하다"*고 찬사를 보낸 바 있다. 산타 마리아 델 피오레 대성당에서 적지 않은 영향을 받았을 것이다.

미켈란젤로 사후 26년이 경과한 1590년이 되어서야 겨우 돔이 올라갔으며, 산 피에트로 대성당은 그 위용을 드러낼 수 있게 된다. 그리고 광장이 현재와 같은 모습이 된 것은 식스토 5세 사후인 17세기에 들어서다.

3 런던 대화재와 도시부흥

인구와 건물이 집중된 대도시일수록 지진이나 대화재에 의한 피해가 커질 가능성이 크다. 그런 이유로, 재해가 도시 개조의 계기가 된 경우도 적지 않다. 17세기에 대화재를 입은 런던 시티(City of London)의 예를 살펴보자.

시티의 부흥계획으로 직선가로의 주요 결절점에 기념건조물을 배치하는 이상적 도시 개조안이 만들어졌다. 그러나 실제로는 더 현실적 선택지가 취해진다.

그 이유로, 절대적인 권력을 지닌 교황이 주도했던 로마와는 달리, 시티는 자치의식이 강한 상업도시였다는 점을 들 수 있다. 발

---

* Jean Delumeau, 전게서.

본적 도시 개조는 아니었으나, 도로 확폭 등의 정비와 함께, 도로 폭에 맞추어 일정한 높이의 연와·석조 건물이 늘어서고, 방재성도 뛰어난 도시경관이 모습을 드러냈다. 부흥과 함께 런던의 랜드마크인 세인트 폴 대성당도 재건되면서, 연와·석조 가로경관과 함께 새로운 런던의 스카이라인을 만들어가게 된다.

5일간 계속된 대화재

1666년 9월 2일 런던에서 발생한 대화재는 중심부 시티를 모두 태워버렸다. 5일간 계속된 큰 불로 400개 이상의 가로, 약 1만 3000호의 가옥이 소실됐다. 109개였던 교회당도 84개 동(87개, 89개라는 설도 있다)이 불타서 무너졌다. 그 피해 면적은 시티 전체의 5분의 4에 해당하는 약 176ha에 달했다고 한다.

대화재 발생 전, 시내 주택은 2층 건물에서 4, 5층 건물로 점점 고층화하고 있었다. 도로는 본래 폭이 넓었으나 건물이 도로로 비어져 나와서, 실질적인 가로는 좁아지고 건물은 마치 높은 벽처럼 보였다. 가로는 어두컴컴하고 공기도 잘 통하지 않았다. 주거환경이 열악해졌다. 중세도시의 전형적인 모습이라고 할 수 있다.

건물이 높아지기는 했으나 목조인 것에는 변함이 없었다. 연와조나 석조로 고층화하려면 그 무게를 지탱하기 위해서 벽 면적을 두껍게 해야 한다. 주거면적을 가능한 한 넓게 확보하기 위해 많은 주택들이 목조로 건설됐다.

이와 같은 상황에서 1615년 국왕 포고에서는 연와조 건물로의 전환에 대해서 다음과 같이 언급한다.

"초대 로마 황제(아우구스투스)가 이어 받은 로마 시는 연와로 만들어진 도시였으나, 그가 넘겨준 로마는 대리석 도시였다. 우리는 신의 은총으로 최초의 브리튼인(Britons)이 되는 영예를 받았다. 이처럼, 이어 받은 런던은 시티도 교외도 목조였으나, 넘겨준 런던은 나무보다 훨씬 내구성이 좋고 화재의 우려도 없으며, 아름답고 위엄이 있는 연와 도시였다고 말할 수 있게 되지 않겠는가."*

왕은 런던을 아우구스투스 황제 시대의 로마와 같이, 목조로 넘겨받은 도시를 연와 도시로 재생할 것을 선언한 것이다. 이 포고부터 반세기 후, 런던 대화재가 발생했다. 불행한 사건이기는 하지만, 아이러니하게도 대화재가 포고의 목적인 '연와 도시'의 실현을 앞당기게 된 것이다.

렌의 부흥계획안

시티의 재건에는 여러 개의 부흥계획안이 작성됐다. 대화재 발생 8일 후인 9월 10일에는 건축가이자 천문학자인 크리스토퍼 렌(Christopher Wren)이 국왕 찰스 2세와 추밀원에 부흥안을 제출했다. 부흥계획이 얼마나 단기간에 만들어졌는지를 엿볼 수 있다.

렌의 계획은 곧게 뻗는 격자상과 방사상 가로망의 조합을 기본으로 하여, 그 접점에 세인트 폴 대성당과 왕립거래소, 런던탑 등 기념건조물을 배치하는 것이었다.

이 계획안과 전술한 로마 개조, 그리고 그 영향을 받은 것으로 알려진 베르사유 계획에서는 공통된 특징을 찾을 수 있다. 오

---

*   見市雅俊, ロンドン=炎が生んだ世界都市.

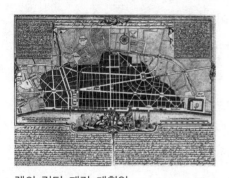

렌의 런던 재건 계획안

(출처 : 渡邊研司, 2009, 図説 ロンドン 都市と建築の歴史, p.17, 河出書房新社)

랫동안 프랑스에서 살았던 국왕 찰스 2세는 수도 런던을 베르사유와 같이 기하학적이고 장대한 경관의 도시로 재생시키는 안에 매력을 느꼈을 것이다.

그러나 현재의 런던을 보면 알 수 있듯이, 렌의 계획안은 실행되지 못했다. 그 이유는 신속한 부흥을 필요로 했기 때문이다. 시티는 경제활동의 중심지였기에 부흥 속도가 국가의 명운을 좌우할 수밖에 없었다.

찰스 2세가 런던을 이상도시로 바꾸고자 했던 것은 확실하다. 그러나 자치의식이 강한 시티에서 토지소유 권리를 조정하는 것은 어려운 일이었다. 대화재 후 바로 발표된 포고로 국왕은 토지소유권의 존중을 약속했다. 또한, 국가에는 시티의 토지를 수용할 수 있는 재정적 여유도 없었다. 대화재 전년에 발생한 페스트로 런던은 이미 피폐한 상태였다. 즉, 국왕은 렌의 계획안이 실현되기 어렵다는 것을 알고 있었으며, 발본적 도시 개조는 사실상 불가능한 상황이었다. 이상도시로의 개조안은 서서히 방기됐다. 그렇지만 대화재 전처럼 제멋대로의 건축행위를 허용할 수도 없었다.

종전의 기본적인 도시구조는 바꾸지 않으면서 중세도시의 혼란을 개선하고 재건을 도모하는 길이 제안되게 된다.

높이제한과 불연화

시티 부흥에는 대담한 도시 개조가 아니라, 보다 현실적이면서 지권자의 의향을 고려한 부흥책이 추진됐다. 그 핵심은 대화재 다음 해인 1667년 2월에 제정된 런던 재건법(再建法)이었다. 이 법률은 ①재건의 자금조달, ②도로정비, ③건축규제 이렇게 세 개의 기둥으로 구성된다.

자치도시인 시티에 대한 국고의 원조는 없었다. 시티 스스로 재건자금을 마련해야만 했다. 그 때문에 시티로 들여오던 석탄에 세금(석탄세)을 부과하여 공공부문의 재건사업에 사용했다.

도로도 기존의 도시구조를 토대로 정비했다. 그럼에도 불구하고, 도로의 확폭과 직선화, 급구배의 개선 등 공사가 이루어졌으며, 이전의 좁고 굽은 중세도시 도로와는 몰라보게 달라졌다.

건축물의 불연화(석조 혹은 벽돌조)가 의무화되고 도로폭원에 대응하여 높이를 정하는 건축규제가 실시됐다. 건물의 높이는 도로에 따라 세 종류로 정해졌다. 골목은 2층, 일반 도로는 3층, 여섯 개 주요 도로는 4층 건물이 된다(지붕 안쪽은 제외). 넓은 도로에는 높은 건물을 허용하고, 좁은 도로에는 낮은 건물밖에 지을 수 없도록 한 것이다.

규제를 엄격히 하고 위반자에게는 높은 벌금을 부과했다. 규제를 위반하여 감옥에 들어가는 경우도 있었다. 또한 시의 참사회원(參事會員)에게는 인가받지 않은 건물을 철거할 수 있는 권한이 부여됐다. 그 때문에 이들 규제는 대체로 잘 지켜졌다고 한다. 그 결과, 시티는 순조롭게 목조에서 연와의 도시로 변해갔으며 화재

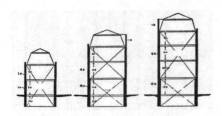

런던 대화재 발생 후의 높이 제한

(출처 : Steen Eiler Rasmussen 저, 兼田啓一 역, 1987, ロンド
ン物語, p.124, 中央公論美術出版)

는 격감했다.

런던 도시 개조의 특징은 앞에서 살펴본 로마와 같은 톱다운(top-down) 방식의 대담한 개조가 아니라는 점이다. 한편, 도시구조를 근본적으로 바꾸지 않고, 대담한 개조를 제안한 렌의 계획안을 포기한 것은 후에 비판의 대상이 되기도 한다.

그러나 다른 측면에서 보면, 자치도시 '런던의 사상이라고도 부를 수 있는 새로운 승리'*로 평가할 수 있다. 도시경관이 정비되고 불연도시로 다시 태어나면서, 어메니티(amenity, 생활의 편리함 · 쾌적함)가 현격하게 향상된 것은 확실하다.

이러한 런던 재건은 망명 중 런던에서 살았던 적이 있던 나폴레옹 3세의 19세기 파리 대개조에도 적지 않은 영향을 미치게 된다.

세인트 폴 대성당의 재건

렌이 그린 이상적 도시계획은 빛을 보지 못했으나, 렌은 시티 재건의 왕립위원회 위원으로서 51개 교회당의 재건을 맡게 된다. 그는 교회당 재건에서 첨탑의 중요성을 강하게 의식했다. '각 교회당은 서로 거리를 두고 설치하여, 교회당이 과도하게 밀집하거나 분산하지 않도록' 재건하는 것을 의도했다고 한다.** 지구(地區)

* Steen Eiler Rasmussen, London, the Unique City.
** Spiro Kostof, The City Shaped.

의 시각적 랜드마크가 되도록 첨탑의 디자인과 교회당의 배치에 신경을 쓴 것이다. 그중에서도 세인트 폴 대성당의 재건은 런던 시티의 실루엣에 커다란 영향을 미치게 된다.

대화재 이전, 세인트 폴 대성당은 소실과 재건을 반복해 왔다. 초대 대성당은 604년에 목조로 건조되었으나 소실되어 7세기 말에 석조로 재건됐다. 이것도 10세기 중반에 바이킹(Viking, 노르만인)에 의해 불태워졌으며, 그 후 지어진 3대째도 1087년에 소실되고 1240년에 고딕 대성당으로 재건됐다. 이것이 4대째의 이른바 '옛 세인트 폴'이다. 앞장에서 이야기한 것과 같이, 당시는 고딕 양식이 영국 국내를 석권하고 있던 시대다. 첨탑의 높이는 약 152m에 이르며, 같은 영국의 솔즈베리 대성당(Salisbury Cathedral, 정상부 완성은 1377년)의 높이 123m를 웃돌았다. 당시 세계 최고의 높이였다. 참고로 덧붙이자면, 쿠푸 왕의 피라미드 높이 147m보다도 높았다. 그러나 1561년에 대첨탑이 소실되고 1663년에 본격적인 수복이 시도됐다. 그러나 겨우 3년 후 런던 대화재로 대성당은 다시 잿더미로 돌아갔다.

대화재 후, 재건은 잘 진행되지 못했다. 성당이 순수한 신앙을 방해한다고 보던 영국계 프로테스탄트인 퓨리턴(Puritan)이 재건에 반대했기 때문이다. 한동안 화재의 흔적 그대로 방치되어 있었으며, 재건이 시작된 것은 1675년이었다. 그리고 그

세인트 폴 대성당(1860~1875년)

(출처 : Alex Werner, Tony Williams 저, 松尾恭子 역, 2013, 写真で見るヴィクトリア朝ロンドンの都市と生活, p.51, 原書房)

35년 후인 1710년에 완성된다.

새로운 대성당에는 이전의 고딕 양식이 아닌, 로마의 산 피에트로 대성당과 같이 방추상 돔을 가진 바로크 양식이 채용됐다. 높이는 108.4m로 구 대성당의 높이 152m에 필적하고자 크기를 추구한 것은 아니었다. 도시경관뿐 아니라 대성당의 높이와 양식에서도 중세와 결별을 선언했다고 할 수 있다.

렌의 부흥계획안에서는 세인트 폴 대성당이 넓은 폭의 큰 도로가 예각으로 교차하는 결절점 모퉁이에 들어서는 것으로 되어 있었다. 그러나 그러한 도로는 정비되지 않았다. 결국, 식스토 5세가 로마 개조에서 생각했던 직선가로 막다른 끝에 솟아있는 대성당의 시각적 효과는 만들어지지 못했다.

신생 세인트 폴의 높이는 산 피에트로에는 미치지 못했으나, 그 돔은 시티의 새로운 상징, 랜드마크가 됐다. 그리고 그 후, 20세기 들어서는 제2차 세계대전의 공습, 주변 빌딩의 고층화와 경관 저해 등과 같은 곤란에 직면하게 된다. 이에 대해서는 제4장과 제6장에서 보도록 한다.

4 국민국가의 도시 개조

장대한 도시계획, 즉 폭이 넓은 직선가로의 주요 교차점에 기념건조물을 배치하는 도시계획은 런던 대화재 부흥도시 개조에서는 실현되지 못했다. 그러나 그러한 구상은 19세기 구미 각국의 수도에서 실현된다.

구미에서는 교회의 약체화와 민주적 움직임이 시작되고, 이를 배경으로 국민국가 성립 시대를 맞이하고 있었다. 국가의 위신을 높이기 위하여 파리, 빈, 베를린, 워싱턴 D.C., 바르셀로나 등에서는 도시 개조·도시건설이 추진됐다.

이러한 대규모 도시 개조·도시건설에서는 '도(圖)'가 되는 기념건조물보다도 '지(地)'를 형성하는 무명의 팽대한 건물군의 정비 및 규제를 중요하게 생각했다. 역사학자 도널드 J. 올센(Donald J. Olsen)은 19세기 도시 개조·건설에서 주목해야 할 점은 대성당이나 개선문 등 "비범한 걸작(傑作)"이 아니라, 가로를 따라 늘어서는 "고도(高度)의 범작(凡作)"이라고 했다.* 즉, 특별하지 않은 보통의 건물이 처마선과 벽면을 맞추는 '고도의 범작'이 질서 있는 가로경관을 형성하고, 랜드마크가 되는 '비범한 걸작'을 돋보이게 해야 한다는 것이다.

19세기 도시 개조·건설에서의 건물 높이를 살펴보자. 도시 개조는 파리, 신도시건설은 워싱턴 D.C.를 예로 든다.

파리의 도시 개조

19세기 도시 개조 중, 대표적인 것이 파리의 대개조다. 나폴레옹 3세가 구상하고, 센(Le département de la Seine) 지사로 임명된 조르주 외젠 오스만(Georges Eugéne Haussmann)이 지휘한 이 개조계획으로 중세도시 파리에 절개수술이 행해졌다. 대가로 네트워크에 의

---

* Donald J. Olsen, The City as a Work of Art: London, Paris, Vienna.

한 도시 재구축이다. 격자상 도로와 방사상 도로, 환상 도로의 조합으로 구성되는 가로망을 기본으로 하여, 복수의 가로가 모이는 주요 결절점에 로터리 광장과 기념건조물을 설치한다.

파리 대개조에서는 교통, 위생, 치안 개선, 인구분산 등의 목적뿐만 아니라 미관도 중시했다. 가로를 이동의 수단으로서만이 아니라, 걷는 사람이 보고 즐기는 존재로 바꾼 점도 큰 특징이다.

19세기 중반의 파리는 인구과밀, 교통정체, 빈곤, 비위생, 질병, 범죄, 폭동 등의 문제를 안고 있었다. 19세기 초 50만 명 정도였던 인구는 반세기 후에는 약 100만 명으로 두 배가 된다. 그러나 도시구조는 거의 중세의 모습 그대로였다. 좁고 구불구불한 가로를 따라서 높은 아파트가 늘어서 있었으며 햇빛이 들지 않고 통기도 잘 안 되는 열악한 환경이었다. 창밖 도로로 오물을 버리는 사람이 많아 악취도 심했다고 한다.

나폴레옹 3세는 이와 같은 열악한 파리의 도시환경을 혐오했다. 그는 외국에 망명하여 오랫동안 살았으며, 무엇보다 런던의 청결하고 정연한 도시경관을 동경했다고 한다. 나폴레옹 3세는 런던을 본보기로 하여 파리를 바꾸고자 하는 이상을 가지고 있었다.

오스만의 파리 대개조

나폴레옹 3세는 1850년, 대통령 시대에 다음과 같은 연설을 하고, 도시 개조를 통한 미화와 환경개선에 의욕을 보인다.

"파리는 프랑스의 심장입니다. 이 위대한 도시를 미화하는 것에 전력을 쏟읍시다. 새로운 길을 만들어, 공기와 햇빛이 부족한 인구밀집지구를 청결한 지역으로 바꾸고, 건강한 빛이 건물 곳곳으로 들어올 수 있도록 하지 않겠습니까."*

1852년 황제의 자리에 오르자, 바로 대개조에 착수한다. 그 이상을 실현한 것이 오스만이었다. 오스만은 토목기사도 건축가도 아니었으나, 뛰어난 행정관이었다. 그는 우수한 전문가를 발탁하여 계획을 추진하는 훌륭한 프로듀서로서의 실력을 발휘했다. 대개조의 발상은 나폴레옹 3세였으나, 그것을 구체적으로 실행한 것은 오스만이었다. 오스만이 없었다면 파리 대개조는 실현되지 못했을 것이라고 한다. '오스만의 파리 대개조'라고 부르는 경우가 많은 것은 그런 이유다.

오스만 대개조의 골격 사업은 가로정비였다. 우선 가로, 광장, 공원, 하수도 등과 같은 인프라를 일체적으로 정비했다. 그리고 공적인 건축물의 건설과 함께 민간 건물을 유도했다.

가로정비는 ①오래된 가로의 폭을 넓히고 직선화를 도모할 것, ②간선도로는 복선화하여 교통순환의 원활화를 도모할 것, ③중요한 거점은 비스듬한 교차로로 접합하게 할 것, 이와 같은 3원칙을 가지고 추진했다. 도로의 직선화와 네트워크화는 예전 가로의 확폭만으로는 불충분했기에 건물을 부수고 새로운 가로를 만들기도 했다.

가로정비의 목적은 교통의 원활화와 일조 · 통풍의 확보만이

---

* 鹿島茂, 怪帝ナポレオン三世 第二帝政全史.

대개조 후의 파리 도시경관(오스만 거리)
(출처 : Jonathan Barnett, 2011, City Design, p.79, Routledge)

아니었다. 좁고 미로와 같은 거리는 범죄의 온상이었으며, 반정부 조직의 좋은 은신처가 되고 있었다. 오스만은 새로 폭넓은 도로를 내는 것으로, 오래된 거리를 새롭게 단장하고 치안을 회복하고자 했다.

이와 같은 파리 도시 개조의 가장 어려운 점은 파리시민이 일상생활을 이어가는 중에 수행해야 한다는 것이었다. 그러한 이유로 오스만의 대개조는 '살아있는 채로 하는 치료'*, '파리의 외과수술' '대절개수술' 등이라고 표현되기도 한다.

도시 개조의 높이제한

이 정도의 대규모 도시 개조에서는 '도'가 되는 기념건조물보다 '지'를 형성하는 무명의 팽대한 건물군을 정비·규제하는 것이 중요하다. 곧게 뻗은 대로를 형성하고 그 집점에 기념건조물을 배치하더라도, 대로 연도의 건물이 제각각이라면 장대한 도시경관은 창출되지 않기 때문이다. 따라서 연도 건물군의 통일성 있는 정비가 필요했다.

그 수단의 하나로, 가로폭원에 대응하는 높이제한이 실시됐다. 1859년의 건축규제에서는 처마높이를 11.7m(도로 폭원 7.8m 미

---

* 松井道昭, フランス第二帝政下のパリ都市改造.

만), 14.6m(도록 폭원 7.8~9.75m), 17.55m(도로 폭원 9.75m 이상)로 제한했다(모든 높이는 지붕 아래 공간의 1층 분은 제외한다). 단, 폭원이 20m 이상인 경우, 외관의 통일(발코니, 처마 등의 라인을 맞추는 것)을 이루고 있다면 높이 20m, 6층(지붕 아래 공간은 제외한다)까지 인정됐다.

건축물의 높이제한 자체는 오스만의 도시 개조 이전의 파리에서도 실시되고 있었다.

17세기 전반, 주택은 4층 정도였으나 서서히 고층화가 진행되었으며, 1667년에는 처마높이 8토와즈(toise)(약 15.59m)로 제한됐다. 그러나 지붕의 높이는 규제 대상에서 제외되었기 때문에, '집 위에 집을 짓는 듯한 방법'이 행해졌다. 18세기의 파리는 '건물은 굉장히 높은데도 가로는 좁아서 기묘한 대조를 이루고 있는' 상황이었다고 한다.[*]

18세기 이후, 사람이 건강하기 위해서는 깨끗한 공기와 태양빛이 필요하다는 위생관념이 정착한다. 1984년에는 도로 폭원에 대

17~18세기 파리의 높이제한(높이는 처마 높이)

도로폭원	1667년	1784년	1859년	1884년
7.8m 미만 [7.5m 미만]	8toise (15.59m) 이상	36pied (11.7m) 이하	11.7m 이하	12m 이하
7.8m 이상 9.75m 미만 [7.5m 이상 9.4m 미만]		45pied (14.6m) 이하	14.6m 이하	15m 이하
9.75m 이상 20m 미만 [9.4m 이상]		54pied (17.6m) 이하	17.55m 이하	18m 이하
20m 이상			20m 이하, 6층 이하 (지붕 아래는 포함하지 않음)	20m 이하, 6층 이하 (지붕 아래는 포함하지 않음)

※ 도로폭원의 [ ] 안은 1859년 정령 이전의 수치. 1859년 정령부터 미터법을 채용.
출처: 鈴木(2005), Foero(2011)를 참고하여 작성.

[*] Louis-Sébastien MERCIER, Le tableau de Paris.

응하는 3단계 높이제한으로 재편되어, 일조, 채광, 통풍의 확보가 도모됐다.

종래의 높이제한이 주로 일조 확보와 방재를 목적으로 한 것이었다면, 오스만이 실시한 높이제한은 적극적인 '미관창출'을 목적으로 했다는 점이 큰 차이다.

그러나 높이를 맞추는 것만으로 미관을 기대할 수는 없었다. 오스만은 건물 하나하나의 디자인에도 규제를 가했다. 층고(각 층의 높이)를 2.6m까지로 규제했으며, 지붕의 높이, 지붕창문을 내는 방향, 굴뚝의 높이 등도 규정했다. 그리고 토지를 매각할 때 매매계약 조건 중에 발코니와 처마선(처마부분 등의 라인)의 디자인이나 지붕을 유지하는 조항을 담도록 하여 통일된 디자인의 파사드(facade)를 창출하고자 했다.

한편, 20세기의 건축가 르 코르뷔지에(Le Corbusier)는 "오스만은 노후한 6층 건물을 사치스러운 6층 건물로 바꾸었을 뿐이다. 그는 질(質)의 가치를 높인 것뿐이며, 양(量)을 늘린 것은 아니다"*라며 파리 개조를 비판한 바 있다. 그러나 질의 향상으로 엄청난 수의 '고도(高度)의 범작(凡作)'을 낳은 것이야말로 오스만 도시 개조의 진면목이라고 할 수 있다. 오스만이 지금까지 이어지고 있는 파리 도시경관의 기초를 쌓은 것은 틀림없다.

나폴레옹 1세의 에투알 개선문

반복되는 이야기지만, 오스만 도시 개조의 특징 중 하나가 복

---

* Urbanisme.

수의 대가로가 교차하는 장소에 '비범한 걸작'이라고 할 만한 기념건조물과 광장을 함께 설치하는 것이다. 그 기념건조물은 개선문, 오페라좌(l'Opéra. Palais Garnier), 방돔 광장(Place Vendôme)의 기념주, 콩코르드 광장(Place de la Concorde)의 오벨리스크 등을 말하며, 그중에는 이미 건설이 끝

에투알 개선문

(사진 : 大澤昭彦)

난 것도 있었다. 도로와 광장은 이들 기념건조물을 두드러지게 한다.

대표적 존재가 높이 50m의 에투알 개선문(Arc de triomphe de l'Étoile)이다. 나폴레옹 1세가 아우스텔리츠 전투(Bataille d'Austerlitz)의 승리를 기념하여 건설을 명한 것으로, 고대 로마의 콘스탄티누스 황제의 개선문을 따라서 '승리에서 승리로 돌진하는 황제의 상징'*으로 계획됐다. 1806년에 건설이 시작되었으나 나폴레옹 1세의 실각으로 건설은 중단되고, 1836년이 되어서야 겨우 제막식을 할 수 있었다. 실제 완성은 1844년이었다.

높이 50m는 고대 로마 개선문의 두 배 이상이다. 과거의 위대한 문명이 낳은 건조물의 의장을 채용하면서 더 거대한 규모로 세운 것이다. 나폴레옹뿐만 아니라 많은 권력자들이 반복하여 온 모습이다.

* Steen Eiler Rasmussen, Towns and Buildings.

미국의 이념을 표현한 워싱턴 D.C.

이상에서 살펴본 로마 개조, 런던 부흥, 파리 대개조는 모두 기존의 도시를 바꾸고자 하는 시도였다.

그에 비해, 전혀 아무것도 없는 갱지에 처음부터 하나하나 만들어낸 것이 미국의 수도 워싱턴 D.C.다. 미국 독립선언 15년 후, 1791년에 프랑스에서 태어난 군인 피에르 샤를 랑팡(Pierre-Charles L'Enfant) 소령이 작성한 수도계획을 기초로 하여 건설된다. 이 계획의 특징은 직선적 대로의 주요 교차점에 연방의회의사당(United States Capitol), 대통령관저(White House), 워싱턴 기념탑(Washington Monument) 등 상징적 건조물과 광장을 배치하는 것이다.

구체적인 특징으로는 ①격자상 가로와 방사상 가로에 의한 가로 구성, ②격자와 방사상 가로가 교차하는 장소에 주요 광장과 건물을 설치한 것, ③연방의회의사당과 대통령관저 등 국가를 상징하는 건축물을 비스듬한 축으로 연결하여 시각적으로 상호관계를 가지도록 한 것, ④의사당과 대통령관저를 핵으로 하여 각각 동서축과 남북축을 두고 그 교점에 기념비(현재의 워싱턴 기념탑)를 설치한 것 등을 들 수 있다.

의사당에서 서쪽으로 뻗는 동서축이 폭 120m, 전장 약 1.6km에 이르는 몰(Grand Avenue)이며 워싱턴 기념탑은 그 중심에 위치한다.

이러한 가로구성과 기념비적인 건물의 배치는 로마와 파리, 베르사유 등 도시와 공통점이 많다. 그러나 워싱턴 D.C.의 독자적인 논리도 존재한다.

직각으로 만나는 등간격의 격자상 가로는 방재상이나 위생환경상의 관점뿐만 아니라, 미국의 민주주의(democracy) 이념, 즉 자유와 평등을 상징하는 것이기도 하다(노예제가 남아있던 시대기는 했으나). 방사상 도로의 초점에 연방을 구성하는 각 주(州)를 의미하는 광장이 배치되고 연방

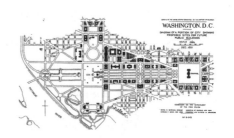

워싱턴 D.C. 도시계획도(1901년)
(출처 : Jonathan Barnett, 2011, City Design, p.83, Routledge)

의회의사당, 대통령관저로 수렴한다.

이와 같은 구성은 평등 이념과 각 주의 자립, 그리고 최종적으로 연방정부 아래에서 각 주가 결부한다는 '유니온(union)'을 나타낸다. 미국의 국가이념과 권력구조를 구현한다. 연방의회의사당과 대통령관저는 펜실베니아 애비뉴 대로로 이어지며, 그 거리는 1.6km(1마일) 이상 떨어져 있다. 이는 '입법권과 행정권이라는 두 개 권력의 억제와 균형'을 표현한다.*

디킨스가 본 워싱턴 D.C.

신축 건축물의 높이에 대한 규제도 만들어졌다. 1791년 제정의 건축조례에서는 높이를 35ft(11m) 이상, 40ft(12m) 이하로 제한했다. 수도건설 추진자 중 한 사람이었던 토마스 제퍼슨(Thomas Jefferson)이 파리를 포함하여 유럽의 여러 곳을 방문하고 각 도시

---

* 入子文子, アメリカの理想都市.

의 조례를 연구한 결과였다고 한다. 앞에서 이야기한 파리 대개조보다 반세기 이상 앞선 시기에, 이미 파리와 런던에서는 도로의 폭원에 대응하여 높이제한을 실시함으로써 도시환경의 보전을 도모하고 있었다.

워싱턴 D.C.에서의 높이제한은 상한만이 아니라 하한도 제한하는 특징을 가진다. 그렇게 함으로써 가로연도 건물 높이는 각각 차이가 작아지고, '지'의 경관을 통일시킬 수 있을 것이라는 생각이었을 것이다.

수도건설 속도는 더뎠다. 도로와 같은 인프라의 정비가 충분치 않았으며, 높이제한 등 건축조례가 개발사업자의 투자의욕을 꺾고 있었다. 그런 이유로 토지의 매각이 좀처럼 진행되지 않고 있었다.

그 결과, 조례제정 5년 후인 1796년에는 건축조례 적용이 일시 정지되었으며, 수도이전이 완료된 1801년에 또 다시 건축조례가 정지되었다. 19세기 미영전쟁, 남북전쟁 등으로 수도건설은 좀처럼 진행되지 못했으며 높이제한은 정지된 그대로였다.

영국의 작가 찰스 디킨스(Charles John Huffam Dickens)의 여행기에도 워싱턴 D.C. 개발이 늦어지고 있다는 기록이 있다. 1843년에 미국을 방문한 디킨스는 계획대로 건설이 진행되지 않고 있는 워싱턴 D.C.에 대하여 '장대한 공간도시'가 아니라 '장대한 계획도시'라고 부르는 것이 적절하다고 비꼬아 말하고 있다. 그리고 "1마일 정도 될까 하는 각각의 거리에, 그곳에 있어야 할 도로, 주택, 주인은 빠져 있으며, 공공건물에는 공공의 것이 되기 위해 필요한 공중(公衆)이 없다"라며 당시 한산한 도시의 상황을 남겨두었다.*

정지되어 있던 높이제한은 160ft(약 49m)의 집합주택 건설을 계기로 1894년에 다시 도입된다. 당초의 제한보다 상당히 느슨해진 규제기는 하나 집합주택은 90ft(약 27m), 오피스빌딩은 110ft(약 34m)로 제한됐다. 1899년에는 목조 등 비내화(非耐火) 건축물은 60ft(약 18m), 주거지구는 90ft(약 27m), 가장 폭이 넓은 가로를 따라서는 130ft(약 40m)로 변경됐다. 높이제한이 완화되기는 했으나 연방의 회의사당 등 중요한 정부시설보다 높은 건물은 금지하면서, 상징적 건조물을 두드러지게 하는 경관보전을 도모하게 됐다.

연방의회의사당의 돔 문제

상징적 건조물, 즉 앞에서 이야기한 '도(圖)'가 되는 연방의회의 사당과 워싱턴 기념비를 살펴본다.

워싱턴 D.C.를 동서로 꿰뚫는 몰(mall)의 동쪽 끝 언덕에 솟아 있는 백악(白堊)의 돔이 연방의회의사당이다. 로마의 산 피에트로 대성당이나 런던의 세인트 폴 대성당을 떠올리게 하는 고전주의적 방추상을 상징하는 돔 꼭대기에는 미국의 국가이념을 상징하는 '승리를 간직하는 자유의 상'이 있다. 약 87.8m의 높이 자체는 산 피에트로나 세인트 폴에 미치지 못한다. 그러나 랑팡(Pierre Charles L'Enfant)이 '기념비가 세워지기를 기다리고 있는 대좌(臺座)'라고 했던 조금 높은 언덕 위에 입지해 있어, 그 높이를 가미하면 100m가 넘는 것으로 보인다.

---

* American Notes.

의사당 계획 자체는 랑팡의 계획안이 채택된 바로 직후인 1793
년에 개시됐다. 그러나 지금의 돔이 완성되기까지는 우여곡절이
많았다. 당초 건설된 의사당의 돔은 로마 판테온 풍의 반추상 동
판이 붙어 있는 목조였다. 지금의 모습과는 다른 것이었다. 공사
가 개시된 후, 금전면, 기술면에서 난항을 겪었으며, 더구나 미영
전쟁 중인 1814년에는 영국군에 의해 대통령 관저와 의사당이 공
격을 받기도 했다. 건설은 계획대로 진행되지 못했다.

돔은 건설 개시부터 약 40년이 지난 1830년에 완성됐다. 그러
나 겨우 25년 후인 1855년, 주철제의 더 높은 돔으로 다시 만드
는 것을 결정한다. 그리고 1863년, 현재의 돔이 모습을 드러낸다.

새로 만들어진 백악 방추상 돔의 디자인은 산 피에트로 대성당,
세인트 폴 대성당, 파리의 판테온을 모델로 했다. 그러나 이들 건
축물들과 다른 점 두 가지가 있다.

하나는, 세 개 건물은 모두 교회당이었으나 워싱턴 D.C.는 의
사당이다. 파리의 판테온도 본래 세인트 쥬누비에브 성당(Abbaye
Sainte-Geneviève de Paris)이
었다. 종교적 권력이 상
대적으로 그림자를 감추
고, 국민국가가 커다란
권력기반을 확립하여 가
고 있던 상황을 상징한
다고 할 수 있다.

다른 하나는, 돔의 구
조가 석조가 아닌 주철

연방의회의사당

의 철골조라는 것이다. 철이라는 새로운 재료의 시대가 도래함을 알리는 것이었다. 철은 에펠 탑이나 시카고, 뉴욕의 마천루 등 고층건조물에서 빼놓을 수 없는 재료다. 이에 대해서는 다음 장에서 다룬다.

그런데 왜 겨우 25년 만에 돔을 새로 바꾼 것일까.

이유 중 하나는 건물의 디자인이었다. 당시 의원 수가 증가하면서 의사당을 넓힐 필요가 생기고, 그에 따라, 북쪽 날개, 남쪽 날개 부분을 옆으로 확장했다. 그러자 돔의 높이는 그대로인 채 건물이 양쪽 방향으로 늘어나면서 건물의 밸런스(수평방향과 수직방향의 균형)가 무너져버렸다.

사실, 그보다 더 큰 이유가 있었다. 당시 미국은 더 큰 규모의 돔을 원하고 있었다. 1820년대부터 1860년대 남북전쟁 직전까지, 신흥국 미국은 강경한 외교노선을 추진했다. 서부로 영토를 신장했으며, 1848년 말까지 남서부, 캘리포니아, 오레곤 등이 새로 포함됐다. 같은 해 멕시코령이었던 캘리포니아에서는 금광맥이 발견되어 일확천금을 노리는 미국인들이 다 모여들었다. 이른바 '골드 러시(gold rush)'다.

빅벤과 국회의사당

(출처 : Charles Jencks, 1980, Skyscrapers-Skycities, p.20, Academy Editions)

미국의 영토 확대와 프런티어 개척에 따라 국내 인구가 급증하고 의원 수도 증가했다. 그 때문에 기존 의사당이 좁아지고 새로 확장을 하게 됐다. 그리고 한편으로는, 영토 확대를 추진하고 있는 강국 미국의 의사당에는 그에 걸맞게 더 크고 더 높은 돔이 있어야 한다는 인식이 확산되고 있었다.

같은 시기(1850년대), 대서양 건너편 영국에서는 1834년 화재로 소실된 국회의사당(Palace of Westminster)의 재건이 추진되고 있었다. '빅 벤(Big Ben)'으로 알려진 시종(時鐘)이 있는 높이 96m의 시계탑은 1859년에 완성됐다. 영국의 의사당과 미국의 의사당은 높이는 비슷했으나 건축양식은 대조적이었다. 영국의 의사당은 네오고딕(neo-Gothic), 미국은 바로크(Baroque)였다.

워싱턴 기념탑

연방의회의사당에서 서쪽으로 뻗은 몰의 중앙에 우뚝 솟아 있는 것이 워싱턴 기념탑(Washington Monument)이다. 미국 독립의 중심인물 중 한 명인 초대대통령 조지 워싱턴(George Washington)의 위업을 기리는 모뉴먼트다. 1884년에 완성되어 1888년에 일반에게 공개됐다. 이집트의 오벨리스크를 모방한 형상이며 높이는 약 169m다. 1889년 파리의 에펠 탑이 생기기까지 5년간, 세계 제일의 가장 높은 건조물이었다.

워싱턴 기념탑의 모양은 오벨리스크와 같았으나, 다음의 세 가지에서 큰 차이점을 가진다.

우선 첫째, 그 크기다. 제1장에서 보았듯이 오벨리스크 높이는

20~30m로 대좌를 포함한다고 해도 50m 정도다. 그에 비해 워싱턴 기념탑은 169m로 차이가 상당히 크다.

둘째, 오벨리스크는 하나의 돌(單石)로 만들어졌으나, 기념탑은 여러 개의 대리석을 쌓아올린 조적조(組積造)라는 것이다. 이는 미국의 이념인 '여럿에서 하나로(라틴어로 E pluribus unum)'를 상징한다고 한다. 미국의 국새와 주화에 각인되어 있는 말이기도 하다.

그리고 셋째, 기둥의 안으로 들어갈 수 있다는 것이다. 기념탑 안에는 계단(합계 900단)과 엘리베이터가 설치되어 있으며 전망대로 이어진다. 수도를 한눈에 볼 수 있는 전망대에서는 연방의회의사당, 대통령관저, 링컨기념관 등 주요한 공공건축물이 정면에 보인다. 기념탑은 워싱턴 D.C.의 중심이 되는 상징이다.

워싱턴 기념탑 건설도 연방의회의사당과 같이 쉽게 진행되지는 못했다. 1791년 랑팡의 수도계획에서는 현재 기념탑이 있는 장소 부근에 워싱턴의 기마상을 설치하는 것으로 계획했다. 랑팡의 모국 프랑스에서 모뉴먼트로서 기마상을 건립하는 것은 친숙한 일이었다. 예를 들면, 파리의 방돔 광장(Place de Vendôme)에는 루이 14세의 기마상이, 콩코르드 광장(Place de la Concorde)에는 루이 15세의 기마상이 있다(후에 각각은 기념주, 오벨리스크로 바뀐다).

그러나 도중에 기마상이 아닌 기념탑으로 변경된다. 그리고 1933년에 워싱턴 국민기념탑

워싱턴 기념탑
(출처 : National Park Service(https://www.nps.gov/wamo/index.htm)

건설협회가 설립되고, 1845년에는 기념비의 형태를 오벨리스크로 결정했다. 그 후로도 오벨리스크의 형상이 현재의 모습으로 결정되기까지, 더 많은 우여곡절이 있었다.

기념탑건설협회는 탑을 건립하기 위해 세계 각국에 탑의 내부에 끼워 넣을 기념 돌의 기부를 요청했다. 참고로 덧붙이자면, 일본에서는 하코다테(箱館)와 시모다(下田)의 돌을 보냈다. 그것을 미국으로 가지고 간 것이 매튜 페리(Matthew Calbraith Perry) 제독이었다. 이른바 흑선내항(黑船來港, Perry Expedition) 사건의 목적에는 워싱턴 기념탑을 위한 기념석의 수집도 포함되어 있었던 것이다.

그러나 페리가 우라가(浦賀)에 왔던 다음 해인 1854년, 로마 법왕이 미국정부에 기부한 대리석이 도난당하는 사건이 일어난다. 이 대리석은 본래 로마의 신전에 사용되고 있던 것이라고 한다. 이 사건으로 기부금이 모이지 않게 되고 건설공사는 중단됐다.

1861년 남북전쟁이 시작되고, 공사는 계속 중지된 채였다. 당시 워싱턴 D.C.에서 신문기자로 있던 작가 마크 트웨인(Mark Twain)은 기념탑을 보고 자신의 소설에서 이렇게 표현한다. "조국의 아버지 기념탑이 진창에 (중략) 우뚝 서 있다. 그 모습은 마치 부러지고 무너진 공장 굴뚝같다."* 기념탑이 완성된 것은 1884년으로, 기마상 설치 결정부터 100년 가까이가 지나서다.

오벨리스크 형상을 채용한 이유 중 하나는 오벨리스크가 고대 문명의 영원성을 상징하기 때문이었다. 위대한 문명으로서 사람들에게 인식되고 있는 고대 이집트의 위광을 빌려, 미국의 영원성을 기원하려는 의도가 있었다.

* Mark Twain, Charles Dudley Warner, The Gilded Age: A Tale of Today.

또한, 이 기념비의 건립을 반대하는 의견이 적지 않았던 영향
도 있었다. 당초 계획했던 워싱턴 기마상은 조지 워싱턴 개인을
신격화하고 찬미하는 것으로, 자유와 평등이라는 미국의 국가이
념에 반하는 것이라고 생각됐다. 반면, 오벨리스크는 훨씬 예전
문명의 상징이며, 특정 개인이나 권력에 관계된 것이 아니었다.
국가 이념의 숭고함을 순수하게 상징할 만한 모뉴먼트라고 판단
했을 것이다.

5 근세·근대 일본의 '도시 높이'

일본의 15세기부터 19세기까지는 대략 센고쿠 시대(戦国時代)
부터 에도 시대(江戸時代), 그리고 도쿠가와 막부(德川幕府) 와해 후
메이지 시대(明治時代)까지에 해당한다.

이 시대 일본을 대표하는 고층건축의 하나가, 성의 중핵을 이루
는 천수(天守), 이른바 천수각(天守閣)이다. 중세 유럽 성의 '주탑'에
해당한다. 르네상스 이후 유럽에서는 전쟁에 대포가 사용되면서,
이미 탑 중심의 축성방법이 쇠퇴하고 있었으나, 일본에서는 16세
기 말부터 17세기 초에 걸쳐 천수의 건조가 융성했다.

천수는 군사적 필요성으로 탄생했으며, 영주의 권위나 권력을
표현하는 정치적 의도도 담고 있었다.

전란의 시기가 지나고 도쿠가와 막부(德川幕府)의 태평기에 들어
서자, 성을 중심으로 도시가 발전하면서 천수의 실용적 역할은 옅

어지게 된다. 천수가 상징적 존재로 변질되어 갔다고 할 수 있다.

한편, 천수가 '도'라고 하면 '지'가 되는 도시 건물에 대해서는 봉건사회 신분제도에 기초하여 주로 상인의 사치와 화려함을 금하기 위하여 그 높이를 제한했다.

메이지 유신 후 문명개화(文明開化) 시대에 들어서자 성곽은 봉건제 유물로 간주된다. 성곽의 파괴가 진행되고, 신분제도에 따른 높이제한도 철폐됐다. 근대국가 체제를 정비하면서 서양풍의 탑을 가진 높은 건물이 근대도시의 '도'를 형성하고, 긴자와 마루노우치 등에서는 '지'가 되는 도시경관이 형성됐다. 근대화라고 할 수 있겠다.

천수의 탄생과 발전

일본의 성곽은 중세 말부터 근세까지 계속된 전란을 거치면서 급속히 발전했다. 중세의 성은 자연 지형을 사용한 산성이 중심이었다. 유럽의 모트 앤드 베일리식 성과 같이 산 위에 울타리와 공호(空濠), 보루를 설치한 간소한 것이 주였으나, 성곽건축이 발달하면서 군사적 거점인 고층의 천수가 생겨났다.

천수의 기원은 중세의 망루, 누각 등의 구조물에서 발달한 것으로 알려져 있으며, 무로마치 시대(室町時代) 말기까지 거슬러 올라간다. 그리고 무가(武家) 저택의 전당 요소와 군사적 의미의 망루 기능이 더해지면서 천수가 탄생하게 된다. 천수는 높은 곳에서 성 안팎의 정세를 파악하는 동시에 자기편이 잘 보일 수도 있어야 했기 때문에 성의 중앙, 혼마루(本丸)에 설치됐다.

오다 노부나가의 아즈치 성

현재 볼 수 있는 천수 모습의 원점이라고 할 수 있는 존재가 오다 노부나가(織田信長)가 만든 아즈치 성(安土城)이다. 천수를 중심으로 하는 근세 성곽의 형식은 아즈치 성에 의해 확립된다.

1979년, 비와호(琵琶湖) 가까이 위치한 아즈치산(安土山) 산정에 건설된 아즈치 성은 외관 5층으로 건물 높이는 32.4m, 토대가 되는 석단의 높이를 포함하면 합계 45.9m가 된다. 아즈치산은 표고 190m로 천수에서는 비와호를 내려다볼 수 있었으며, 동시에 주위 어디에서나 천수를 볼 수 있었다. 천수는 랜드마크가 되었을 것이다.

당시 일본에서 가톨릭 포교활동을 하고 있던 포르투갈인 선교사 루이스 프로이스(Luís Fróis)는 자신이 남긴 《일본사(日本史)》에서 아즈치 성에 대해 언급한다. "노부나가는 중앙의 산 정상에 궁전과 성을 쌓았다. 그 구조와 견고함, 보물과 화려함은 유럽에서 가장 장대한 성에 견줄 만하다"*고 기록하고 있다. 아즈치 성이 현란하고 호화로운 성이었음을 엿볼 수 있다.

노부나가는 무신론자였다. 히에이산(比叡山) 엔랴쿠지(延曆寺)에 불을 지르는 등 종교에 대해서 관용적이지 않았다는 것은 잘 알려져 있다. "노부나가 이외에 예배의 가치가 있는 자는 아무도 없다"***라고 공언했다. 자신의 신격화를 바라고 있었다. 노부나가에게 장중한 천수는 스스로를 신격화하는 표현의 하나였을 것이다.

노부나가는 천수가 시각적으로 돋보이도록 수많은 등불로 성

---

* Historia de Japam.
** Luís Fróis, 상게서.

을 비췄다. 프로이스는 "무수히 많은 등불은 높이 솟아 마치 상공에서 타고 있는 것처럼 보였다. 화려한 경관을 만들어내고 있었다"*라고 글을 남겼다. 불을 비춤으로써 성의 존재, 즉 노부나가 자신의 존재를 강조한 것이다.

도요토미 히데요시의 오사카 성

아즈치 성에서 확립된 천수는 1590년 천하통일을 이룬 도요토미 히데요시(豊臣秀吉)로 이어진다. 히데요시가 건설에 착수한 오사카 성은 아즈치 성을 모범으로 한 성곽이었다. 오사카 성을 찾은 프로이스가 본국으로 보낸 보고서를 보면, 오사카 성에 대한 다음과 같은 기록이 있다. "츠키야마도노(築山殿)**는 오사카에 광대한 성을 쌓았다. 그 중앙에 매우 높은 탑을 짓고 해자와 성벽, 보루를 만들었다. (중략) 그 광대함, 정교함, 아름다움은 새로운 건축에 필적한다. 특히 탑에는 금색과 청색의 장식이 달려있어 멀리서 보면 더욱 장대한 모습을 드러낸다."*** 오사카 성이 아즈치 성에 비견할 정도로 호화롭고 장려한 성이었음을 알 수 있다.

게이초 시대 축성 붐

그 후, 아즈치 성과 오사카 성을 뒤따르듯, 전국의 영주들은 각각의 국가에 성곽을 건설해 갔다. 특히, 게이초(慶長, 1596~1615년) 시대에 수많은 성이 건조됐다. 이른바 '게이초 축성 붐'이다.

* Luís Frói, 상게서.
** 히데요시를 말함.
*** 岡本良一, 大阪城.

16세기 말부터 17세기 초에 걸쳐서 건설된 주요 천수

건물명	조영연도	건물 높이	석단 높이	총 높이 (건물+석단)
아즈치 성	1579년	32.42m	13.48m	45.91m
오카야마 성	1597년	23.03m	3.09m	26.12m
마츠모토 성	1597년	25.18m	4.36m	29.54m
마츠에 성	1611년	22.44m	7.92m	30.36m
히메지 성	1609년	31.5m	14.85m	46.35m
나고야 성	1612년	36.06m	12.48m	48.55m
니조 성	1626년	25.15m	8.12m	33.27m
오사카 성	1626년	43.91m	14.39m	58.3m
에도 성	1638년	44.85m	13.79m	58.64m

(출처: 内藤(2006), 内藤 편저(2011)를 참고하여 작성)

'나베시마 나오시게(鍋島直茂) 공보(公譜) 고보(考補)'에 의하면, 1609년 단 한 해 동안 천수가 25개나 건설되었다고 한다.* 히메지 성(姫路城), 마츠모토 성(松本城) 등 현존하는 천수의 대다수가 게이초 초기에 만들어진 것이다. 이 시기 일본의 축성기술은 세련되고 높은 수준이었다.

그러나 도쿠가와 막부가 천하를 다스리고 막부 지배가 확립되면서 축성 붐은 잠잠해졌다. 그 계기가 일국일성령(一國一城令)이었다.

일국일성령

오사카 여름 전투(大坂夏の陣) 후, 도쿠가와 이에야스(德川家康)가 천하를 통일하고, 막부는 다시 전란이 일어날 것을 우려하여 각 번(藩)의 군비확장을 제한한다. 특히 축성을 전쟁을 부르는 하나의 원인으로 간주하고 무가제법도(武家諸法度)의 하나로서, 1615년

* 内藤昌編著, 城の日本史.

마츠모토 성
(출처: 大澤昭彦)

에 '일국일성령(一國一城令)'을 제정한다.

일국일성령은 문자 그대로 하나의 국가에 하나의 성만을 용인하는 것이다. 원칙적으로 영내의 통치상, 정치적·경제적 의의를 가지는 본성(本城)만을 남기도록 하고, 그 외의 성은 폐지를 명했다. 또한, 일부 예외를 제외하고는 새로운 축성을 금지하고, 개축이나 수리도 막부의 허가를 얻도록 제한했다.

전국시대부터 게이초의 축성 붐까지 약 3000개나 되는 성이 만들어졌으나, 일국일성령 이후 170개로 격감했다. 이 영이 얼마나 엄격하게 운용되었는가를 알 수 있다. 일국일성령의 강력한 적용은 막부의 힘을 모든 번(藩)에 보여주는 것이기도 했다. 반대로 말하면, 도쿠가와 막부가 각국의 반(反)막부 세력의 군비확대를 매우 두려워하고 있었다는 것을 나타내는 것이기도 하다.

에도 성과 오사카 성

막부에 의하여 각국의 축성은 규제됐다. 그러나 막부 아래 영토에서는 대규모의 축성이 진행됐다. 에도 성과 오사카 성이 대표적이다.

오사카 전투(大坂の陣) 후 1619년, 오사카는 정치적, 경제적 요지

로서 막부의 직할지가 됐다. 그리고 오사카 전투로 파괴된 오사카 성의 재건이 추진되어 1626년에 완성된다. 오사카 성은 외관 5층, 천수는 높이 43.9m로 토대의 석단을 포함하면 합계 58.3m였다. 오사카 사람들은 '성'이라고 하면 '광대·정교·미관'을 뽐내는 도요토미의 오사카 성을 생각했다. 새로운 오사카의 지배자 도쿠가와 가문은 막부의 위세를 알리기 위해서 도요토미 시대를 훨씬 웃도는 규모의 건축공사가 필요했던 것이다.

오사카 성을 능가하는 규모로 축조된 것이 장군이 머무는 에도 성이었다. 에도 성은 1638년 3대 장군 도쿠가와 이에미츠(德川家光) 시대에 완성됐다. 천수는 외관 5층, 높이는 44.85m, 석단 높이를 포함하면 58.64m에 이르렀다. 일본에서 가장 높은 천수일 뿐만 아니라, 도우지(東寺)의 5층탑이나 도다이지(東大寺)의 대불전도 웃도는 규모였다. 참고로 현존하는 도우지의 5층탑은 이에미츠가 건설한 것이다. 천수는 성 내에서 표고 25m로 가장 높은 곳에 지어졌기 때문에 에도 전역에서 볼 수 있었다. 에도의 랜드마크가 됐다.

재건되지 않은 천수

그 후, "도쿠가와 평화"라고 불리는 태평 시대가 계속되자 천수는 군사시설로서 불필요해졌다. "천수는 성의 장식"이라고 불리기에 이른다. 시간이 지남에 따라 수리도 필요해졌으나 번의 경제가 궁핍했기 때문에 대성곽의 수리와 유지조차 어려워지면서 성곽건축은 쇠퇴해 갔다. 큰 불로 소실된 천수도 있었으나, 군사적 필요성이 없어짐에 따라 재건되지 못하고 천수대만 남겨지는 경우도 적지 않았다. 그 대표적 예가 에도 성의 천수다.

1657년 메이레키(明曆) 대화재(이른바 振袖火事)는 에도를 모두 불태워버렸다. 소실면적은 25.74㎢로 그 9년 후 발생한 런던 대화재 소실면적 약 1.78㎢의 15배에 달했다. "소실된 부지는 수를 헤아릴 수 없었다. 10만 7046명이 소사(燒死)했다"*는 기록을 보면 그 피해의 막대함을 알 수 있다. 당연하게도 불은 에도 성에도 미쳤으며, 천수를 포함하여 중심성곽, 2성곽, 3성곽 등 모든 건축물이 소실됐다.

성의 부흥계획이 만들어졌으나, 대화재 2년 후인 1659년 4대 장군 이에츠나(家綱)의 보좌역이었던 호시나 마사유키(保科正之)는 "천수는 성의 요새로서의 기능에 도움이 되지 않는다. 군사적 의미도 없고 그저 멀리를 관망하는 전망대일 뿐이다. 지금은 도시의 부흥에 주력해야 할 때로, 천수에 국비를 낭비해서는 안 된다"**고 했다고 한다. 즉, 호시나는 천수의 재건에 반대하고 천수에 국비를 사용하지 말 것을 건의한 것이다. 결과적으로 천수의 재건은 이루어지지 못했으며, 석축의 천수대만이 정비됐다. 에도 성천수가 에도 도시에 솟아있던 기간은 완성부터 채 20년에도 미치지 못한 것이다.

한편, 천수의 재건이 추진되지 않았던 또 다른 이유에 대해서, 에도의 상징은 멀리 보이는 후지산(富士山)이나 츠쿠바산(筑波山)이었기 때문에, 천수와 같은 인공물 랜드마크가 필요하지 않았을 것

---

* 中村彰彦, 保科正之.
** 中村, 상게서.

이라고 보는 이도 있다.

천수가 재건되지 않은 것이
에도 성만은 아니다. 메이레키
대화재 8년 후인 1665년에는 오
사카 성 천수도 낙뢰 화재로 잿
더미가 됐다. 오사카 성의 경우
도 에도 성에서와 같이 천수의
재건이 미뤄졌다. 오사카 도시
에서 천수의 모습을 다시 보기

오사카 성
(사진: 이기배)

위해서는 1931년 복원까지 기다려야 했다. 이에 대해서는 제5장
에서 다룬다.

도시의 높이

지금까지는 '도'가 되는 건축인 천수에 대해서 살펴보았다. 천
수를 둘러싸는 '지'인 마을의 높이는 어떠했을까.

시대는 도요토미 히데요시가 천하를 통일한 1590년으로 거슬
러 올라간다. 히데요시는 교토 도시화의 일환으로 후시미에서 교
토로 향하는 '중심도로 오나리미치(御成道)'를 따라 도시를 정비했
다. 구체적으로는 도시 가로경관을 정비하기 위해 건물 높이를 제
한했다. 프로이스는《일본사》에서 이 높이제한에 대해서도 이야
기했다.

"폭군 관백(関白)*은 (중략) 도시**에 일찍이 볼 수 없었던 건조물

---

* 히데요시를 말함.

** 교토.

과 호화로운 건축을 (계속해서) 완성하고, 나날이 새로운 조축(造築)을 했다. 그는 도시에 단층짜리 집이 하나씩 존재하는 것을 허락하지 않았으며, 모든 집을 2층으로 짓도록 명했다'"*라고 기록하고 있다. 즉, 2층 건물로 맞추어 통일적 가로경관의 정비를 의도했다고 할 수 있다.

가로경관을 정비한다는 발상은 당시 유럽의 도시계획에서 영향을 받았을 것이다. 루이스 프로이스가 1584년에 보낸 서한을 보면, 로마의 도시를 그린 그림이 일본의 영주에게 로마 · 가톨릭 교회의 영광과 번영을 보여주는 데 효과적이었다는 기술이 있다. 그해는 앞에서 이야기한 식스토 5세의 대대적 로마 개조가 아직 시작되기 전이었으나, 부분적으로는 로마 복권을 위한 직선가로 정비 등 도시개발이 행해지고 있던 시기다. 히데요시가 그림을 통해서 로마 도시의 모습을 보았다면, 수도의 경관정비에 의욕을 보였을 것이다.

신분제와 3층 건축 금지

도쿠가와 막부 시대가 되자 에도에서도 3층 건축이 출현하기 시작했다. 에도 시대 초기의 에도 시가지를 그린 〈에도 명소도(名所圖)〉 병풍이나 〈에도도(江戶圖)〉 병풍을 보면, 니혼바시의 다릿목 모퉁이 상가에서 3층 건축물 모습을 확인할 수 있다.

에도 시(市) 중심에는 주로 2층 건물이 지어져 있으며, 니혼바시부터 신바시까지 도우카이도(東海道)를 따라서는 주요한 길모퉁

---

* Luís Fróis, 전게서.

이에 3층 건축물이 지어졌다고 한다. 당시 3층 건물이 어떠한 용도로 이용되고 있었는지는 명확하지 않으나, '유복한 상인의 치장이나 재력을 상징하는 공간 구조물로서의 성격이 강했다'고 볼 수 있다.*

막부는 이에 대해, 봉건질서 유지를 대의명분으로 부의 상징이었던 3층 건물을 제한해 갔다. 중앙집권적 봉건체제가 확립됨에 따라서 사농공상(士農工商)의 신분격식을 중요하게 여기게 되고, 1649년에는 '3층 금지령(三階仕間敷事)', 즉 3층 건축을 금지하는 도시법령(町触)이 만들어졌다.** 그 후 여러 차례 규제가 강화되었다. 8대 장군 도쿠가와 요시무네(德川吉宗)가 18세기 전반에 실시한 교호우 개혁(享保の改革)에서는 주택의 높이(마루높이)를 낮추도록 했으며, 1806년에는 마루높이를 2장 4척(약 7.3m)으로 제한했다.***

높이제한의 결과, 처마선이 맞추어진 통일된 경관이 형성됐다. 이러한 높이제한은 부를 축적하고 있던 상인의 사치를 막고, 동시에 신분제도를 유지하기 위한 것이었다. 앞에서 살펴본 런던이나 파리 등 유럽 도시에서 높이를 규제한 것이 일조, 방재, 경관 등과 같은 환경의 향상을 목적으로 한 것이었다면, 에도기 일본에서는 봉건적 신분제도를 시각화하는 수단으로서 높이제한을 사용한 것이라고 할 수 있다.

그러나 막부 말기가 되자 높이제한을 지키지 않는 건물이 늘어났다. 부유해진 상인 계급이 무사 계급에 대항할 수 있게 되면서 막부의 골격인 신분제도의 변화가 거리의 모습에 반영된 것이라

---

* 早田宰, 我が国における都市住宅像の形成過程-近世江戸期の影響を中心に.
** 近世史料研究会, 江戸町触集成 第1巻.
*** 内藤昌, 日本町の風景学.

고도 볼 수 있다. 한편 서민, 시민의 유흥과 오락이 활발해지자 건물의 규모도 커졌다. 예를 들면, 시가지에서 벗어나 있던 요정이나 정원에서는 3층의 누각건축 건설이 허용됐다. 유곽에는 높이 제한이 적용되지 않았기 때문에 처마높이도 높았으며 내부 공간이 넓은 건축이 가능했다. 유곽과 정원은 서민이 오락을 즐기는 비일상적 공간이다. 그런 이유로, 세속적인 규제의 범위 외로 간주되고 예외적으로 허가되었을 것이다.

천수의 파괴와 높이제한 철폐

19세기 중반은 유럽 각국에서 수도개조가 진행되고 있던 시기다. 일본에서는 도쿠가와 막부가 와해되고 메이지 신정부가 국가로의 전환을 도모하는 시기에 해당한다. 메이지 정부는 부국강병과 국가의 근대화를 추진하기 위하여, 서구열강의 기술과 정치·행정 통치 시스템을 적극적으로 도입해 갔다. 이러한 문명개화기의 슬로건 중 하나가 '탈아입구(脫亞入歐)'였다. 이전 체제의 상징인 천수를 파괴하고, 신분제에 기반을 두는 높이제한을 해제하는 것으로 '탈아'를 도모하는 한편, 근대화를 상징하는 서양풍의 건축과 도시경관을 만드는 것으로 '입구'를 추진했다.

1873년 태정관(太政官) 법령에 의해서, 도쿄 성(에도 성) 등 43개 성과 1개 요새의 존성(存城)이 결정되고, 14개 성, 19개 요새, 126개 진야(陣屋)에 대해서는 폐성(廢城)이 결정됐다. 존성이라고 해도 성 전체가 보존되는 것이 아니라, 육군의 소관이 되어 군용지로 전용됐다. 그리고 폐성이 된 성은 대장성(大藏省)으로 이관되어 입찰을 통해 일반에게 팔아넘겼다.

성을 전용하거나 불하하는 과정에서, 천수를 봉건시대 유물로 여겨 파괴한 것도 적지 않았다. 예를 들어, 아이즈반(会津藩)의 와카마츠 성(若松城, 鶴ヶ城)은 보신전쟁(戊辰戦争)에서 신정부군의 공격을 받아 크게 훼손됐으며, 1874년에는 천수를 포함하여 성곽 전체가 해체됐다. 오랫동안 쓸모가 없던 천수였으나 보신전쟁 때 번주 마츠다라이 가타모리(松平容保)가 천수에서 한 달 동안 농성을 한 것을 보면, 막부 말기에 들어서야 겨우 본래 가지고 있던 요새로서의 역할을 할 수 있었던 것이다. 오랜 기다림 끝에 마지막으로 제 역할을 하고 파각된 것은 매우 아이러니한 일이다.

메이지 정부가 모든 천수와 성곽을 파괴한 것은 아니었다. 보존한 것도 있었다. 1879년에는 육군성(陸軍省) 태정관 승인으로 국비를 사용해 나고야 성과 히메지 성을 영구보존하기로 했다. 보존 이유는, 두 성 모두 '전국 굴지의 것'으로 나고야 성은 '규모가 대단', 히메지 성은 '건축이 정교'하여 '영구보존'한다면 '일본 예전 성 건축의 모범을 실제로 볼 수 있다'는 것이었다.*

한편, 민간에 의한 천수의 보존도 있었다. 현재 국보로 지정되어 있는 마츠모토 성도 메이지 초기에 파괴될 처지에 놓였었다. 경매 낙찰자가 천수를 해체하려 한 것이다. 그러나 지역의 명사였던 이치카와(市川良造)가 중심이 되어, 마츠모토 성에서 박람회를 개최한 수익으로 천수를 다시 사들였으며, 결국 천수를 지킬 수 있었다.

3층 건축 금지령은 1649년부터 200년 이상 계속되었으며, 막부

---

* 木下直之, わたしの城下町.

말인 1867년 9월 26일에 로주(老中) 이나바 마사쿠니(稲葉正邦)가 산부교(三奉行, 寺社奉行·勘定奉行·町奉行)에 내린 공고에 의해서 해제됐다. 15대 장군 도쿠가와 요시노부(德川慶喜)가 다이세호우칸(大政奉還)을 상주(上奏)하기 직전의 일이다. 해제의 이유는 '민가가 과밀상태에 있어 가옥 건설에 지장'이 있었기 때문으로 기록되어 있다.* 도시의 과밀화가 진행되면서 고층화를 도모하지 않을 수 없게 된 당시의 상황을 알 수 있다. 10월 2일에는 명주(名主, 도시의 관리)도 같은 취지의 고시를 내리게 된다.**

문명개화와 서양풍 건축물

이전 체제의 상징이었던 천수가 파괴되고 신분제도에 따른 높이제한이 해제된 가운데, 서양건축을 모방한 높은 건물이 거리의 풍경을 바꾸고 있었다.

메이지 시대가 되자, 서양의 문명에 민감한 대공 목수들은 일본의 전통적인 목조건축을 베이스로 하면서 서양풍의 의장을 조합시킨 '서양풍 건축물'을 다수 만들어냈다. 근대화를 맞이하는 일본 최초기의 고층건축물이다.

그 대표적 건축물 중 하나가 1872년 건설된 제일국립은행(第一国立銀行) 건물이다. 2층 건물 위에 천수를 모방한 듯한 5층의 탑을 세운 디자인이 특징인 화양절충(和洋折衷, 일본식과 서양식의 절충) 건물이었다. 근대화를 맞이했다고는 해도, 아직 높은 건물의 대명사는 천수였으며 그 이미지에서 벗어나지는 못하고 있었다. 가부토초

---

* 石井良助編著, 幕末御触書集成 第4巻.
** 近世史料研究会編, 江戸町触集成 第18巻.

의 니혼바시 강변에 서 있던 제
일국립은행은 도쿄의 새로운 명
소가 됐다. 지방에서 찾아오는
관광객 중에는 배례를 올리거나
새전(賽錢)을 바치는 사람도 있었
다고 한다. 그들에게는 영험이
뚜렷한 절의 불탑과 같이 보였
을지도 모른다.

제일국립은행
(출처 : 清水建設 홈페이지(https://www.shimz.co.jp/heritage/
history/details/1872_1.html)

　서양풍 건축물에는 탑이 설치
된 것이 많았다. 국문학자 마에
다 아이(前田愛)가 지적했듯이, 메이지 초기의 탑은 '상승 지향의
상징'이자 문명개화의 상징이었다.* 탑은 '문명의 위용을 과시하
는 도시의 장치'로서 '사람들의 마음을 멀리 떨어져 있는 서양의
세계로 안내하는 시각적인 기호'였던 것이다. 그러나 어디까지
나 '지상에서 우러러보는 탑'이었으며, '사람이 그것에 올라서 아
래 전망을 자유롭게 즐기기' 위한 탑은 아니었다.** 즉, 많은 사람
들이 우러러 바라보는 건물이었다는 점은 종래의 불탑이나 천수
와 같았다.

　이상과 같이, 문명개화기에는 화양절충의 서양풍 건축물이 다
수 지어졌다. 그러나 전체 건물 수를 생각해 보면 그렇게 많은 것
은 아니었으며, 전통적 가로경관 속에 흩어져 있을 뿐이었다. 서
양화(西洋化)는 '도'가 되는 하나의 건축물만이 아니라, 도시의 '지'

---

*　前田愛, 都市と文学.
**　前田愛, 都市空間のなかの文学.

가 되는 가로경관 형성에서도 시도됐다. 이하에서는 긴자 연와가
(銀座煉瓦街)와 마루노우치의 오피스가의 예를 보도록 하자.

긴자 연와가 계획

메이지 시대가 되고 에도가 도쿄로 변했으나, 여전히 목조가
도시의 주체였으며 큰 불도 종종 발생하고 있었다. 1872년(明治5)
2월 26일 도쿄의 대화재로 긴자부터 고비키초, 츠키치 지구 일대
약 95ha가 소실된다.

메이지 신정부는 수도의 현관에 해당하는 긴자를 문명개화 선
도 거리로 재건하기로 신속히 결정했다. 대화재 다음 달인 3월 2
일, 도로 확폭과 가옥 연와조화(煉瓦造化)를 포고하고, 3월 13일에
는 정부 초청 외국인 기사 토마스 제임스 워터스(Thomas James Wa-
ters)가 계획안을 공포한다. 긴자는 화재가 발생하기 어려운 잘 정
비된 연와조 건물 가로경관으로 바뀌게 된다.

계획안에서는 런던 대화재 후에 이루어졌던 높이제한과 같이,
도로의 폭원(등급)마다 건물의 높이를 정했다. 높이에 따른 통일
적 가로경관의 형성을 의도했다. 1등은 3층, 2등은 2층, 3등은 단
층으로 규정됐다. 1등의 15간(間), 10간(間) 도로(약 27m, 18m)에서는
3층 건물의 높이 30~40척(약 9~12m), 처마높이 30척 이하로 정했
다. 그러나 3층으로 정해진 대로변에 실제로 지어진 건물은 대부
분 2층, 평균 처마높이는 약 24척(7m) 정도였다. 그리고 행정이 지
은 건물 중에는 규정보다 높은 건물도 있었다고 한다. 당초의 높
이제한대로 건설되지는 않았지만, 당시의 사진을 보면 높이가 대

략 맞추어져 있음이 보인다. 가
로경관이 잘 정비되어 있는 것
을 확인할 수 있다.

긴자 연와가

(출처 : 東京ガス 홈페이지(https://www.gasmuseum.jp/blog/ 2021/12/))

계획안 공포 5년 후인 1877년
긴자 연와가 계획은 완료된다.
그러나 계획대로 진행된 지역
은 현재의 긴자 거리와 하루미
거리뿐이었다. 그 후 재건축,
그리고 관동대지진에 의한 파
괴 등으로 통일적 가로경관을
자랑했던 긴자 연와가는 사라지게 된다.

마루노우치의 잇초런던

긴자 연와가는 정부가 주도한 관제의 가로경관이었다. 메이지
시기에는 민간이 주도하는 가로경관 정비도 이루어졌다. 그중 하
나가 마루노우치의 적연와(赤煉瓦) 오피스가다.

마루노우치 일대는 메이지기 초 육군의 연병장으로 사용되었
으나, 1890년 미츠비시사의 이와사키 야노스케(岩崎彌之助)에게 불
하됐다. 그리고 그 다음 해, 이와사키 야노스케는 마루노우치가
궁성(宮城, 현재의 황거)에 면하고 있는 수도 도쿄의 중심지임을 감안
하여 석조 · 연와조로 도시경관을 정비하겠다는 계획을 도쿄 부
에 제출했다.

1894년 마루노우치의 첫 오피스빌딩인 미츠비시1호관(三菱一号

마루노우치 잇초런던
(출처 : 石黑敬章, 2001, 明治☒大正☒昭和東京写真大集成, 新潮社)

館)이 준공됐다. 조시아 콘도르 (Josiah Conder)가 설계한 것으로, 연와조 3층의 처마높이 약 50척 (약 15m) 빌딩이다. 이 높이는 건물이 접하고 있는 바바사키 도로의 폭원 20간(間, 약 36m)을 고려하여 결정한 것이다.

1호관을 시작으로, 콘도르와 그의 제자 소네 다츠조(曽禰達蔵)는 바바사키 도로를 따라 적연와의 오피스빌딩을 세워갔다. 그 가로경관은 "잇초런던(一丁倫敦)"이라고 불렸다. 잇초런던은 런던 시티에 있는 금융가 롬바드(Lombard Street)를 모델로 삼았다고 한다. 롬바드가는 런던 대화재 후 건설된 적연와 거리였다. 도시 부흥이 정부가 주도한 것이 아니라, 지역이 주체가 된 도시정비였다는 것은 마루노우치와 공통점이다.

마루노우치의 연와조 오피스빌딩은 1911년 준공된 13호관까지 이어졌다. 그 뒤로는 철골조, 철근콘크리트조(RC조) 시대가 됐다. 미츠비시1호관은 1968년 노후화를 이유로 해체됐다. 이에 대해서는 5장에서 이야기한다.

마사오카 시키가 그린 400년 후 도쿄의 높이

미츠비시1호관 준공부터 5년 후인 1899년 정월 초하루, 작가 마사오카 시키(正岡子規)는 '400년 후의 도쿄'라는 제목의 글을 신문 〈일본(日本)〉에 싣는다. 시키는 400년 후의 오차노미즈 주변 모습을 "3층, 5층의 누각이 우뚝 솟아 하늘을 넘는다"*라고 기록했다. 3층과 5층 건물을 미래 고층빌딩으로 그린 것이다.

그렇다면 그 시대 도쿄의 건물은 어느 정도 높이였을까.

그보다 11년 전이기는 하지만 1888년에 오차노미즈에 건설 중이던 니콜라이 성당(1891년 완성, ニコライ堂)** 발판에서 촬영한 파노라마 사진《전동경전망사진첩(全東京展望写真帖)》에서 당시의 거리 모습을 확인할 수 있다(정교회 교회당인 니콜라이 성당은 미츠비시1호관을 담당한 조시아 콘도르가 실시설계를 했다). 오차노미즈 주변에는 단층과 2층의 집들이 펼쳐져 있으며 3층 이상 건물은 적다. 시키가 '400년 후의 도쿄'를 쓴 때도 비슷했을 것이다. 2년 후 1890년에는 다음 장에서 살펴볼 고층건축물 아사쿠사료운카쿠(浅草凌雲閣, 통칭 아사쿠사12층)가 완성되나, 그것은 예외적 존재였으며 '지'의 가로경관은 기껏해야 2층 건축이었다.

한편, 1899년 시점에서 마루노우치의 적연와가는 아직 1호관부터 3호관까지만 완성된 시기였다. 3층 건축(2호관은 층고가 높은 2층 건축), 처마높이 약 15m의 가로경관이 만들어지려 하는 단계였다.

즉, 당시 시키가 상상한 3층, 5층 건축은 충분히 높은 것이었다고 생각할 수 있다.

---

* 飯待つ間.
** 정식명칭은 '東京復活大聖堂'며, 영문으로는 'Holy Resurrection Cathedral in Tokyo'다.

66

건축가는 "더 높은 건 없어",
엔지니어는 "더 높게 할 순 없어",
도시계획가는 "더 높으면 안 돼"
그리고 소유자는 "더 높으면 손해야"라고 말한다.

Harvey Wiley Corbett(Neal Bascomb 'Higher')

99

제 **4** 장

초고층도시의 탄생

: 19세기 말~20세기 중반

19세기 후반, 미국 시카고에서는 이전과는 다른 높이의 건물군이 탄생했다. 철골조의 고층오피스빌딩, 이른바 '마천루(skyscraper, 摩天樓)'다. 이후 1930년대 초, 시카고와 뉴욕에서 마천루는 새로운 스카이라인을 그려갔다.

　앞장에서 보았던 파리와 워싱턴 D.C. 수도계획에서는 '건물의 높이'라는 시점에서 도시 전체의 질서를 중요하게 생각했다.

　그런 측면에서 생각하면, 마천루는 높이의 균형을 깨뜨리는 것이었다. 마천루가 늘면서 사람들이 높은 장소에서 생활하고 일을 하는 '수직 도시'*가 생겨났다. 마천루 붐은 질서 있는 높이의 시대에 대한 반동이었다. 중세 이탈리아의 탑상주택과 종루, 프랑스의 고딕 대성당이 늘어서 있던 '탑의 시대'의 재래(再來)라고도 할 수 있다.

　마천루 탄생에는 두 개의 중요한 요소가 작용했다. 건축기술과 자금이다. 건축기술은 산업혁명 이후 기술개발에 의한 것이었으며, 후자는 자본주의 경제 확립이 바탕이 됐다. 미국을 중심으로 발전한 건축기술과 자본주의 경제가 그때까지 귀족, 교회와 같은 특별한 존재에게 독점되고 있던 고층건축물의 대중화를 재촉했다고 할 수 있다. 마천루는 이전과는 다른 새로운 시대를 만들어갔다.

＊　Le Corbusier, When the Cathedrals Were White.

이 장에서는 본격적인 공업화·대중소비사회를 맞이하는 19세기 말부터 제2차 세계대전 후까지의 시대, 고층건축물 탄생의 배경과 전개를 다룬다. 이야기의 중심은 미국이며, 유럽 여러 도시의 고층건축물, 그리고 제1차 세계대전 후 탄생한 전체주의(全體主義) 국가(이탈리아, 독일, 소비에트 연방)에서 계획된 거대 건조물에 대해서도 함께 살펴보려 한다.

그리고 장의 마지막에서는 계속해서 고층화를 향하고 있는 일본의 건축물을 이야기한다.

1 철과 유리, 그리고 엘리베이터

산업혁명 이후, 도시에는 많은 공장이 건설되었고, 일을 찾는 노동자가 도시부로 집중하기 시작했다. 도시부의 토지수요가 증가하면서 지가가 상승하고 주택, 오피스 등 건물들의 고층화가 진행된다.

고층화의 배경에는 건축기술의 진보가 빠질 수 없다. 그중에서도 철·유리 기술, 그리고 엘리베이터의 발명이 마천루의 실현을 뒷받침했다.

철과 유리의 진화

석조와 연와조 같은 조적조는 건재를 쌓아 벽을 만들고, 그 벽으로 천정과 지붕을 받친다. 건물이 높아지면 높아질수록 무게를 지지하기 위하여 하층부분의 벽을 두껍게 해야만 한다. 건물을 너무 높게 지으면, 벽이 두꺼워지고 방으로 사용할 수 있는 공간이 좁아진다. 고층화에는 한계가 있을 수밖에 없다. 그러나 철을 사용하는 골조조(骨組造)가 발달하면서 고층화는 용이해진다. 이러한 석조 건물에서 철을 사용하는 건물로의 이행은 고층화와 함께 근대의 도래를 상징한다.

철은 기술개발에 따라 주철(鑄鐵), 연철(軟鐵), 강철(鋼鐵), 이렇게 단계적으로 강도를 높여간다.

산업혁명 이후, 주철의 대량생산이 가능해진다. 그러나 주철은 비교적 깨지기 쉬워, 다리나 건조물 건축에는 맞지 않았다. 그렇기 때문에 기본적으로 석조로 건물을 짓고 주철은 돌벽을 지지하기 위한 골조로 사용했다.

연철은 1840년대에 개발되어 주로 교량과 철도 레일 등에 사용됐다. 미국에서는 대륙횡단철도를 시작으로 철도망 정비가 추진됐다. 철의 수요가 급증했으며, 그와 함께 기술개발도 진전을 이뤄갔다.

건축물에는 가벼우면서도 압출과 인장에 강한 강철이 더 적절하다. 당초에는 비용이 많이 들어 보급에 애로가 있었으나, 1856년 미국에서 베서머 제강법(Bessemer process)이 개발되면서 낮은 비용으로 강철을 생산할 수 있게 됐다. 고층건축물에도 강철을 사용할 수 있게 된 것이다. 강철의 보급이 가능해지면서 마천루 탄생의 바탕이 갖추어진다.

조적조 건물은 돌벽을 지지해야 했기 때문에 개구부를 크게 하기 어려웠다. 반면 철골조 구조에서는 건축물에 넓은 개구부를 만드는 것이 가능했다. 그리고 넓어진 개구부에 유리가 사용됐다. 유리로 바깥과 안을 나누면서도 밝고 개방적인 내부공간을 만들 수 있게 됐다.

철골조와 유리는 시장과 아케이드, 도서관, 온실, 역사 등과 같이, 특히 밝은 내부공간을 필요로 하는 건축을 중심으로 활용되어 갔다.

엘리베이터 기술의 발전

19세기, 런던과 파리의 평균 건물높이는 5~6층 정도였다. 사람들이 계단으로 오르내리는 것이 가능한 한도에서 자연스럽게 결정된 것이었다.

엘리베이터의 발명은 그 한계를 깨뜨렸다. 마천루를 실현시킨 것은 상하방향 이동수단인 엘리베이터였다고 해도 과언이 아니다.

1835년, 영국에서 동력을 사용하는 최초의 엘리베이터가 탄생한다. 증기기관을 사용한 것으로 공장에서 화물운반용으로 설치되었다고 한다.

그 후, 미국의 기계기술자 엘리샤 그레이브스 오티스(Elisha Graves Otis)는 낙하방지장치가 달린 증기식 엘리베이터를 실용화했다. 오티스는 1853년 뉴욕 만국박람회에서 이 엘리베이터의 공개실험을 하면서 단번에 유명인이 된다. 관중이 보는 앞에서 자신이 타고 있는 엘리베이터를 매단 망(로프)을 절단시킨 것이다.

그러나 엘리베이터는 두 개의 가이드레일로 지지되어 있었기 때문에 낙하하지 않았다. 엘리베이터의 안전성을 강하게 어필할 수 있었다. 당시 로프는 삼베였으나, 1862년에는 와이어로프가 사용됐다. 전동엘리베이터가 1878년에 개발되고, 오티스가 1889년에 상품화한다. 당시 엘리베이터 메이커 '오티스 엘리베이터 컴퍼니(Otis Elevator Company)'는 지금도 남아있다. 오티스의 엘리베이터는 앞장에서 본 워싱턴 기념탑, 그리고 뒤에서 이야기할 에펠 탑, 엠파이어 스테이트 빌딩, 월드 트레이드 센터, 가스미가세키 빌딩, 츠텐카쿠 등 여러 고층건축물에 설치된다.

엘리베이터 기술개발과 보급으로, 이전에는 임대하기 어려웠던 상층부의 단점이 해소되었으며, 오히려 상층부의 가치는 높아지게 됐다. 그리고 건물 소유자가 원하는 높이의 건물을 짓는 것도 가능해졌다.

2 만국박람회와 거대 모뉴먼트

철 · 유리 · 엘리베이터 기술은 19세기 중반 이후, 구미 각국에서 개최된 만국박람회에서 상징적으로 사용된다. 만국박람회는 전 세계의 산업, 기술, 상품, 디자인 등을 망라적, 체계적으로 전시하는 모임이다. 공업기술과 산업의 육성뿐만 아니라, 국가의 위신을 내외에 과시하는 것을 목적으로 구미 각국에서 개최됐다.

특히, 1851년 런던 만국박람회의 크리스털 팰리스, 그리고 1889

년 파리 만국박람회의 에펠 탑은 철·유리·엘리베이터의 새로운 기술을 대중에게까지 알리는 계기가 된다.

크리스털 팰리스

만국박람회는 18세기 말 파리에서 개최된 산업박람회가 뿌리라고 할 수 있다. 그 뒤로 유럽 여러 국가에서 박람회가 열렸으나, 어디까지 국내 박람회에 머문 것이었다.

국제적 규모로 개최된 최초의 만국박람회는 1851년 런던 만국박람회다. 왕립공원 중 하나인 하이드 파크를 회장으로 했으며, 세계 40개 국가가 참가하여 141일 동안, 연인원 약 600만 명이 방문했다고 한다. 600만 명이라는 수는 당시 런던 인구의 약 세 배에 달한다.

런던 만국박람회의 전시관으로 건설된 것이 크리스털 팰리스(Crystal Palace, 수정궁)다. 철과 유리로 만들어진 크리스털 팰리스는 길이 563m의 건물로, 중앙부에 있는 반원기둥 모양의 중앙지붕 높이는 약 33m에 이르렀다. 본래 공원에 있던 세 개의 느릅나무를 보존하기 위해서 건물 내부에 느릅나무가 들어갈 수 있는 중앙지붕을 만들었다고 한다. 거목을 덮을 정도의 유리 상자는 기술이 자연을 통제하는 시대를 상징하는 것이었다.

건물 안에 수림을 집어넣는 것은 온실을 연상시킨다. 사실, 크리스털 팰리스는 온실에서 발전한 건축물이었다. 설계자인 조셉 팩스턴(Joseph Paxton)은 조경가다. 그는 채스워스의 데번셔 공작(Duke of Devonshire) 저택의 정원관리를 맡고 있었으며, 길이 약

크리스털 팰리스

84m, 폭 37m, 높이 약 20m의 원형지붕이 있는 대온실을 설계한 적이 있었다. 수정궁은 그 대(大)온실을 응용하여 확대한 것이었다. 1851년 당시, 런던에서는 연와조 · 돌장식의 빅 벤(Big Ben)과 빅토리아 타워(Victoria Tower) 건설이 진행 중이었으며, 연와와 돌로 건물을 짓는 것이 주류였다. 철과 유리의 건물 크리스털 팰리스는 당시 사람들에게 산업혁명의 성과를 보여줄 뿐만 아니라 새로운 시대의 도래를 알려주는 것이었다.

크리스털 팰리스에는 주철 3800ton, 연철 700ton, 유리 30만 장, 목재 약 1만 7000㎡가 사용되었으며, 프리패브 공법(Prefabrication)이 적용됐다. 당시, 왕립공원이었던 하이드 파크 내에 항구적인 건물을 짓는 것에 대한 반발이 있었다. 그런 이유로 박람회 폐막 후 해체할 수 있는 가설건축물로 건축하는 방안이 추진됐다. 당초 만국박람회 건축위원회는 길이 약 671m, 안쪽으로 깊이 약 137m의 연와조 건물을 건축하는 안을 발표했다. 그 안은 건설비용이 막대할 뿐 아니라 해체하기도 쉽지 않았기 때문에 가설건축이라고는 할 수 없었다. 박람회 개최까지 1년 조금 더 남겨둔 시점에서, 적은 비용으로 빠르게 건설이 가능한 크리스털 팰리스는 최적의 대안이었을 것이다.

박람회 종료 후 1854년, 수정궁은 런던 교외 시드넘에 있는 언덕으로 이축됐다. 그러나 1936년에 화재로 전소되어 지금은 남아있지 않다. 현재 '크리스털 팰리스' 공원이 된 그곳에는 높이 219m의 텔레비전 탑이 서있다. 이 탑에 대해서는 다음 장에서 자세하게 살펴보도록 한다.

에펠 탑

미국에서 마천루가 도시의 스카이라인을 변모시켜가고 있던 시기, 파리에서는 에펠 탑(Eiffel Tower)이 완성된다. 에펠 탑은 프랑스 혁명 100주년을 기념해 1889년 파리 만국박람회의 모뉴먼트로 건설된 것으로, 1871년의 보불전쟁(Franco-Prussian War) 패전에서 벗어나는 부흥의 상징이라는 의미도 담고 있었다.

에펠 탑은 이름에서 나타나듯이 토목기사 알렉산드르 귀스타브 에펠(Alexandre Gustave Eiffel)이 설계했다. 높이는 300.65m, 피뢰침을 포함하면 312.3m에 달했다(후에 방송용 안테나가 설치되어 324m가 된다). 당시 파리 시내 건물 중에서 가장 높은 것은 폐병원(Invalides)의 첨탑(105m)이었다. 그 외, 주요 건축물로는 판테온(79m), 노트르담 대성당(69m)이 있었다. 높이 300m는 차원이 다른 것이었다.

에펠 탑은 워싱턴 기념탑(높이 169m)을 제치고, 세계 제일의 인공 건조물이 됐다. 같은 해, 이탈리아 토리노에 시나고그(Synagogue, 유대교 회당)인 몰레 안토넬리아나(Mole Antonelliana)가 높이 167.5m로 건설되었으나, 에펠 탑은 그것을 100m 이상 웃도는 것이었다. 몰레 안토넬리아나는 연와조로, 신기술을 사용한 에펠 탑과 대조적이었다. 예전의 방법으로 높이의 한계에 도전한 건조물이었다.

에펠 탑
(사진 : 大澤昭彦)

두 개의 탑, 에펠 탑과 몰레 안토
넬리아는 건설기술이 급속히 발
달해 가고 있던 19세기 말의 과
도기적 상황을 상징하는 것이기
도 했다.

사용된 철의 종류를 보아도,
에펠 탑은 과도적 존재였다. 19
세기 후반 당시 시점에 이미 저
가 강철의 생산기술이 확립되어
있었으나, 에펠 탑에는 연철이 사용됐다. 설계자 에펠은 신소재
인 강철을 신뢰하지 않았으며, 탑은 벽과 바닥이 거의 없기 때문
에 강철과 같이 가벼우면서 압축에 강한 소재가 반드시 필요한 것
도 아니었다. 에펠은 그런 이유로 연철을 사용했다. 에펠 탑은 철
을 사용한 구조물로서 공업화의 상징으로 인식되었으나, 사실 사
용된 철 자체는 한 시대 전의 것이었다.

에펠 탑은 공업화 시대의 상징이라는 측면뿐만 아니라, 높은 곳
에서 바라보는 '조망'을 보급시킨 존재기도 했다. 지상 57.6m와
115.7m의 높이에 전망대가 설치됐다. 사람들은 전망대에 올라 파
리를 한눈에 바라볼 수 있었다. 덧붙이자면, 1900년에 276.1m 위
치에도 전망대가 설치되는데, 그곳은 에펠 전용의 주거 겸 연구
소였다.

프랑스의 사상가 롤랑 바르트(Roland Barthes)는 에펠 탑에 대해
서 이렇게 이야기했다. "탑은 보일 때는 사물(즉, 대상)이지만, 인간
이 올라가 버리면 이번에는 시선이 된다. 조금 전까지는 탑을 보

고 있던 파리를, 눈 아래에 펼쳐져 있는 사물로 만든다.'"* 즉, 에
펠 탑은 지상에서 올려다보는 대상일 뿐만 아니라 조망을 제공하
는 고층건조물의 선구이기도 했으며, 대중이 높은 곳에서 조망을
향수할 수 있도록 했다는 점에서 시대적 의의를 가진다.

　박람회 중 합계 195만여 명이 찾을 정도로 인기를 누렸던 에펠
탑이었지만, 1909년에 해체하기로 결정되어 있었다. 그러나 1904
년에 군사용, 무선전신용 안테나 설치장소로 적합하다는 판단으
로 철거계획은 중지됐다. 1921년에는 라디오 방송, 1935년부터는
텔레비전 방송 전파도 발신하게 됐다. 전망탑이 전파탑의 기능을
부가로 가지면서 연명하게 된 것이다.

에펠 탑에 대한 거부반응

　에펠 탑은 철과 엘리베이터라는 신기술로 탄생된 세계에서 가
장 높은 건조물이었다. 에펠 탑은 근대의 상징으로 간주됐다. 에
펠 탑에 대해서는 찬반양론이 있었다. 참고로, 근대의 특징을 '기
능의 합목적성'이라고 한다면, 에펠 탑은 공장이나 오피스빌딩과
같은 합목적적인 건물이 아니기 때문에 근대적인 건물이 아니라
는 견해도 있다.

　긍정적인 반응을 보면, 많은 사람들은 '자연에 대한 기술의 우
월을 상징하는 것'이라며 에펠 탑을 환영했다. 예를 들어, 미국의
발명가 에디슨(Thomas Alva Edison)은 에펠 탑을 견학한 후 "위대한
건조물이 실현된 것을 신께 감사드렸다"라고 했다.**

　*　Roland Barthes, The Eiffel Tower.
　**　Edward Relph, The Modern Urban Landscape.

반대로, 혐오감을 품는 사람들도 적지 않았다. 탑이 완성되기 2년 전인 1887년 2월에는 47명의 예술가와 문학자 등 지식인들이 건설을 반대하는 진정서를 파리시청에 제출했다. 에펠 탑에 대해서 "그 야만적인 크기는 노트르담, 생트샤펠(Sainte-Chapelle), 생 자크 탑(Saint-Jacques Tower) 등 우리나라 모든 건조물을 모욕하고, 우리나라 모든 건축물을 왜소화시켜 짓밟을 것이다"라고 비난했다.* 이 진정서에 이름을 올린 작가 기 드 모파상(Guy de Maupassant)은 에펠 탑의 바로 아래에 있는 카페를 좋아했는데, 그 이유는 유일하게 에펠 탑을 보지 않아도 되는 장소이기 때문이었다고 한다. 또한 영국의 시인이자 디자이너 윌리엄 모리스(William Morris)는 "파리에 오면 언제나, 에펠 탑을 보지 않으려고 가능한 한 에펠 탑의 가장 가까운 곳에 묵는다"고 했다고 한다.**

이러한 찬반양론이 있었다는 것에 대해서, 높은 건조물이 일부 위정자의 것에서 이른바 국민의 건조물로 변용되었음을 나타낸다고 해석하기도 한다. 다시 말하면, 에펠 탑은 대중화 사회와 국민국가의 상징적 존재였다고 볼 수도 있겠다.

3 시카고·뉴욕 마천루의 탄생과 발전

남북전쟁이 끝나는 19세기 중반 이후, 미국 도시부로의 인

---

* Walter Benjamin, Das Passagen-Werk, volume 1.
** Edward Relph, 전게서.

구집중 현상이 현저해진다. 1870년부터 1920년까지 반세기 기간에 도시부 인구는 990만 명에서 5430만 명으로 급증하여 약 5.5배가 된다.

이러한 도시로의 인구집중과 공업화의 진전을 배경으로, 철골조의 고층오피스빌딩인 '마천루'가 생겨난다.

1880년대 시카고에서 탄생해 그 후 뉴욕에서 발전하는 마천루는 이전의 고층건조물과는 커다란 차이점을 가진다. 권력자 권위의 상징이 아니라, 경제활동의 장이며 실용적인 용도를 위한 건축물이었다.

마천루는 '철골구조 없이는 실현될 수 없었으며, 엘리베이터의 동력, 오피스의 조명이 되는 전기가 없었다면 불가능한 것'이었다. 또한 '오피스의 업무와 운영에 변화를 가져온 타자기와 전화의 발달이 없었다면, 마천루는 수익을 만들어내지 못하고, 사업으로서 성립하지도 못했을 것'이다.*

고층건축물은 자본주의 경제와 민주주의의 발달이라는 시대적 배경과 불가분의 관계가 되어 발전해간다. 어느덧, 지금은 자금과 기술이 있으면 누구든지 고층건축물을 지을 수 있는 시대가 됐다.

마천루의 탄생

시카고에서 1871년에 대화재가 발생한다. 그리고 1873년에는 경제위기가 찾아온다. 그 후 공업이 발전하면서 인구유입이 진행되자 지가는 크게 뛰어올랐다. 1837년 약 4500명이었던 시카고 인

---

* Edward Relph, 상게서.

구는 대화재 전년인 1870년에는 약 30만 명이 되었으며 20년 후인 1890년에는 약 110만 명까지 증가했다. 인구증가와 지가상승에 대한 대처방법으로서 마천루라는 새로운 건축기술이 꽃을 피운다.

시카고에서 마천루가 탄생한 이유로는 경제적 성장이 현저하여 건물 수요가 증가한 것, 강철이라는 새로운 재료가 보급되고 있던 것, 대화재로 가로 전체가 모두 소실되어 새로운 시도가 받아들여지기 쉬웠던 것 등을 들 수 있다.

마천루를 명확히 규정하는 정의는 없다. 건축평론가 폴 골드버거(Paul Goldberger)는 마천루의 특징으로 ①철골조, ②엘리베이터 설치, ③수직성을 강조한 디자인, 이렇게 세 가지를 든다. 이 세 가지 요소 중, 특히 철골조인 것이 중요하다. '마천루란 높게 솟은 건물만을 이야기하는 것이 아니다. 철골을 사용하지 않았다면 진정한 마천루로 인정받을 수 없었다'*고 한다. 이와 같은 조건을 만족시킨 최초의 마천루는 1885년에 지어진 뉴욕 홈 인슈런스 빌딩(New York Home Insurance Building)의 시카고 지점이라는 견해가 일반적이다.

마천루의 할아버지로 불리는 건축가 루이스 설리번(Louis Sullivan)은 1891년 세인트 루이스에 웨인라이트 빌딩(Wainwright Building)을 설계한다. 높이는 10층으로 후에 건설되는 초고층빌딩과 비교하면 그리 높지 않다고 생각할 수도 있다. 그러나 수직성이 강조된 파사드 디자인의 웨인라이트 빌딩은 이후 다가올 마천루 시대를 예견했으며, 설리번의 제자인 건축가 프랭크 로이드 라이

---

* Thomas van Leeuwen, The Skyward Trend of Thought: The Metaphysics of the American Sky-scraper.

트(Frank Lloyd Wright)는 웨인라이트 빌딩을 '마천루의 마스터키'* 라고 불렀다.

설리번은 "형태는 기능에 따른다(Form follows function)"라는 말로 잘 알려져 있으며, 이후 근대건축의 방향성을 결정지은 건축가로 인정받고 있기도 하다. 실용적 건축물인 마천루에 있어서, 형태가 기능에 따른다는 것은 특히 중요한 요건이었다. 그런 측면에서 보면, 설리번이 최초기의 마천루를 설계한 것은 우연이 아니었을지도 모르겠다.

웨인라이트 빌딩

(출처 : Dave Parker, Antony Wood, 2013, The Tall Buildings Reference Book, p.16, Routledge)

시카고의 높이제한

마천루가 시카고 거리에 늘어서면서 일조저해, 교통혼잡, 화재·재해 위험 등의 문제가 현재화해 갔다. 그 결과, 높이제한으로 고층화를 억제할 필요가 있다는 논의가 시작된다. 제한의 이유로는 ①일조·통풍이 가로막혀 생기는 인체·위생에 대한 악영향 ②고층빌딩에서 화재 등이 발생했을 때 피난의 어려움과 위험성 ③건축기초 등 기술성에 대한 우려 ④도로의 혼잡 ⑤부동산

---

* 亀井俊介, 摩天楼は荒野にそびえ.

에 미치는 영향 ⑥미관에 미치는 영향 등이 제기되었다고 한다.*

그중에서도 직접적 원인은 '부동산에 미치는 영향'이었다. 즉, 부동산 업자가 중심부의 지가 상승과 교외부의 지가 하락을 우려하여, 중심부와 주변 교외부의 지가가 균형을 이루게 하고자 시의회에 높이제한을 요구한 것이다.

의회에서는 120ft(약37m), 150ft(약46m), 160ft(약49m) 등 복수의 안을 검토했으며, 1893년에 130ft(약40m)의 높이제한이 실시된다. 그러나 높이제한과 이후의 경제불황은 개발사업자와 토지소유자의 개발의욕을 저하시켰으며, 높이제한의 당초 목적이었던 중심부와 교외부의 균형적인 발전은 실현되지 못했다. 1902년에는 130ft에서 260ft(79.2m)로 높이제한이 대폭 완화되어, 오히려 중심부의 지가상승, 도로혼잡의 악화 등을 야기하게 된다.

마천루 중심은 뉴욕으로

1890년대 미국의 철강 생산량은 영국을 제치고 세계 제일이 됐다. 그리고 마천루의 중심지는 시카고에서 뉴욕·맨해튼으로 옮겨간다.

'맨해튼(Manhattan)'은 선주민 레나페족(Lenape)의 말로 '언덕이 많은 섬'을 의미하는 마나하타(Mannahatta)에서 유래했다고 한다. 맨해튼은 본래 작고 높은 언덕이 많으며 녹지가 풍부한 섬이었다. 그러나 점차 언덕이 잘리고 무너지고, 마천루가 늘어선 거리로 변해갔다. 1811년에 입안된 계획을 기본으로, 현재 맨해튼을 상징하

---

* 坂本圭司, 米国における主として摩天楼を対象とした建物形態規制の成立と変遷に関する研究.

맨해튼 그리드

(출처 : 賀川洋, 2000, 図説ニューヨーク都市物語, p.69, 河出書房新社)

는 격자상 가로망, 이른바 '맨해튼 그리드'가 완성된다. 그리고 각각의 가구에 마천루가 솟았다. 격자상 구획은 부동산 매매 측면에서 보면 가장 유용한 형상이었다. 마천루에 의한 고층화 역시 맨해튼의 한정된 토지를 유효하게 이용하기에 좋은 수법이었다.

같은 격자상 도시인 수도 워싱턴 D.C.와 비교하자면, 워싱턴 D.C.는 연방국으로서의 이념을 가로형상에 반영한 것이었으나, 뉴욕에서는 경제적 합리성에 의해서 도시의 모양이 규정되었다고 할 수 있다.

스카이라인의 변화

마천루가 탄생하기 전까지, 뉴욕에서 가장 높은 건물은 월가(Wall Street) 끝 쪽에 있는 트리니티 교회(Trinity Church, 높이 약 87m)였다. 그러나 1890년에 약 94m의 뉴욕 월드 빌딩(New York World Building, 별명 Pulitzer Building)이 트리니티 교회 첨탑의 높이를 넘어서 준공된다. 트리니티 교회는 영국 통치 아래였던 1697년에 영국국교회계 교회로서 최초 건물이 지어졌다. 현재 남아 있는 삼 대째 건

트리니티 교회

물은 1846년에 재건된 것이다. 맨해튼의 스카이라인을 지배하는 건물이 영국 식민지 시대의 건물에서 미국 발상의 마천루로 옮겨가는 순간이기도 하다.

그 후, 높이 100m를 넘는 고층빌딩의 건설은 계속되었고, 교회와 같은 이전의 랜드마크는 도시 속으로 매몰되어 갔다.

그때까지 도시의 '지'를 구성하고 있던 보통의 건물은 점차 고층화했으며. 그 결과, 뉴욕의 스카이라인은 크게 변모한다.

건축사가(建築史家) 스피로 코스토프(Spiro Kostof)에 의하면, 건축물군이 하늘을 잘라내듯 만드는 선의 연결을 '스카이라인'이라고 부르게 된 것은 1876년 이후며, 일반화된 것은 1890년대였다고 한다. 바로 퓰리처 빌딩이 트리니티 교회의 높이를 넘어선 이후다. 코스토프는 또 하나의 새로운 단어였던 '스카이스크레이퍼(skyscraper, 마천루)'가 같은 시기에 널리 알려지게 된 것도 우연이 아니라고 말한다.

'스카이스크레이퍼'라는 용어는 1884년에 시카고에서 발행된 〈Real Estate and Building Journal〉(1884년 8월 2일) 기사에서, "본격적인 스카이스크레이퍼가 2, 3년간 급성장하는 버섯처럼 생겨났다"라는 내용으로 처음 사용되었다고 한다.

뉴욕의 급격한 변모에 대한 우려의 목소리도 적지 않았다. 1904

1883년과 1908년의 맨해튼 남단의 스카이라인

(출처 : 上岡伸雄, 2004, ニューヨークを読む, p.63, 中央公論新社)

년, 미국의 작가 헨리 제임스(Henry James)는 사반세기 만에 귀국해 전에는 가장 높았던 트리니티 교회의 탑이 고층건축물에 가려 보이지 않게 되어버린 것을 보고 "우리에 갇혀 명예가 더럽혀진 상태"라고 표현했다.* "무턱대고 상업적으로 이용되는 것 외에는 무엇 하나 신성한 용도를 갖지 못한 건물"인 마천루를 "돈벌이를 위한 거대한 구조물"이라고 비난한 것이다.

그러나 마천루는 멈추지 않았다. 1908년에 높이 187m의 싱어빌딩(Singer Building)이 완성된다. 트리니티 교회의 두 배가 넘는 높이였을 뿐 아니라, 워싱턴 기념탑 높이 169m를 웃도는 것이었다. 그 후 1909년 준공된 메트로폴리탄 라이프 타워(Metropolitan Life Insurance Company Tower)의 높이는 213m로, 200m 선을 넘게 됐다.

---

* The American Scene.

시카고와 뉴욕의 주요 마천루(1980년대~1930년대)

건물명	준공년도	높이
뉴욕 홈 인슈어런스 빌딩※	1885년	42m
뉴욕 월드 빌딩	1890년	94m
맨해튼 라이프 인슈어런스 빌딩	1894년	106m
15 파크 로	1899년	119m
플랫아이언 빌딩	1902년	87m
타임즈 빌딩	1904년	110m
싱어 빌딩	1908년	187m
메트로폴리탄 라이프 타워	1909년	213m
울워스 빌딩	1013년	241m
에퀴터블 빌딩	1915년	164m
뉴욕 시청사	1915년	177m
시카고 트리뷴 타워※	1925년	141m
체인인 빌딩	1929년	207m
크라이슬러 빌딩	1930년	319m
월가 40번지 빌딩	1930년	283m
엠파이어 스테이트 빌딩	1931년	391m

※ 표시는 시카고, 그 외에는 뉴욕에 입지.

울워스 빌딩

1913년 울워스 빌딩(Woolworth Building)이 준공하면서 마천루는 정점에 달한다. 울워스 빌딩은 60층, 241m에 이른다. 이 높이는 이후 약 16년 동안 세계 최고의 자리를 차지한다.

울워스 빌딩은 그 이름이 나타내듯이 울워스사(F. W. Woolworth Company)의 본사가 있는 건물이다. 울워스사는 '5센트·10센트 스토어(일본의 100엔 숍과 같은 가게)'를 미국 전역으로 확장시킨 소매업자다. 1900년 59개였던 점포수는 1910년에는 약 10배인 611개까지 증가하는 급성장을 이루었다.

울워스사 창업자 프랭크 윈필드 울워스(Frank Winfield Woolworth)는 싱어 빌딩 등 마천루에 자극을 받아, 전 세계에 울워스 상점을 선전하는 수단으로 울워스 빌딩을 생각했다. "거대한 간판은 숨겨진 막대한 수익을 가져다준다"*라는 말처럼, 울워스는 세계 최고의 높이를 원했다. 울워스는 런던에 있는 빅벤의 디자인을 좋아했다고 한다. 울워스는 빌딩 디자인으로 수직성이 강조된 고딕양식을 채용했다. 성직자 파크스 캐드먼(S. Parkes Cadman)은 고딕 대성당의 재래(再來)라고 하며, 이 빌딩을 '상업의 대성당'이라고 이름 붙였다. 울워스 빌딩은 뉴욕을 지배하는 '신앙'이 종교에서 경제 · 산업으로 옮겨진 것을 상징하는 존재기도 했다.

울워스 빌딩
(출처 : Dave Parker, Antony Wood, 2013, The Tall Buildings Reference Book, p.19, Routledge)

마천루를 대성당으로 표현한 것과는 달리, 중세 이탈리아 탑의 난립으로 진단한 이들도 적지 않았다. 독일의 역사가 칼 람프레히트(Karl Lamprecht)는 맨해튼을 처음 보고 탑이 언덕에 늘어서 있는 산 지미냐노(San Gimignano)가 연상되어, '초기 자본주의가 싹튼 봉건영지 토스카나와 고도 자본주의도시 뉴욕'을 대비하여 이야기했다. 다른 한편으로, 마천루와 대성당 · 탑, 이 둘 사이에는 극단으로 높이를 추구한다는 공통점이 있었다.

---

* Paul Bede Johnson, A History of the American People.

프런티어 정신

미국의 마천루가 지닌 의미에 대해서 조금 더 생각해보자. 미국에서 마천루가 발달한 배경에는 공업화와 자본주의 경제의 발달, 대중 소비사회의 도래 등이 있다. 그러나 그뿐만 아니라, 미국이라는 신흥국의 프런티어(frontier) 정신도 자리하고 있다.

19세기 미국 역사는 서부개척의 역사기도 하다. 1848년에 금광이 발견되자 1870년대에 골드러시가 일어나고, 계속된 개척으로 선주민의 거주지는 미국의 영토가 되어갔다. 그리고 1890년 작성된 국세조사보고서에서 '프런티어 라인'의 소멸을 선언한다. 이 해는 맨해튼에서 퓰리처 빌딩이 트리니티 교회의 높이를 넘어선 해기도 하다.

즉, 마천루는 프런티어 라인의 소멸과 같은 시기에 본격적으로 발전했다. 서쪽의 프런티어 개척이 끝나자 프런티어 추구의 욕망이 하늘을 향했으며, 그 결과로 생겨난 것이 마천루라고 할 수 있다. 미국인에게 마천루란 '평면적 개척이 끝난 후, 이른바 입체적 방향으로 솟은 개척의 꿈'이었던 것이다.* 미국의 평면적 개척은 1898년 미서전쟁(美西戰爭, Spanish-American War)을 계기로, 해외에서 식민지를 획득하는 형태로 이어간다.

1916년 높이제한

신흥국 미국의 상징이 된 마천루였으나, 시카고뿐만 아니라 뉴욕에서도 고층건축물이 가져오는 번영에 대한 문제가 제기됐다.

---

* 亀井俊介, 摩天楼は荒野にそびえ.

1908년 뉴욕 시 당국은 건축조례 개정을 위한 특별위원회를 설립하고, 채광과 공지를 확보하기 위한 규제를 검토하기 시작한다. 같은 해, 약 277m, 62층의 빌딩 건설계획이 공표되었으나, 뉴욕 인구과밀문제위원회(사적 기관)는 기존 도로의 교통용량을 초과한다고 지적하고 높이제한과 빌딩에 대하여 과세가 필요하다는 견해를 시에 보였다.

그 7년 후인 1915년에는 높이 약 164m의 에퀴터블 빌딩(Equitable Building)이 준공된다. 거대한 고층빌딩의 건설이 계속 되자, 높이제한의 필요성에 대한 논의가 한층 더 활발해졌다. 에퀴터블 빌딩은 그 규모가 상당하였으며 연면적은 부지면적의 30배에 달했다. 당연히 연면적이 증가할수록 취업자와 방문자도 증가했으며, 그런 이유로 빌딩 건설에 따른 주변의 교통혼잡이 우려됐다. 게다가 거대한 빌딩 덩어리가 들어서게 되면서, 주변의 채광과 통풍에도 영향을 미치고 임대오피스의 공급 과잉을 유발하는 등 여러 가지 문제가 지적됐다.

1916년, 뉴욕 시는 조닝(zoning) 조례를 제정한다. 조닝 조례는

에퀴터블 빌딩

(출처 : Thomas van Leeuwen 저, 三宅理一, 木下壽子 역, 2006, 摩天楼とアメリカの欲望, p.157, 工作舍)

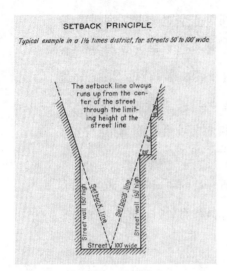

뉴욕 시의 조닝 조례 개념도(1916 zoning regulations)

(출처 : New York, 1916, Commission on Building Districts and Restrictions: Final report, p.259)

건물의 높이가 높아질수록 벽면을 도로에서 후퇴시키는 셋백(setback)을 의무화하는 것이었다. 규제에 의해 셋백형의 계단형 건물이 만들어졌으며, 그 형상은 지구라트에 비유되기도 한다.

단, 이 조례는 부지면적의 25% 이내 부분은 셋백을 하지 않아도 된다고 규정함으로써, 가늘고 긴 탑상의 마천루를 유발했다. 그 결과, 크라이슬러 빌딩이나 엠파이어 스테이트 빌딩과 같이 지금도 뉴욕을 대표하는 마천루가 탄생한 것이다.

광고탑, 크라이슬러 빌딩

미국의 1920년대는 제1차 세계대전 후 호경기로 경제적 번영을 구가하고, 그에 맞추어 마천루 건설 붐이 가속해 간 시기다.

뉴욕의 오피스 총 연면적을 보면, 1920년부터 1930년까지 686만㎡에서 1041만㎡로 증가한다. 실로 약 1.5배의 증가다. 1929년 시점에 10층 이상인 빌딩 수가 시카고 449동, 로스엔젤레스 135동이었던 것에 비하여, 뉴욕은 2479동이나 됐다. 후술하겠으나 같은 시기 일본에서는 31m 규제가 있었기 때문에, 실질적으로 10층 이상은 건설될 수 없었다.

마천루 건설 붐에 맞추어 그 높이도 갱신되어 갔다.

이 시대의 분위기를 전하는 상징적인 에피소드로, 크라이슬러 빌딩과 엠파이어 스테이트 빌딩 이야기가 있다.

1930년 완성된 크라이슬러 빌딩(Chrysler Building)은 1000ft가 넘는 고층빌딩이었다(1048ft, 319m). 그러나 다음 해인 1931년에 준공한 엠파이어 스테이트 빌딩이 1250ft(381m)로 크라이슬러 빌딩의 높이를 크게 웃돌았다. 1890년 준공의 퓰리처 빌딩 이후 겨우 10년 사이에 마천루의 높이가 네 배로 늘어난 것이다.

크라이슬러 빌딩의 외관상 특징 중 하나는 정상부에 놓인 첨탑이다. 본래 이 첨탑을 설치할 생각은 없었으며 빌딩의 전체 높이는 282m로 계획되어 있었다. 높이 241m의 울워스 빌딩을 제치고 세계 제일의 높이가 될 것이 확실했다.

그런데 크라이슬러 빌딩의 공사 중에, 그 높이를 살짝 넘는 283m의 빌딩이 월가 40번지에 건설된다는 내용이 공표됐다. 크라이슬러 빌딩은 세계에서 가장 높은 건축물로서의 자리를 빼앗기지 않기 위해 첨탑을 빌딩 정상부의 안쪽에서 조립해 건물이 준공되기 직전에 설치했다. 그렇게까지 세계 최고의 높이에 구애된 배경에는 빌딩의 시공주인 신흥 자동차 메이커 크라이슬러사의 창업자 월터 P. 크라이슬러(Walter Percy Chrysler)가 있었다.

잠시 미국의 자동차 등록대수 추이를 보자. 1900년 8000대에 지나지 않았으나 1920년에 813만 대, 1930년에는 2303만 대로 급속히 증가한다. 특히 1920년대 10년간 약 세 배로 증가했다. 1929년에는 국민 43.9명 중 한 명이 자동차를 소유할 정도로까지 보

크라이슬러 빌딩
(출처 : Georges Binder, 2006, 101 of the world's tallest buildings, p63)

급됐다.

크라이슬러사는 자동차 산업 급성장의 한복판이었던 1925년에 시장에 들어선 신흥기업이었다. 이미 포드나 GM이 시장을 차지하고 있던 상황에서 후발의 크라이슬러가 기존의 자동차 메이커에 대항하기 위하여 사용한 전략의 하나가 바로 광고였다.

크라이슬러는 1920년대 후반부터 적극적인 광고 캠페인을 전개했으며 GM과 포드에 이어 세계 3위를 차지하기에 이르렀다. 창업자 크라이슬러는 대중 소비사회에서는 광고가 상품에 부여하는 이미지가 중요하다고 여겼다. 광고가 지닌 매력을 느꼈던 것이다. 그러한 그가 마천루라는 상징에 집착한 것은 필연이었을지도 모른다. 마천루는 맨해튼의 토지부족을 해소하는 기능만이 아니라, 광고탑으로서의 의미도 함께 가지고 있었던 것이다. 크라이슬러는 마천루 숲 맨해튼에서 그 효과를 최대한 얻을 수 있는 수단은 세계에서 가장 높은 제일의 높이라고 생각했을 것이다.

그렇지만 그러한 크라이슬러 빌딩도 완성된 다음 해, 엠파이어 스테이트 빌딩에게 그 자리를 넘겨주게 된다.

엠파이어 스테이트 빌딩

엠파이어 스테이트(Empire State Building) 빌딩은 투자자 존 제이콥 라스콥(John Jakob Raskob)을 중심으로, 화약 제조·판매로 부를 이룬 뒤퐁(Du Pont) 등 미국의 대부호가 함께 기획한 임대 빌딩이다. 높이는 381m로 크라이슬러 빌딩보다 약 62m 더 높다. 당초 라스콥이 계획했던 건물 높이는 약 320m였다. 그러나 크라이슬러 빌딩이 이보다 더 높게 완성될 것을 알고, 건물 높이를 더 높일 방안을 검토한 것이다.

건물 본체의 높이를 변경하는 것은 불가능했기 때문에, 라스콥은 비행선을 계류하는 높이 약 60m의 마스트(mast)를 설치한다. 유럽에서 비행선을 타고 온 사람들이 엠파이어 스테이트 빌딩의 정상에서 내린다는 구상이었다. 이 아이디어는 당시의 뉴욕 시장도 좋아했다고 한다. 그러나 지상 400m 가까운 높이에서는 바람도 강하고 비행선이 접근하는 것도 만만치 않았기 때문에 실제로 마스트가 비행선 계류 돛대로 이용되는 일은 없었다. 후에 이 마스트에는 라디오와 텔레비전 안테나가 설치되어 전파탑으로 이용됐다. 그 내용은 다음 장에서 다룬다.

라스콥이 그렇게까지 해서 세계 최고의 높이를 원했던 이유는 무엇이었을까. 투자가인 라스콥에게 세계 제일의 높이는 과연 경제합리성을 가지고 있는 것이었을까.

미국강구조협회(AISC)가 1929년에 공표한 보고서를 보면, 수익성 관점에서 최적의 높이는 약 63층으로 제시되어 있다. 빌딩의 높이가 높아짐에 따라서 엘리베이터 등 공유부분이 증가하며 이용 가능한 대실면적, 즉 임대료 수입이 감소하기 때문이다. 루이스 설리번의 "형태는 기능에 따른다"라는 말을 바꾸어서 "형태는 파이낸스에 따른다(Form follow finance)"는 말이 사용되기도 했다. 뉴욕과 시카고의 마천루 높이는 경제적 요인으로 결정되는 것이었다.

자사의 광고탑으로 기능했던 울워스 빌딩이나 크라이슬러 빌딩과는 다르게, 엠파이어 스테이트 빌딩은 순수 임대 빌딩이었다. 그렇기 때문에 더욱 더 수익성이 요구되었을 것이다. 부동산 전문가는 수익을 내기에는 75층이 한도라고 제안했으나, 라스콥은 받아들이지 않았다. 그에게는 높이가 무엇보다도 중요했다. 설계자인 윌리엄 F. 램(William Frederick Lamb)에게 "절대로 무너지지 않는다는 전제로, 어느 정도 높이까지 지을 수 있겠나?"*라고 물어보았을 정도로 라스콥은 높이에 연연했다.

물론, 임차인을 모으는 데에서 '세계 제일의 높이'가 이목을 끄는 문구였을 것임에는 틀림이 없다. 그러나 마천루 경쟁의 원천은 높이 자체를 원하는 욕망이었던 것은 아닐까.

라스콥은 크라이슬러사의 라이벌 기업 GM의 대주주였다. 월터 P. 크라이슬러에 강한 라이벌 의식을 가지고 있었기 때문에 크라이슬러 빌딩보다 높은 빌딩에 집착했다는 이야기도 있다.

높이를 추구한 이유가 그뿐만은 아니었다. 라스콥은 뉴욕의 빈민가에서 태어나 투자가로서 재력을 이루었다. 그는 엠파이어 스테이트 빌딩을 '가난한 소년이 월가에서 부를 쌓을 수 있게 해준

* Mitchell Pacelle, Empire.

미국사회'의 영원한 기념탑으로 여겼다.* 엠파이어 스테이트 빌딩을 뉴욕이 키운 자본주의 경제의 모뉴먼트로 남기기 위해서라도 세계 제일의 높이가 필요했던 것이다.

그러나 1920년대의 호경기도 1929년 10월에 시작된 세계대공황(Great Depression)으로 종언을 맞이하고, 마천루 건설의 불도 꺼져가고 있었다. 엠파이어 스테이트 빌딩은 불황이 한창이었던 1931년에 준공하여, "폐허의 하늘에 (중략) 덩그러니, 마치 스핑크스와 같이 불가사의하게 솟아 있었다".**

엠파이어 스테이트 빌딩

(출처 : Carol Willis, 1998, Building the Empire State, W.W.Norton & Company)

엠파이어 스테이트 빌딩은 뉴욕 번영의 모뉴먼트가 되어야 마땅했으나, 경제불황의 상징으로 탄생하게 된다. 실제, 임차인도 좀처럼 들어오지 않았다. 크라이슬러 빌딩의 개업 직후 공실률이 35%였던 것에 비해, 엠파이어 스테이트 빌딩의 공실률은 80%에 달했다. 더구나 41층 이상은 모두가 공실이었다고 한다. '엠프티 스테이트 빌딩(Empty State Building)'이라는 야유를 받기도 했다.

---

* Gordon Thomas, Max Morgan-Witts, The Day the Bubble Burst.
** F. Scott Fitzgerald, My Lost City.

오피스 임대는 생각처럼 잘 진행되지 못했으나, 맨해튼을 한눈에 바라볼 수 있는 전망대는 개업 당초부터 인기를 떨쳤다. 세계 각지에서 사람들이 찾아오는 관광스폿이 됐다. 전망대 방문자 수는 1940년 400만 명을 넘었으며, 1971년에는 4000만 명에 달했다. 엠파이어 스테이트 빌딩은 뉴욕의 걸출한 랜드마크가 되었으며, 1972년 월드 트레이드 센터(세계 무역 센터) 북동(1WTC)이 완성될 때까지 약 40년 간, 세계에서 가장 높은 제일의 고층빌딩으로 군림하게 된다.

4 제2차 세계대전 이전 유럽의 고층건축물

제2차 세계대전 이전, 유럽에는 미국과 같은 마천루가 없었다. 오히려 오랜 시간 형성되어 온 도시를 지키기 위하여 높이제한을 유지하고 있었다.

그러나 뉴욕에서 마천루 붐이 일고 있던 1920년대, 후에 20세기 근대건축을 견인하게 될 두 명의 유럽 출신 건축가, 르 코르뷔지에와 미스 반 데어 로에가 미국의 스타일과는 다른 독자적인 마천루를 제안한다.

르 코르뷔지에는 도시로서의 마천루, 미스는 건물 하나로서의 마천루 이상형을 추구했다는 차이는 있으나, 이 두 사람의 설계 사상은 모두 제2차 세계대전 후의 고층건축물 조류에 커다란 영향을 미치게 된다.

이 두 사람의 건축가, 그리고 당시 유럽에 대해서 살펴보자.

르 코르뷔지에의 데카르트적 마천루

"그것은 숭고하고 소박하고 감동적이며 어리석음이다. 나는 그것을 공중에 올리는 것에 성공한 열광을 사랑한다."[*]

스위스 출신의 건축가 르 코르뷔지에는 이렇게 말하고, 뉴욕의 마천루에서 새로운 시대 도시의 가능성을 발견한다. 한편으로는 "뉴욕의 마천루는 너무 작아, 그리고 너무 많아"[**]라고 비판했다. 그는 결코 현실의 마천루에 만족할 수 없었다. 그는 자기의 이상을 '데카르트적 마천루'라고 이름 붙였다. 그것이 어떤 것이었는지 살펴보자.

르 코르뷔지에의 제안은 높이 200m, 60층의 고층건축물이 뉴욕에서와 같이 규제에 의한 계단형이 아니라, 건축물의 벽이 바닥

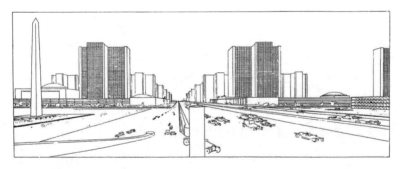

르 코르뷔지에의 300만 명을 위한 도시

(출처 : Spiro Kostof, 1995, A History of Architecture, Second Edition, p.707, Oxford, Univerisity Press)

---

[*] Le Corbusier, Quand les Cathedrales etaient Blanches.
[**] Le Corbusier, 상게서.

부아쟁 계획

에서 최상부까지 수직으로 올라가는 것이었다. 그러면서 인동과의 간격을 충분히 확보하고, 고층건축물 주위에는 넉넉하게 오픈 스페이스를 둔다. 부지의 90% 이상을 공원과 보행자 · 자동차 교통에 사용한다. 르 코르뷔지에는 햇빛과 공기가 충분히 확보된 도시공간을 생각했다.

그 사상을 기초로 하여 1923년에 '300만 명을 위한 현대도시', 1925년에는 파리를 대상으로 한 '부아쟁 계획(Plan Voisin)'이라는 계획안을 발표한다.

르 코르뷔지에 자신도 관계하고 있던 CIAM(근대건축국제회의)이 1933년에 공표한 아테네 헌장에는 근대도시계획의 이념과 수법이 제시되어 있다. "현대기술을 고도 응용한 고층건축을 고려해야 한다(28조)"고 했으며, "넓은 간격을 두고 높게 짓는 것으로, 넓은 녹지대를 위한 지면을 개방해야 한다(29조)"고 밝히고 있다.*

이와 같은 근대도시계획의 이념은 나중에 고층건축물 주위에 여유로운 오픈스페이스를 두는 '타워 인 더 파크(Tower in the Park)' 형태의 건축물 보급에 커다란 영향을 준다.

* Le Corbusier, Charte d'Athenes.

미스 반 데어 로에의 유리 마천루

독일에서 태어난 미스 반 데어 로에(Ludwig Mies van der Rohe)는 르 코르뷔지에와 나란히 20세기 근대건축을 견인한 건축가다.

미스는 "Less is more(적을수록 더 풍부하다)"라는 말로 대표되듯이, 장식을 배척한 단순한 디자인을 추구한 건축가다. 그런 그가 1921 년과 1922년, 두 번에 걸쳐 철과 유리의 고층건축물을 제안한다.

철과 유리의 건축물이라고 하면, 앞에서 보았던 1851년 런던 만국박람회의 크리스털 팰리스가 생각난다. 크리스털 팰리스는 30m 조금 넘는 높이였기에 마천루라고 할 정도는 아니었다. 그로 부터 약 70년 정도 지나, 미스는 초고층건축물에 철과 유리를 사용하는 아이디어를 구상한 것이다.

1921년 구상은 베를린 시의 프리드리히 거리 부지를 대상으로 한 설계공모안이다. 높이 80m, 20층으로 날카롭게 솟은 삼각기둥 타워 세 개로 구성되며 삼각형 부지에 맞추어 배치됐다. 다음 해의 '철과 유리의 스카이스크레이퍼안(Glass Skyscraper)'도 성격이 같은 것이었으나, 구체적으로 부지가 상정되어 있던 것도 아니고 시공주가 있던 것도 아니었다. 어디까지나 미스 개인이 스스로의 아이디어를 사고실험적으로 생각해낸 것이었다. 프리드리히 거리 설계공모안의 1.5배가 되는 30층으로, 마천루로서의 성격이 강했다.

두 개의 안 모두, 타워는 기둥과 바닥의 구조체 전면을 유리로 덮은 간결한 디자인이다. 미스의 대명사인 "Less is more"를 단적으로 보여준다. 뉴욕의 마천루와 같은 계단형이 아니라, 1층부터 옥상까지 벽이 수직으로 올라간다. 중심부에 엘리베이터와 계단

미스의 유리 마천루

(출처 : Franz Schulze 저, 澤村明 역, 2006, 評伝ミース·ファン·デル·ローエ, p.111, 鹿島出版会)

등을 배치했으며, 모든 층의 평면계획은 동일하다. 전후 고층건축물의 프로토타입(prototype)이라고 말할 수 있는 아이디어가 이때 표현됐다.

그러나 미스의 제안에는 뉴욕 마천루의 필요조건이라고도 할 수 있는 실용성이 결여되어 있었다. 미스는 고층건축물에서 '사용되는 것보다 상징으로서의 존재' 가능성을 찾아냈으며, '테크놀러지(technology)를 향하는 미래사회의 상징'을 표현하고 있었다.* 후에 미스는 1950년대 미국에서 자신의 손으로 '미래사회의 상징'이 되는 고층건축물을 실현하게 된다.

유럽의 고층건축물과 높이제한

제2차 세계대전 이전, 유럽에도 고층건축물은 있었다. 어떤 건축물들이 있었을까.

유럽 최초기의 고층오피스빌딩은 1898년에 준공된 네덜란드 로테르담의 11층 빌딩(Het Witte Huis)이었다고 한다.

---

* Colin Rowe, The Mannerism of the Ideal Villa and other Essays.

100m급 빌딩으로는 1911년에 영국 리버풀에 건설된 로열 리버 빌딩(Royal Liver Building)이 있다. 높이는 98m, 중앙 시계탑의 높이가 전체의 3분의 1 정도를 차지하기 때문에 층수 자체는 13층에 그친다. 그 20년 후인 1932년에는 벨기에 앤트워프에 97m, 26층의 KBC 타워(KBC Tower)가 완성됐다.

미국과 비교하면 높이 100m를 넘는 것이 많지는 않았다. 그중 1940년에 준공된 피아첸티니 타워(Piacentini Tower, 이탈리아 제노바)가 있다. 높이는 31층, 107.9m(첨탑부분을 포함하면 116m)로, 엠파이어 스테이트 빌딩의 3분의 1이 안 된다.

이 시기에 유럽에서 초고층빌딩이 많지 않았던 이유로, 각 도시에서 행하고 있던 건축물의 높이제한을 들 수 있다. 20세기 초, 런던, 파리, 베를린, 프랑크푸르트, 빈, 부다페스트, 로마, 브뤼셀 등 주요 도시에서는 건축물의 높이를 제한하고 있었다. 가장 높은 것이 처마높이 25m, 대략 20m 전후였다. 같은 시기 시카고에서는 260ft(79m)까지 허용되고 있던 것을 생각한다면, 상당히 엄격한 제한이라고 할 수 있다.

예를 들어 런던을 보면, 런던건축법(1894년 개정)에서 건물의 처마높이를 80ft(약 24.4m. 처마선보다 위로는 2층 분까지 추가 가능)로 제한했다. 제한의 이유는 소화설비가 닿는 한계를 넘어서는 건물이 늘지 않도록 하는 방화대책과 구조상 안전성을 확보하기 위한 것이었다.

또한, 당시 높이 151ft(약 46m)의 주택이 버킹엄 궁전(Buckingham Palace)에서 보는 국회의사당의 조망을 저해한 것도 높이제한의 배경 중 하나였다고 한다.

20세기 초 주요 도시의 높이제한

소재지		주요 높이제한(처마높이)
영국	런던	80ft(약 24.4m)
프랑스	파리	20m
독일	베를린	22m
	뒤셀도르프	13m
	프랑크푸르트	20m
	바이에른(주택)	18m
		16m
		22m 5층
	드레스덴	22m
오스트리아	빈	25m 5층
헝가리	부다페스트	25m
이탈리아	로마	24m
벨기에	브뤼셀	21m
스위스	베른	54ft(약 16.5m) 4층
중국	상하이	84m

출처: 内田祥三, 1953, 建築物の高さを制限する規定について(1), 建築行政 3(6), 建築行政協会, p.19를 기초로 작성.

대성당 조망을 지키기 위한 높이제한

런던의 높이제한은 지붕 아래 공간을 포함하여 처마 높이 80ft 였으나, 1930년에 처마 높이가 아니라 전체 높이를 100ft(30.48m)로 하는 내용으로 개정된다. 그리고 100ft보다 높은 건물도 인정한다는 특례 조치가 만들어진다. 런던 시내에 고층건물이 서서히 증가해 갔다.

앞의 제3장에서 본 것처럼, 1666년 런던 대화재 후에 재건된 세인트 폴 대성당은 런던 시티 스카이라인의 핵이 되는 상징이었다. 그 돔은 시내 어느 곳에서도 바라볼 수 있었다. 그러나 대성당 주변에 높은 건물이 건설되면서 돔의 조망이 가로막힐 우려가 커졌다.

세인트 폴 대성당의 건축기사 고드프리 알렌(W. Godfrey Allen)은 대성당이 상징성을 잃을 것을 우려하여, 템스 강 남쪽 기슭과

다리 등 주요 장소에서 대성당을 향한 조망을 지키기 위한 건축물의 높이제한을 제안한다. 지역 당국은 알렌의 안을 채용하고 1938년부터 실시하기로 했다. 이것이 '세인트 폴즈 하이츠(St. Paul's Heights)'라고 불리는 높이제한이다.

세인트 폴즈 하이츠가 개시된 1930년대는 이야기했듯이 뉴욕에서 크라이슬러 빌딩이나 엠파이어 스테이트 빌딩이 건설되던 시기에 해당한다. 건물 높이의 '도'와 '지'의 관계로 말한다면, 뉴욕에서는 '지'의 고층화가 진행되었으나, 런던에서는 높이제한에 의해 '지'의 고층화를 억제하고 랜드마크인 세인트 폴 대성당을 '도'로서 두드러지게 하는 선택을 한 것이다.

런던을 포함하여 유럽에서는 기존의 질서 있는 도시경관을 전제로 하여 높이를 제한하고 있었기 때문에 마천루와 같은 고층건

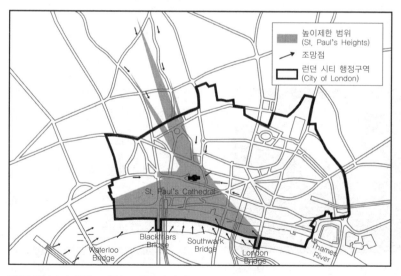

런던의 높이제한 '세인트 폴즈 하이츠'

(저자 작성)

축물이 생겨날 여지가 없었다. 물론, 성장세가 두드러졌던 미국과는 달리, 유럽에서는 초고층빌딩을 필요로 하는 경제적인 토양이 없기도 했다. 앞에서 보았던 에펠 탑에 대한 거부반응에서도 알 수 있듯이, 이 시대에는 고층건축물을 바라는 목소리가 적었던 것이다.

공습에서 살아남은 세인트 폴 대성당

'세인트 폴즈 하이츠'로 대성당 조망이 지켜지게 되었으나, 겨우 2년이 지나고 새로운 위기가 찾아온다.

제2차 세계대전, 나치스 독일의 공습이다. 특히 1940년 12월 29일의 공습은 제2의 런던 대화재라고 불릴 정도로 피해가 컸다. 이때, 런던시청사나 1666년 대화재 후 크리스토퍼 렌이 설계한 여덟 개의 성당이 잿더미로 돌아갔다. 많은 건물이 소실되었으나, 세인트 폴 대성당은 그 모습을 남겼다. 피해를 입지 않았던 이유는 세인트 폴즈 워치(St. Paul's Watch)라고 불리는 자원봉사 감시대와 소방단이 필사적으로 소방활동을 했기 때문이다.

이 감시대를 이끌었던 것이 앞에서 이야기한 고드프리 알렌이었다. 알렌은 조망뿐만 아니라, 전쟁의 화마로부터 세인트 폴 대성당을 지키는 역할도 한

공습 연기로 둘러싸인 세인트 폴 대성당

(출처 : Ann Saunders, 2012, St Paul' s Cathedral: 1400 Years at the Heart of London, Scala Publishers)

것이다.

공습 이틀 후, 신문 1면을 장식한 한 장의 유명한 세인트 폴 대성당 사진이 있다. 폭격의 불과 연기로 뒤덮인 채 계속 서 있는 세인트 폴 대성당은 나치스 독일에 대한 저항의 상징이었으며, 전시 중이던 영국인을 고무시켰다고 한다. 전후, 영국 국왕 조지 6세가 "영국 국민의 불굴의 용기와 활력의 상징이다"*라고 말한 것처럼, 세인트 폴 대성당은 자치도시 시티의 상징으로서만이 아니라, 영국 국민의 정신적인 지주이기도 했다.

5 전체주의 국가의 고층건축물

미국의 마천루는 자본주의 사회의 상징이었다. 한편, 전체주의 국가에서는 대중에 대한 선전(propaganda)의 수단으로 거대 건조물이 계획된다. 독일의 나치당 총통 아돌프 히틀러(Adolf Hitler)는 "위대한 문명을 후세에 전하는 것은 기념비적 건조물이다"라고 했으며, 이탈리아의 파시스트당을 이끈 베니토 무솔리니(Benito Andrea Amilcare Mussolini)는 "나는 모든 예술 중에서 건축이 최고라고 생각한다. 왜냐하면 온갖 것을 포함하고 있기 때문이다"라고 말했다.**

무솔리니는 역사적 유산인 콜로세움이나 산 피에트로 대성당

---

*　蛭川久康編著, ロンドン事典.
**　Paolo Nicoloso, Mussolini architetto, 井上章一, 夢と魅惑の全体主義.

등 거대 건조물을 이용한 도시 개조를 실시했다. 고대 로마와 파시스트 정권의 연속성을 시각적으로 연출했다. 한편, 로마와 같이 과거의 유산이 많지 않은 독일에서는 히틀러에 의하여 과대망상적인 거대 건조물이 계획된다. 그리고 소비에트 연방의 스탈린은 제정 러시아 시대의 역사적 유산을 파괴하고, 히틀러와 무솔리니에 대항하듯이 사회주의 국가의 상징을 만들었다. 각각의 접근방식은 달랐으나, 국가의 위광을 높여 독재자 자신의 신격화를 도모하는 정치적 도구로서 고층건축물, 거대 건조물 축조에 부심했던 것은 같았다.

로마 역사적 유산을 이용한 무솔리니

파시즘 내각을 조직한 무솔리니는 1922년, "영원한 로마의 깃발로, 두 번에 걸쳐 세계에 문명을 가져온 그 도시에서 세 번째 깃발을 든다"라고 선언하며 수도 로마의 개조에 착수했다.* 말할 것도 없이, 첫 번째는 아우구스투스 황제 등의 고대 로마 제국, 두 번째는 식스토 5세의 로마 개조다(전자는 1장, 후자는 3장 내용을 참조).

무솔리니는 자신을 아우구스투스 황제와 동일시하여, 고대 로마의 유산인 판테온, 콜로세움 등 거대 건조물을 자신의 도시 개조에 이용한다. 로마의 유구를 중심으로 한 도시 개조를 통하여, 파시스트 정권이야말로 위대한 고대 로마 제국의 계승자라는 것을 각인시키고자 한 것이다. 무솔리니는 수도 개조 방침을 그의 1925년 연설에서 확실하게 드러냈다.

---

* 藤澤房俊, 第三のローマ.

"5년 안에 아우구스투스 황제 시대처럼 광대하고 강력한 로마를 만들어야만 한다. 전 세계 사람들은 눈이 휘둥그레질 것이다. 제군은 아우구스투스 황제 묘, 마르첼로 극장(Teatro di Marcello), 카피톨리노(Capitolino), 판테온(Pantheon) 주변에 길을 만들어야 한다. 수세기에 걸쳐 쇠퇴하면서 생겨난 것을 모두 흔적도 없이 지워버려야 한다. 5년 이내, 커다란 도로를 관통시켜 콜론나 광장(Piazza Colonna)에서 판테온 대건축물을 조망할 수 있도록 해야 한다. 제군은 크리스트교 로마의 장대한 교회를 기생적인 세속의 건축물로부터 해방시켜야만 한다."*

이 말에서 알 수 있듯이, 무솔리니가 경의를 쏟을 가치가 있다고 생각한 로마의 유산은 판테온이나 산 피에트로 대성당과 같은 기념비적인 건조물이었다.

무솔리니는 "로마를 우리 정신의 도시로 한다. 즉, 로마를 부패시키고 더럽힌 여러 요소를 정화하고 로마를 소독한다"**라고 선언했다. 그의 안중에 기념건조물 이외의 건물은 없었다. 역사적 가치가 있음에도 제거 대상이었을 뿐이다. 기존의 시가지를 과감히 철거하고 넓은 가로로 구획하는 정비수법을 취했다. 앞에서 말했던 '도'와 '지'의 관계로 말한다면, '도'로서의 거대한 모뉴먼트가 돋보이도록, '지'인 시가지를 쇄신해 가는 것이라고 할 수 있겠다.

그럼 콜로세움 주변과 산 피에트로 대성당 주변의 도시 개조 사례를 통하여 무솔리니의 의도는 무엇이었는지 살펴보자.

---

* 藤澤房俊, 第三のローマ.
** 藤澤房俊, 상게서.

콜로세움과 베네치아 궁전을 잇는 직선가로

1장에서 보았듯이, 콜로세움은 고대 로마 제국 시대에 건설된 거대한 투기장이다. 완성부터 1900년 가까이 경과하면서 건물 일부가 무너지기는 했으나, 지난날의 모습을 느끼기에 충분한 정도의 형태는 남아있었다. 무솔리니는 이 콜로세움과 자신이 집무하는 베네치아 궁전(Palazzo Venezia)을 잇는 약 850m, 폭원 80m의 직선가로 정비에 착수한다.

베네치아 궁전과 콜로세움 사이에는 중세 이후 지어진 주택 등 역사적인 건물이 밀집해 있었다. 도로정비를 위해서는 기존의 주택을 철거해야만 했기에 정부 내에서는 반대하는 목소리도 적지 않았다. 그러나 무솔리니는 "중세 주거의 보호를 고집하는 것도 적당히 하라"*며 주택 철거를 명령했다. 공사는 진행되어 도로는 1932년에 완성된다. 이 해는 1922년 파시스트가 정권을 탈취한 지 10주년이 되던 해다. 즉, 파시스트 발족 10주년을 기념하는 도로기도 한 것이다.

이 도로에는 '제국 길'이라는 이름이 지어졌다(현재는 '포리 임페리얼리 거리'로 바뀜. Via dei Fori Imperiali). '고대 로마 제국'과 '파시스트의 이탈리아 제국' 두 개의 제국을 결부시키려는 의도가 있었을 것이다. 무솔리니는 베네치아 궁전의 집무실에서 길 끝에 보이는 콜로세움을 바라보며, 자기 스스로를 고대 로마의 황제와 동일한 존재로 여기고 있었을지도 모르겠다.

---

* Paolo Nicoloso, 전게서.

산 피에트로 대성당으로 향하는 도로의 정비

　무솔리니가 정치에 이용한 과거의 유구는 고대 로마 제국의 것만이 아니었다. 가톨릭 로마교회의 거대 건축, 크리스트교의 대성당도 도시 개조에 사용된다.

　당시, 이탈리아와 로마교회는 단교 상태였다. 1870년에 이탈리아 왕국이 로마교황청 소유의 영지를 모두 몰수한 것이 단교의 배경이었다.

　무솔리니는 전 세계에 가톨릭 신자가 4억 명이나 있다는 것에 주목했다. 파시스트 정권에 대한 국제적 지지를 모으기 위해서는 로마 가톨릭교회와 우호 관계를 맺는 것이 상책이라고 생각했다. 1929년에 로마교회와 라테라노 협정(Patti Lateranensi)을 체결하고, 바티칸 시국의 토지소유 등을 약속했다. 그리고 교회와의 화해를 상징하는 프로젝트의 하나로, 로마 가톨릭교회의 총본산인 산 피에트로 대성당을 향하는 '화해 길'을 정비하기 시작한다.

　산 피에트로 대성당은 테베레 강 서쪽으로 향하는 길의 정면에 위치한다. 그러나 그 도로는 좁은 골목길로 주변에는 건물이 밀집되어 있었다. 무솔리니는 제국 길을 정비했을 때와 같이, 주위의 건물을 철거하고 폭이 넓고 곧게 뻗은 도로의 거리를 조성했다. 도로변을 따라서는 합계 28개의 오벨리스크도 설치했다.

　오벨리스크라고는 하지만, 무솔리니는 무솔리니 광장(Foro Italico)이라는 새로 개발한 땅에 스스로를 기리는 오벨리스크를 건립한 것이다.

　또한 1936년 에티오피아를 병합했을 때에는, 전리품으로 예전

산 피에트로 대성당 돔에서 바라본 광
장과 화해 길

(출처 : Pierre Grimal, Folco Quilici 저, 野中夏実, 青柳正規 역,
1988, 都市ローマ, p.29, 岩波書店)

악숨 왕국(Aksum)의 오벨리스크를 약탈했다. 이집트에서 오벨리스크를 가져오게 한 아우구스투스 황제를 따라했을 것이다. 이 오벨리스크는 오랫동안 로마 시내에 놓여 있었으나, 2001년 에티오피아 정부가 반환을 추진하여 2005년에 반환된다. 반환 시에는 각 대신을 포함하여 주요 인사가 공항에서 마중을 하고 기념식을 개최했다. 오벨리스크의 반환은 에티오피아 국민의 정체성을 회복시키는 것이었다고도 할 수 있다.

히틀러의 도시 개조 대계획

나치스 독일 선전상(宣傳相) 파울 요제프 괴벨스(Paul Joseph Goeb-bels)는 "무솔리니는 로마의 모든 역사를, 여명기에 이르기까지 자기 것으로 만들었다. 그에 비하면 우리는 벼락출세를 했을 뿐이다"*라고 했다. 히틀러가 이끄는 나치스에는 고대 로마 제국과 같이 대중에게 호소하는 알기 쉬운 역사적 유산이 결여되어 있었다. 이것은 히틀러의 콤플렉스였다. 히틀러는 로마를 능가하는 수단

* Paolo Nicoloso, 전게서.

으로 거대한 건축물 건설에 주력했다.

나치스가 정권을 잡고부터 7년 후인 1940년, 히틀러는 베를린, 뮌헨, 함부르크, 린츠, 뉘른베르크, 다섯 도시를 '총통도시(總統都市)'로 지정한다.

그중에서도 베를린은 제3제국의 수도 게르마니아로서 장대한 도시 개조가 계획됐다. 히틀러가 "우리는 파리와 빈을 넘어서야만 한다"라고 선언했듯이, 대가로(大街路)와 웅장한 건축물로 구성된 계획이 수립됐다.

그러나 예를 들어 오스만의 파리 개조와 같이 이전에 이루어졌던 대규모 도시 개조와는 결정적으로 다른 점이 있었다. 건축물 등이 도시기능상 필요성을 넘을 정도로 규모가 컸다. 히틀러가 바란 것은 '거대함'이었다.

1938년에 공표된 베를린 도시 개조계획의 가장 핵심은 도시의 중심을 관통하는 남북도로다. 전장 5km는 파리 샹젤리제의 2.5배에 이른다. 폭원 120m는 프로이센 제국 시대에 건설된 폭 약 60m의 운터덴린덴(Unter den Linden, 직역하면 '보리수나무 아래'라는 뜻)을 의식하여 약 두 배로 설정했다고 한다.

남북축에는 북쪽부터 대회당(大會堂), 개선문(凱旋門), 남역(南驛) 등 주요 모뉴먼트가 배치되었고, 길을 따라 관청 건축, 독일 대기업의 본사, 호텔, 극장, 상업시설 등이 계획됐다.

북단에 위치한 대회당은 높이 290m에 달하는 돔형의 거대한 집회장이었다. 대회당을 설계한 알베르트 슈페어(Albert Speer)에 의하면, 대회당은 15만 명을 수용할 수 있는 규모로 산 피에트로 대성당이 열일곱 개나 들어갈 정도의 크기였다. 돔은 로마의 판테

베를린 도시개조계획의 모형

(출처 : 八束はじめ, 小山明著, 1991, 未完の帝国, 福武書店, p.175)

온의 영향을 받았다고는 하나, 규모는 압도적으로 차이가 있었다. 대회당 돔 지붕의 직경은 250m나 되었으며, 지붕에 뚫려 있는 원창의 직경만 해도 판테온 돔의 직경 43.2m보다 큰 46m나 됐다.

남북 도로축의 남단에는 베를린의 현관이라고 할 수 있는 남역이 있다. 그리고 그 앞에 길이 800m가 넘는 광장을 끼고 높이 약 120m의 개선문이 계획됐다. 파리의 에투알 개선문 높이의 두 배가 넘는다. 철도로 베를린을 방문하는 사람이 역을 나와서 보게 되는 첫 풍경은 광장 정면에 서 있는 개선문이다. 그리고 그 시선은 개선문의 아치를 넘어 솟아 있는 290m 높이의 대회당으로 이끌렸을 것이다.

히틀러가 거대함을 바란 이유

제2차 세계대전에서 패배하면서 나치스가 기도한 건축물군은 대부분 실현되지 못했다.

히틀러는 왜 이러한 거대 건조물을 만들고자 했던 것일까. 무솔리니의 로마에 대항하는 수단의 하나였겠으나, 그 크기에는 어떠한 의미가 담겨있던 것일까.

슈페어에 의하면, 히틀러는 늘 커다란 건조물을 원했으며 '큰 것'에서 최대의 가치를 찾았다고 한다. 히틀러의 그러한 모습은 실제로 그가 남긴 말에서도 나타난다. 정권을 획득하기 전인 1920년대 "강력한 독일에는 뛰어난 건축이 있어야만 한다. 건축은 국력과 병력을 그대로 보여준다"*고 했으며, 건설노동자를 향한 1939년의 연설에서는 "항상 최대여야만 한다. 그것은 독일인 한 사람 한 사람에게 자존심을 되찾아주는 것이다. 모든 독일인에게 이렇게 말하기 위해서다. 우리는 뒤쳐지지 않는다. 다른 어떤 국민에게도 절대로 지지 않는다"**라고 했다.

히틀러에게 거대 건조물이란 제1차 세계대전의 패배로 잃어버린 국민의 자존심을 회복시키는 수단이었다.

히틀러는 슈페어에게 이렇게 말한다. "시골벽촌에서 태어난 한 농부가 베를린에 와서, 우리의 이 거대한 둥근 지붕***에 들어섰다고 해봐. 그 남자는 너무 놀라서 숨이 멎을 정도일 거야. 바로 그 자리에서 알게 되겠지. 자기가 누구에게 복종해야 하는가를."****

슈페어는 "그 거대함은 히틀러 자신의 공적을 기리고, 그의 자존심을 세워주는 것이었다"*****라고도 했다. 즉, 거대한 건조물은 히틀러 자신을 위한 것이기도 했다.

* Deyan Sudjic, The Edifice Complex.
** Albert Speer, 전게서.
*** 높이 290m의 대회당을 말함.
**** Paolo Nicoloso, 전게서.
***** Albert Speer, 전게서.

히틀러의 모든 계획을 실현하기 위해서는 자재와 노동력 같은 자원이 필요했으나 국내에는 존재하지 않았다. 계획을 실현하자면 전쟁에 이겨 자원을 확보해야만 했다. 즉, 히틀러에게 거대 건조물과 전쟁은 일체불가분이었다는 견해도 있다.

스탈린의 모스크바 소비에트 궁전

마치 반공을 외치는 나치스 독일과 자본주의 국가를 대표하는 미국에 대항하듯이, 소비에트 연방에서도 거대건축물이 건설됐다.

초대 최고지도자 블라디미르 레닌(Vladimir Il'ich Lenin)에 이어 권력을 장악한 이오시프 스탈린(Joseph Stalin)은 1920년대 공산당 내부의 대숙청으로 권력기반이 견고해지자, 소비에트 연방의 상징이 될 건축을 구상한다. 당시, 수도 모스크바의 대표적 건축물이라고 하면, 제정 러시아 시대의 유산과 정교회의 성당이 대부분이었다. 스탈린은 모스크바 중심부에 신국가를 기념하는 소비에트 궁전(Palace of the Soviets)을 계획한다.

소비에트 궁전은 구세주 크리스트 대성당을 파괴한 적지에 건설될 예정이었다. 대성당은 본래 1912년 나폴레옹과의 전쟁에서 승리한 것을 기념하여, 1817년에 러시아 황제 알렉산더 1세가 건설을 결정한 것이다. 당초 로마의 산 피에트로 대성당보다 훨씬 높은 230m로 계획되었으나, 최종적으로는 1889년에 런던의 세인트 폴 대성당과 비슷한 109m의 높이로 완성됐다. 소비에트 궁전은 이른바 제정 러시아의 정신적 지주로 일컬어졌으나, 1931년 스탈린의 명령에 의하여 다이너마이트로 파괴된다.

소비에트 궁전

(출처 : Kenneth Frampton 저, 中村敏男 역, 2003, 現代建築史, p.373 青土社)

소비에트 정부는 무신론의 입장을 취했으며, 러시아 혁명 다음 해인 1918년에 정교분리정책을 수립한다. 대성당은 사회주의 정권에는 무가치한 존재였다. 그뿐만 아니라 구세주 크리스트 대성당의 건설경위에서 알 수 있듯이, 구정권인 제정 러시아와 밀접한 관계를 가지고 있던 정교회의 영향력을 배제하고자 한 이유도 있었다. 스탈린은 구체제의 상징인 구세주 크리스트 대성당을 폭파하고 그 자리에 소비에트 연방의 모뉴먼트를 건설했다. 스탈린은 국가 권력의 소재를 내외에 보여주기에 최대의 효과를 발휘할 것이라고 판단했을 것이다. 권력자들이 스스로의 권세를 과시하기 위해서 적대하던 구체제의 기념비적인 건조물을 파괴하는 것은 상투적인 수단이다.

대성당의 파괴와 새로운 모뉴먼트 건설은 신앙의 대상이 '신'에서 '공산주의'로 변한 것을 보여주는 동시에 국가의 '정체성을 근저부터 재정의'하는 시도기도 했다.*

소비에트 궁전 설계 국제 공모에는 세계적으로 저명한 건축가들의 설계안이 모집됐다. 르 코르뷔지에도 참가했으나, 1933년 최종선고에서 채용된 것은 보리스 이오판(Boris Mihailovic Iofan)의 설

---

* Deyan Sudjic, 전게서.

계안이었다. 2만 명을 수용하는 큰 홀과 6000명을 수용하는 작은 홀이 있으며, 계단상의 기단부 위에 높이 18m의 '해방된 노동자(proletariat)' 동상이 있는 전고 260m의 건축물이었다. 스탈린이 원한 것은 르 코르뷔지에 건축과 같이 세련된 모더니즘 건축이 아니라 거대하고 상징적인 것이었다.

그 후, 이오판 설계안은 스탈린의 지시로 변경이 더해져 간다. 1933년 7월에는 노동자의 동상이 높이 50~70m의 레닌 상으로 바뀌었다. 그리고 다음 해 1934년에는 레닌 상의 높이는 80m로 더 높아졌다. 전체 높이가 450m까지 확대됐다.

계획안 변경의 배경에는 소련을 둘러싼 국제환경이 있었을 것이다. 1933년은 독일에서 반공산주의인 나치스가 정권을 잡은 해다. 같은 해, 소련은 미국과 국교를 맺었으며, 다음 해인 1934년에는 국제연맹에 가맹한다. 그리고 1935년에는 불소 상호원조조약을 체결한다.

스탈린은 반(反)파시즘과 반(反)나치즘으로 국제적 연대를 맺으며, 한편으로는 소련의 국력을 나치스 독일뿐만 아니라 세계 각국에 보여주는 수단의 하나로 소비에트 궁전을 생각하고 있었을 것이다. 당초 구상의 높이 260m는 300m에 이르던 에펠 탑이나 직전에 완성된 엠파이어 스테이트 빌딩 높이 381m에 미치지 못하는 것이었다. 스탈린은 이들을 넘어서기 위하여 400m 넘는 거대한 건조물로 계획을 변경시켰을 것이다. 히틀러는 소비에트 궁전 계획을 듣고, 스탈린이 자기보다 높은 건물을 지으려 한다는 것에 격노했다고 한다. 스탈린의 의도 그대로였던 것이다.

그러나 소비에트 궁전은 실현되지 못했다. 레닌 상이 구름에 가려지기 때문에 건설을 단념했다는 이야기도 있으나, 실제로는 건설부지 지반이 연약하여 당시 기술로는 건설이 불가능했다고 한다.

후에 그 부지에는 국영 수영장이 건설됐다. 그리고 소비에트 연방은 1991년에 붕괴를 맞이한다. 이후 스탈린에 의해 폭파되는 쓰라림을 겪었던 구세주 크리스트 대성당은 2000년 재건된다.

일곱 개의 마천루

제2차 세계대전 후, 사도보에 환상도로를 따라 일곱 개의 마천루가 건설된다. 1947년, 모스크바 건도(建都) 800년을 기념하여 공산주의 국가의 수도다운 도시경관을 만들기 위한 수단으로 고층 건축물이 사용됐다.

가장 높은 건물은 모스크바 대학으로 32층, 239m에 이른다. 엠파이어 스테이트 빌딩에는 미치지 못하나, 당시 동서 유럽에서 가장 높은 초고층빌딩이었다. 1990년에 높이 257m의 멧세 타워(Messeturm, 독일 프랑크푸르트)가 완성되기까지 유럽 제일의 높이를 자랑했다. 그리고 우크라이나 호텔(170m, Hotel Ukraina), 코테리니체스카야 강변길의 고

모스크바 대학

(출처: 모스크바 국립대학교 웹사이트(https://www.msu.ru))

층아파트(176m), 외무성(170m) 등과 같은 호텔과 관공서, 공산당 간부의 주택 등이 건설됐다.

이들 초고층빌딩의 특징은 첨탑이 있는 수직성이 강조된 파사드 디자인이다. 언뜻 보면 뉴욕의 마천루, 특히 1920년대에 유행했던 아르데코(Art Déco) 양식의 스카이스크레이퍼가 떠오른다. 스탈린 자신은 뉴욕의 마천루와 비교되는 것을 싫어했다고 하지만, 일련의 건물을 스탈린 데코 양식이라고 부르기도 한다.

물론 뉴욕의 마천루와 크게 다른 점이 있다. 건축사가 이노우에(井上章一)는 미국의 경우 여러 건축물이 빽빽하게 서있어서 건축군 속에서 매몰돼버리는 것에 비해, 부지가 넓은 모스크바에서는 서로 떨어져 입지하기 때문에 각각 랜드마크로서 두드러지고 도시 경관의 하이라이트가 된다고 말하고 있다.

그리고 모스크바의 중심부가 아니라 환상도로를 따라 점재해 있는 것도 큰 특징이라고 할 수 있다. 건축평론가 가와조에(川添登)는 위도가 높은 국가 특유의 현상인 백야의 효과를 노렸기 때문이라고 지적했다. 일곱 개 초고층빌딩의 첨탑 꼭대기에는 붉은 별이 있다. 백야 시기에는 지상이 어두워져도 하늘은 밝다. 모스크바 교외 하늘에 빛나는 첨탑의 붉은 별은 소비에트 연방을 구성하는 민족을 상징하고, 별이 빛나는 방향에 그들이 살고 있다는 것을 모스크바 시민에게 알리는 효과도 가져온다는 것이다.

그렇지만 설계 당초부터 첨탑이 계획된 것은 아니었다. 일곱 개의 초고층빌딩 중 최초기에 계획된 외무성의 건설현장에 스탈린이 시찰을 왔다. 스탈린이 "첨탑은 어디에 있나?"라고 묻자 급거 첨탑이 추가되었다는 에피소드가 남아있다. 스탈린은 소비에트 궁전에 레닌 상을 놓으려 한 것처럼, 초고층빌딩에도 상징성을 담고자 했던 것이다.

1953년 스탈린이 사거하자, 소련에서의 초고층건축물 건설은 시들해진다. 집단지도체제로 이행 후 공산당 제1서기가 된 니키타 흐루쇼프가 스탈린 비판으로 돌아섰기 때문이었다. 그러나 흐루쇼프도 모스크바 지하철 건설을 포함하여 스탈린 시대의 수도 개조를 추진하고, 제정 러시아 시대의 교회당을 파괴하게 된다.

여기까지, 구세주 크리스트 대성당의 건설부터 파괴, 재건, 나아가 스탈린 데코의 건설과 그 종식까지의 흐름을 살펴보았다. 소련의 고층건축물은 국가체제의 변화를 단적으로 보여주는 모뉴먼트기도 하다.

6 제2차 세계대전 전 일본의 고층건축물

메이지 이래 근대화를 추진한 일본에서도 19세기 말 이후 고층화 움직임이 활발해진다. 미국의 마천루와 같은 초고층빌딩은 건설되지 않았으나, 대중에게 전망을 제공하는 망루건축과 철골·철근 콘크리트조의 고층오피스빌딩, 고층주택이 발전해간다.

망루건축 붐과 아사쿠사 주니카이

메이지 시대가 되자, 도쿠가와 막부하에서 3층 건축 금지령이 해제된다. 그 결과 전망이 좋은 높은 건물이 늘어나고, '조망을 즐기는 것'이 대중화되어 갔다. 3층 건물 음식점이 늘어났으며, 외부에서 바라보는 존재였던 불탑에 계단을 설치하고 전망료를 받는 절도 나타났다.

'오키쿠상(お菊さん)'*으로 잘 알려져 있는 프랑스 작가 피에르 로치(Pierre Loti)는 《일본의 가을(秋の日本)》에서 1885년 교토 호우칸지(法観寺)의 야사카 탑(八坂の塔)에 오른 기억을 밝히고 있다. 현재는 오중탑의 2층까지밖에 올라갈 수 없지만, 로치는 최상층에서 조망을 즐겼다. "높게 있는 여기 회랑에서 보면 마치 하늘을 떠다니는 것 같다. 평평하고 너른 평야 위에 군집하여 넓게 펼쳐지는 도시, 그리고 그 주위에 송림과 대숲이 아름답게 초록빛을 뿌리고 있는 높은 이 산 저 산이 모두 내려다보인다"고 당시 교토의 풍경을 묘사한다.

메이지 20년대가 되면서, 높은 곳에서 바라보는 조망을 제공하는 '망루건축' 붐이 일어났다. 붐은 오사카에서 시작됐다. 1888년에는 5층(약 31m), 육각형 평면을 한 조망각(眺望閣)이 니혼바시에 세워졌다. 그리고 다음 해에는 차야마치에 료운가쿠(凌雲閣)가 건설된다.

망루건축의 대표적인 존재가 '아사쿠사 주니카이(浅草十二階)'로 유명한 아사쿠사 료운가쿠(浅草凌雲閣)다. 명칭은 앞에서 본 오사카의 탑과 같으나, 지금은 '료운가쿠'라고 하면 대부분 아사쿠사 주니카이를 가리킨다. 에펠 탑이 완성된 다음 해 1890년에 건설된 료운가쿠(버튼 설계)는 높이 약 52m(피뢰침 포함), 12층의 고루(高樓)다.

* Madame Chrysanthème.

10층까지는 연와조, 나머지 두 층은 목조였다. 료운가쿠에는 일본에서 처음으로 전동 승용엘리베이터가 설치됐다. 오티스가 뉴욕에서 세계에서 처음으로 전동 승용엘리베이터를 상품화한 것이 한 해 전인 1889년이다. 세계적으로 보아도 최초기의 전동 엘리베이터였던 것이다. 엘리베이터로 8층까지 올라갈 수 있으며, 계단으로 더 오르면 11층과 12층의 전망공간으로 이어진다. 탑에서 도시를 한눈에 바라보는 체험은 '도시를 자기 아래에 두고 내려다보는 충족감'*을 주었으며, 사람들은 새로운 오락의 시민권을 얻게 됐다.

망루건축 붐이 일었던 메이지 20년대(대략 1890년대)는 앞에서 이야기한 시카고, 뉴욕에서 마천루가 탄생하기 시작한 시기와 겹친다. 아사쿠사 주니카이는 마천루의 특징인 철골조가 아닌 연와조였으나, 높은 건물이 적은 도쿄에서는 마천루라고 부를 수 있을 정도로 높은 건축물이었다. 료운가쿠는 본래 '구름을 능가하는 건물'이라는 뜻이 있으며, 마천루와 거의 같은 의미로 사용되기도 했다. 아사쿠사 주니카이가 탄생한 18년 후, 1908년에 나가이 가후(永井荷風)는《미국 이야기》에서 시카고의 마천루에 대해 다음과 같이 말하고 있다.

"(전략) 멀리 오른쪽에는 회색의 시카고 대학 건물이 보이고, 왼쪽으로는 호텔이 있는 듯하다. 커다랗고 높은 료운가쿠(스카이스크레이퍼) 두세 개가 서 있는 것이, 하얀 구름이 떠가는 비가 갠 하늘과 조화를 이루어 나의 눈을 끈다. 나는 찾아간 집의 문 밖에 선

* 前田愛, 都市と文学.

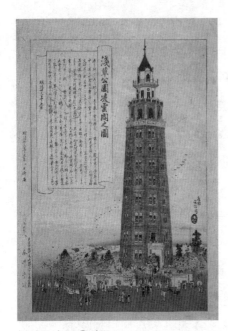

아사쿠사 료운가쿠

(출처 : 江戸東京博物館編, 2012, ザ·タワー: 都市と塔のものがた り, p.80, 江戸東京博物館)

채 초인종도 누르지 못하고 바라만 보고 있었다."

가후는 시카고의 마천루를 '료운가쿠'라고 표기하고, '스 카이스크레이퍼'라고 토를 달 았다.

아사쿠사 료운가쿠의 설계자 버튼(William Kinninmond Burton)은 본래 하수도 정비를 위한 위생 기사로 일본에 왔다. 그를 일본 으로 부른 것은 당시 내무부 위 생국 제3부장을 역임하고 있던 나가이 규이치로(永井久一郎), 즉 나가이 가후의 아버지였다.

1911년에 간행된 《고층건축》*에서도 "높이제한에 관대한 미국 의 대도시에서 료운가쿠의 임립을 보기에 이르러"라고, 스카이스 크레이퍼를 료운가쿠라고 표기하고 있다. 당시 사람들에게 아사 쿠사 료운가쿠는 마천루로 인식되고 있었다고 할 수 있다.

결국, 망루건축 붐은 일시적인 것으로 끝난다. 아사쿠사 료운 가쿠는 1923년 관동대지진으로 8층부터 위쪽 부분이 무너지고, 그 후 붕괴의 위험성 때문에 폭파 해체된다.

이제 서민에게 높은 곳에서의 조망을 제공하는 장(場)은 백화점

---

*　池田稔, 高層建築.

등으로 옮겨 가게 된다.

나가이 가후와 미츠코시 백화점 고층빌딩

그 뒤, 스카이스크레이퍼의 번역으로 '료운가쿠'가 아니라 '마천루'가 정착한다.

마천루의 최초기 사용예 중 하나를 1914년 발행된 《뉴욕》*에서 확인할 수 있다. 예를 들면, "길이 여러 갈래로 나뉘어 마천루 골짜기를 흐른다. 뉴욕의 명물인 마천루가 이 일대에 모여 있다"라고 쓰여 있다. 뉴욕의 대명사가 되어 있던 마천루의 모습을 엿볼 수 있다. 저자 하라다(原田棟一郎)는 〈오사카아사히신문(大阪朝日新聞)〉 기자, 뉴욕 특파원으로 근무한 바 있다.

이 책이 출판된 1914년은 도쿄 역 마루노우치 역사가 완성된 해며, 나가이 가후(永井荷風)가 문예지 〈미타분가쿠(三田文学)〉에 '히요리 게타(日和下駄)'를 연재하기 시작한 해기도 하다. '히요리 게타'는 가후 자신이 보고 들은 도쿄의 모습을 엮은 산책기다. 그 안에 당시 고층건축물에 대한 한 토막이 있다.

> "니혼바시 거리를 걸으며 미츠이미츠코시를 시작으로 경쟁하듯 세워지고 있는 미국풍의 높은 상점을 볼 때면, 도쿄 시의 실업가가 스루가초(駿河町)라는 명칭이 어떤 뜻인지를 알고 그에 관한 전설에 흥미를 느꼈다면, 번화한 시가지에서도 쾌청하고 파란 하늘 멀리 후지산을 볼 수 있었던 옛 조망을 조금은 보존시켰을 것이라

---

* 原田棟一郎, 紐育.

는 얼토당토 않은 생각을 한다."*

　'미국풍의 높은 상점'은 1914년에 준공한 철골철근콘크리트조
의 미츠코시 포목점의 신관이다. 지상 5층(일부 6층), 처마높이 93
척 3촌 7분(약 28.3m), 중앙에는 탑이 설치되어 최정상부는 170척(약
51.5m)에 달했다. 신문에서 '동양에서 비할 것 없어', '동양 제일의
상점'**이라고 칭송되었던 고층건축물이다.

　이렇듯 가후는 도쿄에 근대적인 고층건축물이 들어서면서 에
도의 모습이 사라져가는 것을 탄식했다. 마천루의 임립으로 뉴욕
의 풍경과 정취가 상실되어가던 것을 비난한 헨리 제임스를 떠올
리게 한다. 헨리 제임스는 맨해튼 하늘에 우뚝 솟은 트리니티 교
회의 첨탑이 그리는 스카이라인에 향수를 느꼈고, 가후는 커다란
상점이 이어지는 스루가초에서 멀리 보이는 후지산 조망에 자신
의 생각을 나타낸 것이다.

　가후의 한탄과는 상관없이, 도쿄의 고층화는 계속됐다. 1921년
에는 신관 옆에 지상 5층(일부 7층)의 서관이 신축됐다. 서관 위에
도 탑이 설치되었으며, 가장 높은 꼭대기까지는 200척(약 60.6m)
에 이르렀다. 1936년에 국회의사당이 완성될 때까지, 건축물로는
일본 제일의 높이였다. 이 탑에는 지상 143척 5촌 5분(43.5m) 위치
에 전망실이 설치되고 건물의 옥상에는 '옥상정원'도 만들어졌
다. 메이지 말부터 다이쇼에 걸쳐서, 미츠코시를 시작으로 마츠
야, 시로키야 등 백화점은 옥상정원을 갖추고 전망의 장을 일반

* 　永井荷風, 荷風随筆集 上巻.
** 　初田亨, 百貨店の誕生.

에게 개방한다.

마루노우치의 '잇초뉴욕'과 100척의 높이 규제

제1차 세계대전에 의한 호경기와 철근콘크리트조 기술의 진전 등을 배경으로 다이쇼* 시기에 고층빌딩 건설이 늘어간다.

뉴욕에서 마천루가 본격적으로 발전해가던 1910년대부터 20년 대에 걸쳐서, 도쿄에서는 동경해상빌딩(東京海上ビル) 구관(1918년), 마루노우치빌딩(丸の内ビルディング, 1923년)과 같은 오피스빌딩, 그리고 앞에서 본 미츠코시 등 백화점의 고층화가 진행됐다. 도쿄역과 궁성(현재의 황거)을 잇는 교코도리(行幸通り)를 따라 100척(약 30m) 정도 높이의 빌딩이 늘어선 모습은 "잇초뉴욕(一丁紐育)"이라고 불렸다.

고층화라고는 했지만, 뉴욕이나 시카고에 미칠 만한 것은 아니었다. 당시 뉴욕에서는 '상업의 대성당'이라고 불렸던 울워스 빌딩(1913년)을 시작으로, 200m급의 초고층건축물이 준공되고 있었기 때문에, 높이 30m 정도의 건축물군을 뉴욕과 비교할 수는 없다고 생각하는 사람이 많을 것이다. 그러나 건물이 높아봐야 3층 정도였던 시대에, 그 두 배에서 세 배 정도 되는 높이의 빌딩은 대단한 고층건축물이었다.

1933년, 도쿄 시의 건물 총수는 91만 7147동(도쿄 시 통계연표)에 이르나, 이 중에서 3층 이상의 건축물(목조 이외)이 차지하는 비율은 겨우 약 0.2%에 머문다. 1935년 조사에서도 7층 이상 건물은 도쿄

---

* 大正天皇 재위기간, 1912년 7월 30일부터 1926년 12월 25일까지의 기간.

마루노우치 미유키도리
(출처 : 笠原敏郎, 1930, 建築法規, 岩波書店)

시내에서 총 78동에 지나지 않
았다. 당시 사람들에게 100척 높
이 빌딩군은 마천루에 비할 정
도로 느껴졌을 것이다.

1920년에는 현재 건축기준법
의 전신인 시가지건축물법이 시
행되면서, 주거지역은 65척(후에
20m), 그 이외 지역은 100척(후에
31m)으로 높이가 제한된다.

이 100척이라는 높이의 유래로는 ①당시 건설 중이었던 마루빌
딩(丸ビル) 등 기존 가장 높은 건물의 높이, ②도쿄 시 건축조례안
과 런던 건축법에서 규정되어 있던 높이제한치, ③나머지를 처리
하기 좋은 숫자(round number), ④소방활동의 한계(사다리가 닿는 범위
등) 등의 이유가 제시되고 있으나, 과학적 근거가 있는 것은 아니
다. 어찌됐든 100척(31m)이라는 수치는 그 후로 50년 동안 운용되
었으며, 그 결과로 도쿄의 마루노우치, 오사카의 미도스지(御堂筋)
를 포함하는 일본 대도시의 스카이라인을 규정해 간다.

군칸지마, 도준카이 아파트, 노노미야 아파트

오피스빌딩뿐만 아니라 주택도 고층화가 진행됐다. 일본 최초
의 RC조 고층집합주택이 나가사키 하시마(端島)에 지어졌다. 통칭
'군칸지마(軍艦島, 군함도)'다. 나가사키 시에서 18㎞ 정도 떨어진 앞
바다에 떠있는 면적 약 0.063㎢의 작은 섬으로, 그 위에 고층주택

이 죽 늘어서 있는 모습이 군함처럼 보여 '군칸지마'라는 별명이 붙었다.

군칸지마
(사진 : 大澤昭彦)

군칸지마는 1890년 미츠비시사가 석탄 채굴을 개시하면서 탄광도시로 발전해 간다. 탄광노동자가 늘어나면서 대량의 주택이 필요해졌다. 고층주택은 면적이 한정된 섬 내에서 많은 인구를 수용하는 수단이었다. 한정된 토지의 고도이용이라는 점이 맨해튼과 공통된다. 그러나 뉴욕에서는 경제합리성만으로는 멈춰지지 않았던 높이에 대한 욕망이 고층화의 추진력이었다면, 군칸지마는 순수하게 생활상 필요에 의한 고층화였다는 점이 큰 차이다.

1914년 RC조 7층의 30호동이 완성된 것을 시작으로, 1918년에는 9층의 16~19호동, 7층의 20호동이 건설됐다. 그리고 그 후로도 인구증가에 맞추어 주로 5~9층의 주택이 지어졌다. 그 결과 최성기(1960년)에는 섬 내 인구가 5267명까지 증가한다.

앞서 제1장에서 이야기한 고대로마의 고층집합주택 인슐라를 생각해보면, 당시 로마의 인구밀도는 617명/1만㎡였다. 군칸지마의 인구밀도는 훨씬 높은 836명/1만㎡에 달했다. 군칸지마는 고층과밀도시였던 것이다.

그 후로 도쿄에서도 RC조 고층주택 건설이 시도된다. 1923년 9월 1일 발생한 관동대지진으로 46만 5000호의 주택이 붕괴·

소실됐다. 그리고 재해부흥과 함께 RC조 집합주택 건설이 추진된다. 재단법인 도준카이(同潤会)가 불량주택 개량과 불연주택의 공급을 목적으로 설립되고, 1925년에 아오야마, 나카노고, 다이칸야마 등에서 3층을 중심으로 하는 RC조 아파트가 건설됐다. 쇼와 시기에 지어진 6층의 오오츠카조시 아파트(大塚女子アパート)와 에도가와 아파트(江戸川アパート)에는 엘리베이터도 설치됐다.

오차노미즈 분카 아파트(文化アパートメント, William Merrell Vories 설계), 구단시타의 노노미야 아파트(野々宮アパートメント, 土浦亀城 설계) 등 민간의 고층집합주택도 건설됐다. 1936년 준공된 지상 7층(안의 2층을 포함하면 8층)의 노노미야 아파트는 청색과 백색 스트라이프 무늬 타일의 세련된 모더니즘 건축으로, 와실(和室)은 하나도 없고 구두를 신은 채 생활하는 구미형 아파트였다. 방에는 츠치우라(土浦亀城) 자신이 디자인한 가구와 쓰레기 슈트(Garbage chute), 중앙난방 등 최신설비가 설치됐다. 임대료는 당시 평균적 초임금의 약 다섯 배 정도로, 소득 수준이 높은 계층을 대상으로 한 고급 임대주택이었다고 할 수 있겠다.

국가 프로젝트로서의 국회의사당

1936년 국회의사당이 완성된다. 그 탑부의 높이는 66.4m로 앞에서 이야기한 니혼바시 미츠코시 서관의 탑 높이를 제치고 일본에서 가장 높은 건물이 됐다.

국회의사당은 메이지 유신부터 추진해 온 근대국가 건설의 집대성이었다. 일본 국내의 기술과 재료만을 사용해 건설한 것이다. 일본은 메이지 이래 '정부 초청 외국인'의 힘을 빌려서 문명개화, 부국강병 국가 만들기를 추진했다. 모든 것을 자력으로 만드는 것으로 국력을 과시하고자 했을 것이다. 외국의 의사당을 보면 그 국가의 대표적인 돌을 외벽 소재로 사용하는 경우가 있다. 일본 국회의사당에는 야마구치 현 구로카미지마와 히로시마 현 구라하시지마의 화강암을 채용했다.

국회의사당의 높이 66m는 당시 고층건축물 마루빌딩의 두 배가 넘는 것이었다. "전망층에서 바라보면 앞을 가리는 것이 아무것도 없어, 시나가와 앞바다부터 멀리 보우소(房総)와 치치부(秩父) 지역, 후지산(富士山), 중부 산악에 이르기까지 한눈에 다 들어온다"*라는 글에서 알 수 있듯이, 후지산과 도쿄만, 그리고 보우소 지역의 산까지 한눈에 보였다고 한다.

또한, 의사당에는 조명이 설치됐다. "1000w의 투광기 24대를 사방 지붕에 배치하고, (중략) 야간에 조명이 켜지면 마치 260척 높이의 탑이 공중으로 떠오르는 듯하다."** 의사당은 완성 당초부터 랜드마크로 보이도록 의도되었던 것이다.

---

* 大蔵省繕管財局編纂, 帝国議会議事堂建築の概要.
** 大蔵省繕管財局編纂, 상게서.

제국의회의사당(국회의사당)

(출처 : 大蔵省営繕管財局, 1936, 帝国議会議事堂建築の概要, p.46)

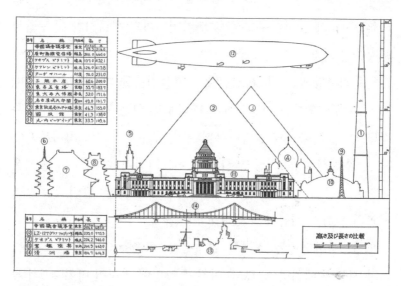

제국의회의사당과 높이 및 길이 비교

(출처 : 大蔵省営繕管財局, 1936, 帝国議会議事堂建築の概要, p.115)

전전(戰前) 일본에서 가장 높은 빌딩은 국회의사당이었다. 이 높이를 넘어서는 고층빌딩, 나아가서 100m 넘는 고층빌딩의 탄생은 전후의 고도성장기까지 기다려야 한다.

"

지금 케네디 대통령은 달에 사람을 보내려 하고 있어.
자네가 내게 세계에서 가장 높은 빌딩을 만들어 주게.

Guy F. Tozzoli(Angus K. Gillespie, Twin Towers: The Life of New York City's World
Trade Center)

'거대한 것'에는 가슴을 메게 하는 뭔가가 있어요.

前川國男(宮內嘉久 대담 '東京海上ビルについて' 建築, 1974년 6월)

"

제 5 장

초고층빌딩과 타워의 시대

: 1950년대~1970년대

제2차 세계대전 이후의 경제성장은 고층빌딩 수요를 만들었고, 공업기술 진보는 빌딩의 규격화와 대량생산을 가능하게 했다. 그 결과, 1950년대부터 70년대에 걸쳐 미국뿐 아니라 유럽과 일본에서도 높이 100m를 넘는 고층빌딩이 확산되어 갔다.

　이 시기는 초고층빌딩의 시대인 동시에 전파탑과 전망대 같은 자립식 타워의 시대기도 했다. 전후 새로운 미디어인 텔레비전 방송이 본격화하면서, 도시의 상징으로서 세계 곳곳에 타워가 세워지고 있었다.

　사람들은 초고층빌딩과 타워에서 새로운 도시상을 보았다. 낡고 노후화된 도시를 '도시갱신'이라는 이름으로 재개발하고 초고층화하는 것이야말로 도시의 건전한 발전을 촉진하는 것이며 쾌적하고 풍요로운 생활을 가져다주는 것이라고 생각했다.

　이 장에서는 1950년대부터 70년대까지, 초고층빌딩 및 타워의 전개과정과 그 배경을 살펴본다. 초고층빌딩은 앞장에서처럼 주로 미국의 상황을 중심으로 보겠으나, 유럽과 일본에서의 고층화에도 주목한다. 타워에 대해서는 서독을 중심으로 발전한 RC조 텔레비전 탑과 함께 공산국가와 북미, 그리고 일본의 타워도 살펴본다.

　한편, 이 시대는 고층건축물이 가져온 부(負)의 측면이 현재화해 가는 시대라고도 할 수 있다. 이 장에서는 그 점에 대해서도 다룬다.

　'초고층빌딩'은 1절부터 4절까지, '타워'는 5절부터 8절까지, 그리고 '고층화의 그림자'에 대해서는 9절에서 이야기한다. 앞장까지는 각 장의 마지막에서 일본의 내용을 정리했으나, 이 장에서는 세 개의 각 파트에서 그 부분에 해당하는 일본의 상황을 살펴본다.

1 미국, 철과 유리의 마천루

　마천루는 19세기 말 미국에서 생겨나 제2차 세계대전 후, 경제발전과 공업사회 진전 속에서 세련된 모습을 갖추어갔다. 앞장에서 보았듯이, 뉴욕에서는 1916년 조닝 조례의 사선제한으로 높아질수록 폭이 좁아지는 고대 종교적 건조물 '지구라트' 같은 모양의 계단형 건물이 만들어졌다. 그 후 1929년 대공황과 제2차 세계대전 등의 영향으로 고층빌딩 건설은 침체되고, 1950년대에 다시 건축 붐이 찾아온다. 이전과 같이 돌을 붙인 계단형 고층빌딩이 아니라, 맨 아래부터 꼭대기까지 수직으로 곧게 솟는 철과 유리의 건축으로 새롭게 태어난다.

중정, 필로티, 초고층의 레버 하우스

　1952년, 뉴욕 미드타운 파크 애비뉴에 건설된 레버 하우스(Lever

House)는 전후 마천루 붐의 선구적 존재다. 비누 등 가정용품 회사인 레버 브라더스(Lever Brothers) 본사 빌딩으로, 스키드모어 오윙스 앤드 메릴(Skidmore, Owings & Merrill)(이하, SOM)의 고든 번샤프트(Gordon Bunshaft)가 설계했다. SOM은 1936년에 설립된 세계 최대의 고층건축 설계사무소다. 2014년 시점, 세계에서 가장 높은 건축물인 두바이(UAE)의 부르즈 할리파도 SOM이 설계한 것이다.

레버 하우스는 높이 92m, 24층으로 뉴욕의 초고층빌딩들을 생각하면 그렇게 높다고는 할 수 없다. 이 빌딩의 특징은 높이가 아니다. 레버 하우스의 새로움은 유리와 금속의 빌딩이라는 것이다. 빌딩은 필로티로 들어 올려진 2층의 저층부분과 수직으로 곧게 올라가는 24층의 고층부분으로 구성됐다. 설계자 번샤프트가 "미국은 철과 공업의 국가다. 철, 알루미늄, 유리 그리고 플라스틱. 공업적으로 만들어진 재료로 건축을 공업화했다. 경량으로 최대한 융통성 있는 공간을 만드는 상상력과 능력은 건축가의 창의를 가늠하는 테스트다"*라고 했듯이, 레버 하우스는 공업화 사회에 어울리는 고층건축물의 바람직한 모습을 체현한 것이었다.

전전(戰前)에 유행한 계단형 빌딩의 경우, 낮은 층일수록 건축면적이 넓어지기 때문에 빛이 들지 않는 부분이 필연적으로 많아지게 된다. 그러나 밑에서 위까지 수직으로 솟는 직방체 빌딩은 아래쪽 플로어라도 실내로 빛이 들어올 수 있게 된다. 직방체는 넓지 않았다. 부지면적에서 차지하는 비율은 겨우 25%였다.

유리를 사용한 커튼 월(curtain wall) 공법도 빛을 내부공간으로 들이기 용이하게 했다. 커튼 월은 하중을 직접 받지 않는 벽이기

---

* 神代雄一郎編, 現代建築を創る人々.

때문에 유리면을 넓게 할 수 있었다. 이 수법은 앞장에서 보았던 미스 반 데어 로에의 시카고 고층주택*에서 처음 사용된 것이다.

레버 하우스
(출처 : Dave Parker, Antony Wood, 2013, The Tall Buildings Reference Book, p.23, Routledge)

저층부분 지상 레벨은 중정과 필로티로 개방됐다. 빛과 공지의 중요성을 설명한 르 코르뷔지에의 사상을 계승한 것이다.

즉, 레버 하우스는 미스와 코르뷔지에라는 모더니즘 건축 2대 거장의 영향이 짙게 반영된 것이다. 유리와 알루미늄의 레버 하우스는 연와와 돌로 만들어진 고급 아파트 거리였던 파크 애비뉴에 빛과 공기를 끌어들였으며, 이후 고층건축물에 커다란 영향을 미치게 된다.

광장, 초고층의 시그램 빌딩

레버 하우스와 함께, 전후 마천루의 방향성을 결정지은 것이 1958년에 완성된 시그램 빌딩(Seagram Building)이다. 파크 애비뉴를 끼고 레버 하우스에 비스듬히 비껴서 위치한 이 빌딩은 주조(酒

* Lake Shore Drive Apartment, 26층이며 1951년에 완성됨.

造)회사 시그램이 창업 100주년을 기념하여 건설한 본사 빌딩으로, 미스가 설계했다.

당초, 이 빌딩의 설계자는 미스가 아니었다. 시그램사 사장인 사무엘 브론프먼(Samuel Bronfman)의 딸 필리스 람버트(Phyllis Lambert)는 처음 설계안이 너무 평범한 것에 불만을 가졌다. 람버트는 같은 맨해튼에 있는 레버 하우스나 국제연합본부빌딩(1952년 준공, 39층, 153.9m)처럼 새로운 시대를 표현하는 빌딩이어야 한다고 생각했다. 그녀는 브론프먼에게 "아버지에게는 커다란 책임이 있습니다. 이 빌딩은 시그램사 사원만을 위한 것이 아닙니다. 뉴욕과 세계 모든 사람의 것이기도 합니다"라고 편지를 보내고 건축계획의 재고를 요청했다.*

람버트는 아버지로부터 건축가 선정을 위임받고, 르 코르뷔지에, 프랭크 로이드 라이트, 발터 그로피우스, 루이스 칸 등 유명한 후보 중 최종적으로 미스를 선택했다. "우리는 새로운 과제의 본질에서부터 새로운 형태를 만들어내야 한다"고 이야기한 미스야말로, 지구라트 형태에서 벗어나 새로운 시대에 걸맞은 새로운 고층빌딩을 설계할 적임자라고 생각한 것이다.

미스가 설계한 시그램 빌딩은 높이 159.6m, 38층의 초고층빌딩으로 탄생했다. 레버 하우스와 같이 유리와 금속으로 구성됐지만, 몇 가지 다른 점이 있었다.

그 하나가 공지의 설계방법이다. 레버 하우스는 1층 부분을 필로티·중정으로 공개했으나, 시그램 빌딩은 파크 애비뉴에서 27.4m 후퇴하여, 그 빈 공간을 대리석이 깔린 공공 광장으로 개

---

* Phyllis Lambert, Building Seagram.

방했다.

도시계획적 관점에서 광장을 설계한 것은 아니었다. 당시 뉴욕에서는 건물을 부지와 도로 경계에 바짝 붙여 지었기 때문에 건물 전체를 바라보기가 어려웠다. 미스 자신이 "건물이 잘 보일 수 있도록 셋백(set-back)시켰다"*라고 했듯이, 어디까지나 건축가적 발상에서 나온 수법이었다.

시그램 빌딩의 간결한 디자인은 미스의 설계 사상인 "Less is more(적은만큼 풍부하다)"를 체현한 것으로, 새로운 고층건축물

시그램 빌딩
(출처 : Dave Parker, Antony Wood, 2013, The Tall Buildings Reference Book, p.23, Routledge)

의 미래상과 도시상을 보여주었다. 후에 이 빌딩을 모방한 빌딩이 세계 곳곳에 세워지게 됐으나, 이들에 대해서 긍정적인 평가만 있는 것은 아니었다. "미스의 섬세한 감성을 담아내지 못했다"**는 지적을 받기도 했다. 그 결과, 유리와 철로 만들어진 모더니즘의 상자형 건축은 무미건조함의 대명사가 되고, "Less is more"가 아니라 "Less is bore(적은만큼 지루하다)"라고 조롱을 받기도 했다.

---

* Conversations with Mies van der Rohe.
** Kenneth Frampton, Modern Architecture: A Critical History.

용적률제한, 타워 인 더 파크 고층빌딩

레버 하우스와 시그램 빌딩에서처럼, 초고층빌딩에 조성된 공공 광장은 건축규제에 따른 것은 아니었다. 어디까지나 건축주 또는 사업자의 자주적 판단에 의한 것이었다. 당시 규제는 앞장에서 이야기했듯이, 1916년에 제정된 조닝 조례의 높이제한(사선제한)이었으며, 건물이 높아짐에 따라 도로경계선으로부터 벽면을 후퇴시키는 계단형 빌딩이 주류였다.

레버 하우스를 개정 전 조닝 조례가 허용하는 건물 외형선과 겹쳐서 보면, 조례에 의한 선이 바깥쪽으로 나타난다. 레버 하우스는 법규제가 허용하는 규모보다 더 작았다는 것을 알 수 있다.

새로운 빌딩 타입으로는 개정 전 조닝 조례에서 허용하고 있던 최대한의 상면적을 취하기 어려웠다. 이는 경제적 이득이 감소한다는 것을 의미한다.

즉, 레버 하우스나 시그램 빌딩은 상면적을 확보하여 경제적 이익을 얻는 것보다, 신시대의 빌딩 타입을 맨해튼에 실현하는 것에 의의를 둔 건축주가 있었기에 가능한 것이었다.

Lever House (light area) compared to maximum space envelope, including set-backs allowed by the building code. Courtesy Architectural Forum.

레버 하우스 단면도와 종전 조닝 조례의 비교

(출처 : 鈴木昇太郎, 1964, アメリカ建築紀行, 建築出版社)

한편, 철과 유리의 빌딩이 가져다주는 기업의 이미지 향상과 광고효과 등은 부가가치가 됐다. 또한, 모든 플로어에 빛을 들임으로써 얻는 환경 향상은 자사 빌딩뿐만 아니라 임대 빌딩에도 긍정적 영향을 미쳤다. 이러한 장점을 감안하면 상면적이 줄어듦에 따라 감소한 수입을 상쇄할 수 있었으며, 오히려 경제합리성이 있는 선택이었다고도 볼 수 있다.

그렇다고는 해도 건축주나 사업자의 자주성에 맡겨져 있던 것이라는 점에는 변함이 없다. 그러한 상황에서 뉴욕 시는 부지 내 넓은 공개공지를 가진 '타워 인 더 파크' 형태의 초고층빌딩 건설을 유도하여 도시환경을 개선하고자 했다.

1961년 조례를 개정하여 사선제한에서 용적률제한으로 방침을 바꿨다. 용적률이란 '부지면적에서 차지하는 건물의 총연상면적의 비율'을 나타낸다. 예를 들면, 용적률 1000%라고 하면, 면적

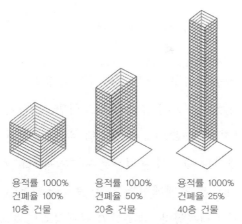

용적률 1000%　　용적률 1000%　　용적률 1000%
건폐율 100%　　건폐율 50%　　건폐율 25%
10층 건물　　　20층 건물　　　40층 건물

용적률 규제의 개념도
(출처: 鈴木昇太郎(1964), アメリカ建築紀行, 建築出版社)

1000㎡ 부지에 상면적 1만㎡의 건물을 지을 수 있다.

용적률제한의 장점 중 하나는, 사선제한에 비하여 건물 형태의 자유도가 높아지는 것이다. 부지면적에 꽉 차게 지은 10층 건물과 부지면적의 절반에 지어진 20층 건물을 생각해 보자. 어느 쪽이든 건물의 용적률은 같은 1000%다. 용적률이 일정하다면 건물을 굵게 할수록 높이는 낮아지며, 가늘게 할수록 높아진다. 즉, 건물을 가늘게 함으로써 건물 주위에 광장을 만드는 것이 가능해진다.

용적률제한의 장점은 그뿐만이 아니다. 사선제한과는 달리 직접적으로 규모를 컨트롤할 수 있다는 점도 특징이다.

개정 전 조례는 앞장에서 보았듯이, 본래 교통혼잡 완화를 의도한 것이었다. 그러나 그 효과가 충분치 못하여 비판의 대상이 되고 있었다.

교통혼잡 요인 중 하나는 그 주변 빌딩에 출입하는 사람이 많기 때문이다. 그러므로 지구(地區)의 인구밀도를 제어하는 것은 혼잡 해소를 위한 좋은 방법이다. 그 밀도는 대략 건물의 상면적 넓이와 비례하기 때문에 사선제한보다 용적률제한 쪽이 더 합리적이라고 생각됐다.

그러나 용적률제한 도입에 대해서는 부동산·건설 사업자의 반대가 적지 않았다. 종전 규제와 비교하면, 부지에 따라서는 건축 가능한 상면적이 5분의 1로 감소할 수도 있었기 때문이었다. 엠파이어 스테이트 빌딩의 용적률은 3047%(레버 하우스의 다섯 배에 이른다)였으나, 새로운 조례에서는 가장 높은 용적률이 지정된 지구에서도 한도가 1500%였다. 대폭적인 규제강화였던 것이다.

조닝 조례 개정의 중심인물인 제임스 펠트(James Felts) 도시계획위원회 위원장은 업계의 반대의견에 대해서, "형태규제의 개정안은 시의 부동산을 먹이로 하는 개발사업자들에게는 아픈 내용일지도 모르나, 도시환경 개선에 기여하는 바가 크다"*고 반론하고 개정을 실현한다.

한편, 용적률을 제한한다고 해서 빌딩 주위에 일반에게 공개하는 공지나 광장이 반드시 설치되는 것은 아니었다. 그런 이유로, 뉴욕 시는 광장을 설치하면 용적률 혜택을 부여하는 방법을 생각했다. 광장 1㎡당 5㎡의 상면적 할증을 인정한 것이다. 공지를 많이 설치하면 용적률 할증이라는 인센티브를 주는 것으로, 넓은 공지를 가진 고층빌딩을 창출하고자 한 것이다.

행정당국 입장에서 본다면, 용적률 인센티브에는 돈을 쓰지 않고 시내에 공개공지를 확보할 수 있다는 장점이 있었다. 그리고 지권자나 부동산사업자에게는 그 이상의 장점이 주어졌다. 공지 정비에 드는 비용 1달러당, 상면적 할증으로 얻어지는 임대수입 증가액은 43달러였다고 한다. 즉, 지권자와 부동산사업자는 '모더니즘 건축에 대한 거액의 보조금'**이라는 커다란 사탕을 얻게 된 것이다.

슈퍼블록, 초고층의 체이스 맨해튼 은행 본사 빌딩

1931년 엠파이어 스테이트 빌딩의 준공 이래, 공황으로 인한 불황, 해외에서의 전쟁 등이 이어지면서, 전후에도 당분간 뉴욕의 스카이라인에 커다란 변화는 없었다. 그 스카이라인에 변화를 가

---

*　坂本圭司, 米国における主として摩天楼を対象とした建物形態規制の成立と変遷に関する研究.
**　Deyan Sudjic, The 100 Mile City.

져온 것이, 1961년 준공된 체이스 맨해튼 은행(The Chase Manhattan Bank) 본사 빌딩이다. 60층, 248m으로 시그램 빌딩과 같이 지상에서 수직으로 올라가는 직방체 빌딩이었다. 시그램보다 약 90m 더 높았으며, 종방향 기둥으로 건물의 수직성이 더 강조된 디자인이었다.

이 빌딩의 최대 특징은 건물 그 자체가 아니라, 복수의 부지를 통합하여 초고층빌딩과 광장을 만들어냈다는 것이다. 이른바 '슈퍼블록(대가구)화'로 탄생한 초고층빌딩이다.

이 프로젝트의 중심인물은 데이비드 록펠러(David Rockefeller)였다. 스탠더드 오일(Standard Oil)을 창업하고 석유왕으로 불린 존 록펠러(John D. Rockefeller)의 손자로 당시 체이스 맨해튼 은행의 부회장직에 있었다.

슈퍼블록화 아이디어는 부동산 중개인 윌리엄 제켄도프(William Zeckendorf)가 데이비드에게 꺼낸 것이었다. 제켄도프는 시다 거리(Cedar St.)를 끼고, 구 본사의 맞은편에 있던 부지를 통합하여 재개발한다면 세계에서 두 번째로 거대한 은행의 신사옥으로 잘 어울리는 초고층빌딩을 실현할 수 있다고 제안했다.

데이비드와 제켄도프, 그리고 설계자 SOM의 삼자는 두 개의 계획을 검토했다. 하나는, 부지는 통합하지 않고 각각의 부지에 규제 한도를 가득 채우는 52층과 15층 빌딩을 세우는 안, 그리고 다른 하나는, 부지에 끼인 길을 포함시켜 슈퍼블록화하여 초고층빌딩 한 개 동과 1만㎡의 광장을 만드는 안이었다.

그들이 생각한 대로, 체이스 맨해튼 은행의 중역들은 후자의 슈퍼블록 안을 선택한다.

잘 알려진 대로, 데이비드의 아버지 존 록펠러 주니어는 1930년대에 록펠러 센터(Rockefeller Center)를 건설한 인물이다. 록펠러 센터는 복수의 건축물을 대상으로 한 도시개발의 최초기에 이루어진 시도였으나, 어디까지나 기존의 맨해튼 그리드 안에 빌딩을 배치한 것이었다. 그에 비하여, 손자 데이비드가 지은 체이스 맨해튼 은행 본사 빌딩은 가구의 재편으로 슈퍼블록화를 도모한 재개발이라는 점이 큰 차이라고 할 수 있다.

슈퍼블록화 실현을 위해서는 도로를 소관하는 시 당국의 협력이 필요했다. SOM은 시에 제안을 하나 한다. 체이스 맨해튼 은행이 부지의 일부를 주위 도로 확장용지로 시에 제공하고, 대신에 양 부지 사이에 있던 도로를 시가보다 높은 가격으로 구입하겠다는 것이었다. 시의 입장에서는 광장의 정비와 도로확장으로 도시환경의 향상을 기대할 수 있었다. 시는 이 제안을 받아들였다.

대가구화(大街區化)로 당초 예정되어 있던 부지만으로는 만들 수 없었던 대규모 빌딩을 실현했을 뿐만 아니라, 부지의 70%에 달하는 공지를 만드는 것도 가능했다. 체이스 맨해튼 은행 본사 빌딩의 성공은 슈퍼블록에 의한 초고층 개발의 선구가 되었으며, 슈퍼블록은 월드 트레이드 센터로 이어진다. 데이비드 록펠러는 월드 트레이드 센터에도 깊이 관여하게 된다.

월드 트레이드 센터는 2002년 9월 1일의 동시다발 테러로 붕괴를 맞이하는 초고층빌딩이다.

2 세계 최고의 높이를 다툰 월드 트레이드 센터와 시어스 타워

1970년대 들어, 오랫동안 세계 최고 자리를 차지하고 있던 엠파이어 스테이트 빌딩의 높이를 웃도는 초고층빌딩이 탄생한다. 뉴욕의 월드 트레이드 센터(World Trade Center, 이하 WTC)와 시카고의 시어스 타워(Sears Tower)다.

WTC의 건설 배경

뉴욕 로어 맨해튼의 WTC는 높이 400m 넘는 두 개의 초고층빌딩(트윈 타워)을 중심으로 한 재개발 프로젝트로 탄생한다. 기존의 맨해튼 그리드를 통합하여 슈퍼블록화하고, 그 위에 트윈 타워를 포함하여 총 7개의 빌딩이 배치됐다.

트윈 타워는 모두 지상 110층으로 북동이 높이 417m, 남동이 415m로 당시 가장 높았던 엠파이어 스테이트 빌딩보다 약 30m 더 높았다.

상면적도 광대했다. 부지 내 저층빌딩 5개 동을 포함하여 합계 92만 9000㎡에 달했다. 이는 국방부(The United States Department of Defense) 본부 펜타곤(Pentagon, 약 60만㎡) 상면적의 1.5배, 엠파이어 스테이트 빌딩(약 20만㎡)의 4.6배에 해당한다.

이 거대 프로젝트의 시작은 1950년대로 거슬러 올라간다. 당시, 전후 경제성장으로 미드타운 지구가 번성하는 한편, 월가를 포함하는 남부의 로어 맨해튼 지구(Lower Manhattan)는 낙후된 상황이었다. 앞에서 이야기했듯이, 데이비드 록펠러가 체이스 맨해튼 은행 본사 빌딩을 월가에 계획한 것은 쇠퇴한 지구의 활성화를 의도한 것이었다. 그러나 뉴욕의 도시개발에 대한 절대적 영향력을 가지고 있던 행정관 로버트 모제스(Robert Moses)는 록펠러에게 "다음에 이어지는 프

WTC
(출처: The United States Library of Congress)

로젝트가 없으면 헛돈을 쓴 게 되는거야"*라고 지적한다. 모제스는 주로 1930년대부터 60년대에 걸쳐 고속도로, 터널, 교량, 공원, 운동장, 고층주택 등 수 많은 공공 프로젝트를 실현시켰으며, '뉴욕의 마스터 빌더(master builder)'라고 불릴 정도의 권력자였다.**

록펠러는 모제스의 조언을 무겁게 받아들였다. 로어 맨해튼 전역을 다시 활성화시킬 프로젝트를 결단한다.

그것을 위해 설립한 것이 다운타운 로어 맨해튼 협회(DLMA)였다. 록펠러는 협회에 AT&T, J.P.모건, 내셔널 시티뱅크, U.S. 스틸, 모건 스탠리 등, 지구의 유력 기업을 끌어들여 영향력을 키워갔다. 프로젝트 실행을 위해서는 자금조달과 용지매수 등이 가능한 힘 있는 사업주체가 필요했다. DLMA는 특별히 뉴욕 뉴저지 항만공사를 선택했다. 그리고 항만공사를 소관하는 뉴욕 주와 뉴저지 주, 그리고 뉴욕 시의 찬동을 얻어 프로젝트의 시작을 준비

---

* David Rockefeller, Memoirs.
** 최초기의 인터내셔널 스타일 초고층빌딩인 국제연합 본부 빌딩도 모제스의 성과 중 하나다.

한다.

데이비드의 형, 넬슨 록펠러(Nelson Aldrich Rockefeller) 뉴욕주지사
는 프로젝트를 개시함에 있어, "우리는 전후 미국 경제의 탁월한
상징을 만들 것이다"*라고 선언한다. 로어 맨해튼 지구에는 형제
의 조부가 창설한 스탠더드 오일(Standard Oil Company)의 본사 빌딩
이 있었다. 이 형제에게 WTC 계획은 록펠러가 시작의 원점, 로어
맨해튼의 부흥을 의미하는 것이기도 했다.

미노르 야마사키의 설계안

1962년 WTC의 설계자로 일본계 미국인 미노르 야마사키(山崎
實)가 결정된다. 야마사키가 100개 이상의 안을 검토한 끝에 내
린 결론은 트윈 타워였다. 당시 그의 안은 높이 80층이었다. 상면
적도 항만공사가 요구한 90만㎡보다 20%(18만㎡)가 부족한 안이었
다. 80층으로 한 것은 그 이상 높으면 엘리베이터 등 공유 공간이
지나치게 많은 부분을 차지하게 되어 임대 공간이 제한되기 때문
이었다.

그러나 프로젝트 책임자였던 항만공사의 가이 토졸리(Guy F.
Tozzoli)는 "지금 케네디 대통령은 달에 사람을 보내려 하고 있어.
자네가 내게 세계에서 가장 높은 빌딩을 만들어 주게"**라며 야마
사키를 설득했다. 야마사키는 최종적으로 110층의 트윈 타워를
설계한다. 엘리베이터 문제는 '스카이로비(skylobby) 방식'이 개발
되면서 해결됐다. 건물의 44층과 78층의 두 개 플로어에 엘리베이

---

* 飯塚真紀子, 9.11の標的をつくった男.
** Angus K. Gillespie, Twin Towers: The Life of New York City's World Trade Center.

터 환승층을 만듦으로써 엘리베이터 대수를 줄일 수 있게 됐다.

아폴로 계획을 이야기하며 더 높은 높이를 요구한 배경에는 보다 현실적인 이유가 있었다. WTC는 임대 빌딩이었다. 만약 입거자가 모이지 않는다면 프로젝트는 실패하게 된다. 따라서 수요자에게 제안할 마케팅 수단이 필요했고, '세계 제일의 높이'라는 것에 의존한 것이었다.

한편, '상면적 전체가 다 임대될 수 있도록, 건물을 더 크게 한다'라는 일견 본말전도로 보이는 발상으로 규모가 확대된 이 거대한 프로젝트를 비판하는 사람들도 적지 않았다. 그 대표적 단체가 리즈너블 WTC 위원회(The Committee for a Reasonable World Trade Center)였다.

단체 명칭이 보여주듯이, 이 위원회는 WTC의 건설비용이 팽대해지는 것을 비판하며 사업축소를 요구했다. 또한 퇴거를 재촉 받는 기존 주민이나 중소기업 등의 입장을 대표하는 의견도 냈다. 그러나 사실은 다른 의도가 있었다. 그 위원장이 엠파이어 스테이트 빌딩 등을 소유하고 있는 부동산회사의 대표 로렌스 A. 윈(Lawrence A. Wien)이었던 것이다. 즉, 그들은 WTC가 완성되고 엠파이어 스테이트 빌딩이 가지고 있던 '세계에서 가장 높은 빌딩'이라는 자리를 차지하게 되면, 자신이 소유하고 있던 임대 빌딩의 임대료와 자산가치가 하락할 것을 우려했던 것이다.

트윈 타워의 의미

프로젝트에 반대하는 사람들이 여러 소송을 제기하면서 사업이 수년간 정체되기는 했으나, 1972년에 북동(1WTC), 1973년에는 남동(2WTC)이 완성된다. 세계에서 가장 높은 빌딩 두 개 동이 탄생한 것이다.

그러나 그 세계 제일의 높이가 오래가지 못하리라는 것은 건설 중에 이미 예상됐다. 시카고에서 높이 442m인 시어스 타워가 착공되었기 때문이었다.

앞에서 이야기한 것처럼, 야마사키는 클라이언트인 항만공사와는 달리 높이에 집착하지는 않았던 듯하다. 높이보다 오히려 트윈 타워라는 것에 무게를 두고 있었다. 그는 트윈 타워의 의의를 다음과 같이 강조했다.

"두 개의 동일한 빌딩이라는 것, 이것이 디자인의 열쇠다. 왜냐하면 아무리 높은 빌딩을 짓더라도 그 높이를 넘어서는 빌딩이 곧 나타날 것이기 때문이다."

"맨해튼의 모든 빌딩은 각각이 하나의 타워다. 그렇기 때문에 두 개 타워로 결정했다. 두 개의 타워는 선명한 스카이라인을 만들 것이라고 생각했다."*

트윈 타워(雙塔) 형식은 오래전 고대이집트 신전의 입구에 세워진 탑문이나 오벨리스크 등에서 볼 수 있다. 고딕 대성당에도 입구 측에 해당하는 서측에 쌍탑을 세운 경우가 적지 않았다(제1, 2장 참조). 본래 짝을 이루어 마주하는 탑은 입구나 문으로서의 기능을 가진다.

WTC는 멀리서 바라보았을 때, 두 타워의 실루엣이 더 돋보인다. 맨해튼을 찾는 사람들은 '문(門)'으로 생각할 것이다. 장식을

* 飯塚真紀子, 전게서.

배척한 디자인의 트윈 타워는 '자본주의 대성당'의 쌍탑처럼, 또는 '자본주의 신전'인 맨해튼에 우뚝 솟아있는 오벨리스크처럼 보이기도 한다. 야마사키 자신도 베네치아의 산 마르코 대성당(San Marco Basilica)의 광장을 의식하여 WTC 광장을 설계했다고 한다.

산 마르코 광장에 서 있는 종루가 베네치아를 찾는 배들에게 랜드마크가 된 것처럼, 야마사키는 트윈 타워에 맨해튼을 찾는 이들을 위한 표식이라는 의미를 담았을지도 모르겠다.

산 마르코 대성당의 종루는 1902년에 자연붕괴했다. 당시의 탑은 재건된 것이었다. 그리고 그 종루가 붕괴한 지 약 100년이 지난 2001년, WTC도 테러의 표적이 되어 무너진다.

영화 속의 초고층빌딩

WTC는 맨해튼의 새로운 랜드마크가 되었고, 1976년 개봉한 영화 〈킹콩(King Kong)〉에 등장한다. 1933년의 오리지널판에서는 킹콩이 막 완공된 엠파이어 스테이트 빌딩에 올라간다. 그런데 존 길러민(John Guillermin) 감독의 리메이크판에서는 엠파이어가 WTC로 바뀐다.

길러민이 그 2년 전인 1974년에 제작한 작품으로, 초고층빌딩의 화재를 그린 〈타워링 인페르노(The Towering Inferno)〉가 있다. 샌프란시스코에 신축된 가공의 초고층빌딩, 지상 138층의 '글래스 타워(The Glass Tower)' 준공 파티가 한창이던 중에 화재가 발생하고, 빌딩 설계자인 건축가와 소방수가 파티 참석자를 구출하는 패닉영화다. 부실공사가 원인인 작은 불이 제어할 수 없을 정도의 대화재로 확산되는 모습은 거대한 밀폐공간을 통제하기 어려움, 초고층빌딩이 지닌 부(負)의 측면을 그려냈다. 당시 미국은 베트남전쟁의 장기화로 피폐한 상황이었을 뿐만 아니라, 닉슨 쇼크(Nixon shock)와 오일 쇼크(oil shock)로 경제불황, 환경오염 등의 문제가 산적해 있었다. 미국의 번영을 상징하는 고층빌딩을 순수하게 그대로 받아들일 수 있는 시대가 아니었다. 뒤에서 이야기하겠지만, 미국에서도 고층빌딩에 대한 불안과 반발이 싹트고 있던 것이다.

시카고의 세계 최고 탈환, 시어스 타워

WTC 남동이 준공되고 겨우 1년 후, 1974년에 시카고 중심부에 높이 442m, 110층의 시어스 타워가 등장한다.

그 높이는 WTC보다 약 30m 높았다. 세계에서 가장 높은 최고의 자리가 마천루 발상지 시카고로 다시 돌아온 것이다. 당시 시카고에는 1969년에 SOM이 설계한 높이 344m의 존 행콕 센터(John Hancock Center)가 있었으나, 시어스 타워는 그것보다 약 100m 더 높았고, 상면적도 약 1.5배인 40만 9200㎡에 이르렀다.

시어스 타워는 그 이름에서 알 수 있듯이, 미국의 백화점 시어스 로벅(Sears, Roebuck and Company, 시어스) 본사 빌딩으로 건설됐다. 시어스는 1887년에 카탈로그 통신판매 소매업자로 출발했으나, 이후 자동차 보급 증가와 함께 확대되던 교외지역 쇼핑센터에 출점하면서, 점차 사업을 확장해 갔다.

최성기에는 미국 전 세대의 반 이상이 시어스가 발행한 신용카드를 소유하고 있었다. 물건 구입에 사용된 5달러의 중 1달러가 시어스의 계산대로 들어갔으며, 미국 국민총생산(GNP)의 1%를 시어스가 차지했을 정도라고 한다. 시어스가 미국인의 생활에 얼마나 깊게 침투해 있었는지, 그리고 미국경제에서 차지하는 비중이 어느 정도였는지를 짐작할 수 있다.

앞서 울워스사(Woolworths)가 5센트 · 10센트 스토어로 성장하여 울워스 빌딩을 짓고, 1920년대 모터리제이션(Motorization) 시대에 크라이슬러사가 크라이슬러 빌딩(Chrysler Building)을 계획했듯이, 시어스가 가장 높은 빌딩을 가지고 싶었던 것은 당연했을지도 모른다.

시어스 타워를 낳은 당시의 회장, 고든 메트카프(Gordon Metcalf)는 다음과 같이 말한다.

> "우리 시어스는 세계 최대의 소매업자니까, 세계 최대의 본부를 가지는 것은 당연하다고 생각했다."*

시어스 타워는 '시어스 왕국'의 상징이었다. 그러나 빌딩이 시카고 스카이라인에 모습을 드러냈을 때는 이미 왕국이 저물어가고 있었다. 1970년대에 들어서자 월마트, K마트 등 슈퍼마켓과 대형 할인점이 늘어나면서 고객 유출이 두드러졌다.

그러나 세계 제일의 백화점이라는 자부심이 있어서였을까. 경쟁사의 존재나 고객의 니즈를 경시하고 있었고, 오로지 거대한 조직의 운영에만 관심이 있었다. 그 증거 중 하나로, 시어스 타워

---

* Donald R. Katz, The Big Store: Inside the Crisis and Revolution at Sears.

시어스 타워
(출처 : Dave Parker, Antony Wood, 2013, The Tall Buildings
Reference Book, p.25, Routledge)

건설을 들기도 한다. 그런 이유
로 시어스 타워에 대해서 '사회
의 오만함을 보여주는 (중략) 기
념탑'이라고 하는 이도 있었다.*
    시어스 타워는 1만 3000명이
취업할 수 있을 정도의 상면적
을 가지고 있었다. 그러나 업적
악화에 따른 인원삭감과 오피스
의 컴퓨터가 소형화되면서 서서
히 빈 공간이 생기게 됐다. 그
결과, 1980년대 끝 무렵, 시카고
교외의 저층 신본부로 본사기능
을 이전하게 된다. 그리고 1989

년 타워는 저당을 잡히고 1994년에는 매각된다. 2009년 윌리스 타
워(Willis Tower)로 명칭이 변경되면서 빌딩에서 '시어스'라는 이름
은 사라진다.

3 유럽의 초고층빌딩

앞장에서 본 것처럼, 미국과 달리 역사적 기억이 누적되어
있는 유럽의 도시는 고층화에 소극적이었다. 그런 이유로 많은 도

* Arthur C. Martinez, Charles Madigan, The hard road to the softer side.

시에서는 제2차 세계대전 후, 전쟁으로 파괴된 도시를 이전의 모습으로 재건하고자 했다. 그러나 한편으로 전재를 계기로 재개발과 고층화를 본격적으로 도모하는 도시도 있었다.

1950년대에 들어서면 서유럽에서도 100m 넘는 고층빌딩이 건설됐다. 단지, 그 수는 초고층건축의 대국 미국에는 미치지 못했다. 또한 초고층빌딩 건설에는 기존 시가지, 특히 근대 이전의 역사적 랜드마크와의 관계가 중시됐다.

100m 넘는 고층주택, 페레 타워와 발라스카 타워

유럽에서 최초로 100m를 넘은 고층빌딩은 1952년에 프랑스 아미앵(Amiens) 역 앞에 지어진 27층 고층주택 '페레 타워(Perret Tower)'다. 높이는 104m, 안테나 부분을 포함하면 110m에 이른다.

발라스카 타워

(출처 : a+u 建築と都市(12月臨時增刊), 1991, p.191, エー・アンド・ユー)

제2장에서 본 대로, 아미앵은 프랑스에서 천정고가 가장 높은 대성당이 있는 거리다. 제2차 세계대전 후 부흥계획의 하나로, 철근 콘크리트조 건축의 선구자 오귀스트 페레(Auguste Perret)가 고층주택을 계획했다. 페레 타

워의 높이는 1km 정도 떨어진 아미앵 대성당의 첨탑 높이 112.7m를 넘지 않도록 건설됐다.

그 후, 이탈리아 밀라노에서도 100m 넘는 고층주택이 건설됐다. 1958년 준공된 발라스카 타워(Valasca Tower)다. 주택과 오피스의 복합빌딩으로, 마치 버섯과 같이 부풀어 있는 윗부분이 특징적이다. 높이는 106m로 시내의 스카이라인에서 상당히 돌출되어 있기는 하나, 밀라노 대성당의 첨탑 높이 108m에는 조금 못 미친다. 대성당에서 남쪽으로 약 400m 정도의 매우 가까운 거리에 지어졌기 때문에 시의 상징인 대성당을 넘지 않는 높이로 계획했을 것이다.

시대가 이전으로 돌아가기는 하나, 밀라노 대성당을 둘러싸고는 다음과 같은 에피소드가 있다. 제2차 세계대전 전, 무솔리니(Benito Mussolini)의 이야기다. 1933년에 무솔리니 파시스트 정권하에서 지어진 탑도 밀라노 대성당의 높이를 밑돌아 계획됐다. 리토리오(Littorio) 탑(직역하면 '파시스트 탑')이다. 이 탑은 철골조 전망탑으로 밀라노 대성당에서 약 1km 떨어진 셈피오네 공원(Parco Sempione)에서 개최된 트리엔날레(Triennale, 3년마다 열리는 미술전람회)에 맞추어 건설됐다. 당초 안은 높이가 81m였으나, 무솔리니는 너무 낮다고 각하하고 '밀라노 대성당의 가장 높은 부분보다 더 높게 할 것'을 요구했다.* 그 결과 높이가 110m로 높아지게 됐다.

그러나 수개월 후, 무솔리니는 "사람이 만든 것이 신을 넘어설 수는 없다"며 뜻을 뒤집었다. '대성당 꼭대기의 성모 마리아상보

---

* Paolo Nicoloso, Mussolini architetto.

서유럽의 고층빌딩 상위 10위

1960년 말 시점

순위	건물명	소재지	준공	높이	층수	구조	주용도
1	Madrid Tower	마드리드, 스페인	1957년	142m	34층	RC	주택, 오피스
2	Pirelli Tower	밀라노, 이탈리아	1958년	127m	32층	RC	오피스
3	Cesenatico skyscraper	체세나티코, 이탈리아	1958년	118m	35층	RC	주택
4	Breda Tower	밀라노, 이탈리아	1954년	117m	30층	–	오피스
5	Gijón 노동대학 탑	히혼, 스페인	1952년	117m	25층	–	호텔, 오피스
6	Spain Building	마드리드, 스페인	1956년	117m	17층	–	교육시설
7	센트럴 인터네셔널 로제	브뤼셀, 벨기에	1960년	110m	30층	–	주택, 오피스
8	Perret Tower	아미앵, 프랑스	1952년	110m	27층	RC	주택
9	Galfa Tower	밀라노, 이탈리아	1959년	109m	28층	RC	오피스
10	Piacentini Tower	제노바, 이탈리아	1940년	108m	31층	–	오피스

1970년 말 시점

순위	건물명	소재지	준공	높이	층수	구조	주용도
1	Poissons Courbevoie	쿠르브부아, 프랑스	1970년	150m	42층	RC	주택, 오피스
2	Midi Tower	브뤼셀, 벨기에	1966년	148m	38층	–	정부시설
3	Madrid Tower	마드리드, 스페인	1957년	142m	34층	RC	주택, 오피스
4	Finance Tower	브뤼셀, 벨기에	1970년	141m	36층	복합	오피스
5	Pirelli Building	밀라노, 이탈리아	1958년	127m	32층	RC	오피스
6	Euston Tower	런던, 영국	1970년	124m	36층	–	오피스
7	Bayer 본사 빌딩	레바쿠젠, 서독일	1963년	122m	32층	–	오피스
8	Madou Plaza Tower	브뤼셀, 벨기에	1965년	120m	34층	–	오피스
9	Millbank Tower	런던, 영국	1962년	119m	33층	–	오피스
10	Cesenatico skyscraper	체세나티코, 이탈리아	1958년	118m	35층	RC	주택

1980년 말 시점

순위	건물명	소재지	준공	높이	층수	구조	주용도
1	Montparnasse Tower	파리, 프랑스	1973년	209m	58층	복합	오피스
2	Tower 42	런던, 영국	1980년	183m	43층	복합	오피스
3	Areva Tower	쿠르브부아, 프랑스	1974년	178m	44층	RC	오피스
4	Gan Tower	쿠르브부아, 프랑스	1974년	166m	42층	복합	오피스
5	Silver Tower	프랑크푸르트, 서독일	1978년	166m	32층	RC	오피스
6	Lyon Credit Tower	리옹, 프랑스	1977년	165m	42층	RC	호텔, 오피스
7	Westend Gate	프랑크푸르트, 서독일	1976년	159m	44층	복합	호텔, 오피스
8	Ariane Tower	퓌토, 프랑스	1975년	152m	36층	RC	오피스
9	Poisson	쿠르브부아, 프랑스	1970년	140m	42층	RC	주택, 오피스
10	Euro Tower	프랑크푸르트, 서독일	1977년	148m	39층	RC	오피스

※ 구조란의 '복합'은 철근콘크리트(RC)와 철골을 모두 사용한 구조.

※ 당시의 국가명.

다 적어도 1m 낮게' 계획을 변경시켰다.* 앞에서 이야기한 것처럼 파시스트 정권은 가톨릭과 화해, 협조 노선으로 정권의 기반을 확립하고 있었기 때문에 가톨릭 측에 양보하지 않을 수 없었을 것이다.

유리의 초고층, 피렐리 빌딩

리토리오 탑의 설계자는 건축가 지오 폰티(Gio Ponti)였다. 폰티는 1958년 밀라노 중앙역 앞에 초고층의 피렐리 빌딩을 설계한 것으로도 유명하다.

피렐리 빌딩

피렐리 빌딩(Torre Pirelli)은 타이어 제조사, 피렐리의 본사 빌딩으로 건설됐다. 당시 이탈리아는 1950년대 후반부터 '미라클 이코노미(Miracolo economico italiano, 기적의 경제)'라고 불리는 경제성장기를 맞이해 본격적인 소비사회가 도래하고 있었다. 20세기 초의 미국과 같이 이탈리아에서도 자동차가 급속히 보급된다. 1954년부터 64년, 10년 동안 자동차 수가 약 74만 대에

* 상게서.

서 약 486만 대로 증가한다. 그것을 견인한 것은 국내 자동차 제조사 피아트(FIAT)가 1955년 발매한 대중차 '피아트 600'과 1957년의 '피아트 500'이었다. 피렐리 빌딩은 이탈리아의 경제성장과 모터리제이션 시대를 상징하는 빌딩이기도 했던 것이다.

127.1m(32층)라는 높이는 밀라노 대성당보다 약 20m 더 높다. 높이에 대해서 대성당과 논의가 되었는지는 확실하지 않다. 다만 대성당에서 2km 이상 떨어져 있기 때문에 그 영향은 작았을 것이다.

피렐리 빌딩의 특징은 높이뿐만 아니라 디자인에도 있었다. 폰티가 '더 높게, 더 가볍게, 더 얇게'라고 했듯이, 마치 일본도의 칼몸처럼 얇고 가는 디자인의 유리빌딩이다. 피렐리 빌딩은 새로운 마천루의 방향성을 보여주었다.*

1960년 시점에서, 서유럽에서 100m 넘는 빌딩은 이 피렐리 빌딩을 포함하여 14동 존재했다. 1957년 스페인 마드리드에 건설된 높이 142m의 마드리드 타워(Tower of Madrid, 주택 겸 오피스빌딩), 앞에서 다루었던 페레 타워, 발라스카 타워, 피렐리 빌딩 등 대부분이 RC조 건물이다. SOM이나 미스 반 데어 로에가 미국에서 발전시킨 유리와 철골조 초고층빌딩과는 다른 것이었다.

---

* 西武美術館他編, ジオ・ポンティ作品集 1891〜1979.

4 일본의 초고층빌딩

지금까지 본 것처럼, 1950년대부터 60년대에 걸쳐 유럽에서도 100m 넘는 고층건축물이 건설됐다. 당연히 고도성장기에 돌입하고 있던 당시 일본도 이러한 움직임에 자극을 받고 있었다.

전후, 빌딩의 대규모화

쇼와(昭和) 30년대에 들어가면, 일본경제는 특수경기로 본격적 고도성장을 맞이했다. 1955년부터 1970년까지 국내총생산(GDP)은 연평균 15.6% 상승했다. 그와 함께 오피스빌딩 수요가 증가하고 빌딩의 대규모화가 진행됐다. 전전(戰前) 마루빌딩(丸の内ビルディング)의 용적률은 645%였으나, 전후(戰後)에는 1000%를 넘는 빌딩이 증가했다.

앞장에서 말했듯이, 당시 일본의 건축물 높이는 원칙 31m(주거지역은 20m)로 제한되어 있었다. 이 제한은 대규모 오피스빌딩 공급의 장해로 인식되게 됐다. 일본은 지진이 빈번하기 때문에 초고층화가 불가능하다고 생각됐으나, 일본과 같이 지진대에 위치한 로스앤젤레스에서 1958년에 13층, 45m의 높이제한이 해제되고 초고층빌딩 건설이 진행되고 있었다.

1962년에 구미를 시찰한 일본의 한 건설관료는 "유럽에 철과 유리로 상징되는 근대적 고층건축이 많은 것을 보고 깜짝 놀랐다"라는 한편, "일본에 돌아와 낮은 건물들이 다닥다닥 늘어서 있는 것

을 보고는 낙담했다"라고 심중을 토로했다.* 당시의 31m 제한은
진보와 창조의 저해요인으로 간주되었던 것이다.

지구라트와 같은 계단상 건물로부터 벗어난 뉴욕처럼, 일본에
서도 1950년대 후반부터 고층화를 원하는 움직임이 활발해져 간다.

31m 높이제한 철폐와 용적제 도입

31m 높이제한의 문제점은 다음의 두 가지로 집약할 수 있다.

첫째, 높이제한이 건물의 질을 저하시킨다는 것이다. 건물 단
체(單體)의 문제다. 높이를 지키면서 넓은 상면적을 확보하기 위
해 층고를 낮게 하여 층수를 확보하거나 지하층을 늘리는 빌딩이
늘어갔다. 또한, 높이제한 아래서 대규모 빌딩을 지으려면 반드

31m 제한에서의 주요 고층빌딩 용적률

건물명	소재지	준공연도	높이	지상층수	지하층수	총용적률
마루노우치 빌딩	도쿄, 마루노우치	1923년	31m	8층	1층	645%
도쿄 빌딩	도쿄, 마루노우치	1951년	31m	8층	2층	728%
다이이치테츠코우 빌딩	도쿄, 야에스	1951년	30.1m	9층	2층	820%
브리지스톤 빌딩	도쿄, 교바 시	1951년	31m	9층	2층	986%
신마루노우치 빌딩	도쿄, 마루노우치	1952년	31m	8층	2층	707%
니카츠 국제회관	도쿄, 유라쿠초	1952년	31m	9층	4층	1110%
오사카다이이치세이메 빌딩	오사카, 가이타	1953년	41.23m※	12층	3층	1244%
도큐회관	도쿄, 시부야	1954년	43m※	11층	2층	1180%
오테마치 빌딩	도쿄, 오테마치	1958년	31m	9층	3층	1057%
신아사히 빌딩	오사카, 나카노시마	1958년	45m※	13층	2층	924%
히비야미츠이 빌딩	도쿄, 히비야	1960년	31m	9층	5층	1191%
간사이전력 빌딩	오사카, 나카노시마	1960년	45m※	12층	2층	778%
니케 빌딩	도쿄, 긴자	1962년	31m	9층	5층	1369%
신한큐 빌딩	오사카, 가이타	1962년	41m※	12층	5층	1299%
신스미토모 빌딩	오사카, 요도야바시	1962년	45m※	12층	4층	995%
다이한신 빌딩	오사카, 가이타	1963년	41m※	11층	5층	1323%

※ 31m 제한이 있으나, 건축기준법의 특례허가를 사용하여 건축한 건축물.

* 松谷蒼一郎, 超高層の問題点, 新建築, 1963년 7월호.

시 옆으로 넓어지게 된다. 부지에 꽉 차게 펼쳐진 건물일수록 빛이 들지 않는 방이 늘어나고 집무공간의 쾌적성이 낮아지는 문제도 생겨났다.

또 하나의 문제는, 도시환경에 미치는 영향이다. 부지를 가득 채워 건물을 지으면 보도·광장·주차공간이 줄어든다. 게다가 상면적이 증가하면서 건물에 출입하는 사람과 자동차도 증가한다. 교통혼잡을 조장한다는 문제가 지적된다.

이러한 문제 지적이 계속되면서, 31m 제한을 완화하고 건물형태의 자유도를 높이는 대신에, 용적률을 제한하여 상면적 양을 조절하는 수법이 바람직하다는 논조가 주류가 됐다.

그러던 중, 1958년 도카이도신칸센(東海道新幹線)의 아버지로 알려져 있는 소고 신지(十河信二) 일본국철(日本国有鉄道) 총재가 적연와조 도쿄 역 마루노우치 역사의 24층 재건축계획안을 발표했다. 소고는 당시 야에스 쪽에 높이 12층의 철도회관이 건설 중이었기 때문에 황거(皇居, Imperial Palace)에 면하는 앞쪽은 그 두 배 높이가 어울린다고 생각하여 24층으로 결정했다고 한다.

그러나 일본은 지진대국이었기 때문에 구미에서와 같이 초고층빌딩을 실현하기 위해서는 내진기술의 확립이 필요했다. 따라서 구조엔지니어의 제1인자였던 무토 기요시(武藤清) 도쿄대학 교수를 중심으로 하는 연구위원회를 설치하고 건축기술 검토를 진행했다. 그 결과, 1962년 〈건축물의 적정설계 진도에 관한 연구: 초고층건축의 새로운 시도〉*라는 보고서가 작성됐다. 연구에서는 초고층빌딩의 경우는 건물이 흔들리지 않도록 하는 '강구조(剛構

---

* 建築物の適正設計震度に関する研究：超高層建築への新しい試み.

도쿄 역의 초고층계획

(출처 : 季刊カラム(3), 1962, p33, 八幡製鉄)

造)'가 아니라, 건물을 다소 흔들리게 하는 것으로 힘을 빼는 '유구
조(柔構造)'를 도입하는 쪽이 내진성능이 뛰어난 건축물을 실현할
수 있다는 점을 명확히 했다. 지진으로 무너진 기록이 없는 오중
탑의 구조에서 힌트를 얻은 것이었다.

고층건축기술에 대한 답을 찾으면서 높이제한 철폐의 움직임
이 본격화했다. 1962년 8월에는 이케다 하야토(池田勇人) 내각에서
건설대신을 지낸 고노 이치로(河野一郎)가 높이제한 철폐를 언급했
으며, 이를 받아서 건설성이 본격적으로 법개정 검토를 개시한
다. 고노의 발언부터 약 1년 후인 1963년 7월 건축기준법이 개정
되면서 절대높이제한 철폐와 용적률제한 도입(용적지구제도 창설)이
결정된다. 1964년 도쿄에서 용적지구가 지정되고 환상 6호선 이
내 지역의 절대높이제한은 철폐됐다. 전국적 용적률 제도의 도입
은 1970년 법개정까지 기다리게 된다.

가스미가세키 빌딩의 탄생과 미츠비시1호관의 해체

도쿄역 마루노우치 역사 재건축계획은 자연 소멸되었으나, 그

검토과정에서 발전한 기술을 기본으로 건설한 것이 1968년 준공된 가스미가세키 빌딩(霞が関ビルディング)이다. 앞에서 이야기한 연구위원회 좌장을 맡은 무토 기요시를 중심으로 하는 그룹이 구조설계를 담당했다. 일본에서 처음으로 100m 넘는 빌딩이 실현된 것이다. 처마 높이 147m(최고부는 156m)는 쿠푸 왕의 피라미드와 거의 같은 높이다.

1964년, 호텔 뉴 오타니(Hotel New Otani)가 완성되면서 국회의사당의 높이를 넘어 일본 최고가 된다. 그리고 그 다음 해인 1965년 요코하마 드림랜드(横浜ドリームランド)에 높이 77.7m(첨탑을 포함하면 93m)의 호텔 엠파이어(Hotel Empire)가 준공된다. 그러나 겨우 3년 후, 그 두 배 높이의 가스미가세키 빌딩이 완성된 것이다.

가스미가세키 빌딩

(출처 : 三井不動産 편, 1968, 霞が関ビルディング, 三井不動産)

빌딩 주위에는 부지 전체의 72%에 달하는 공개공지가 만들어졌다. 뉴욕의 체이스 맨해튼 은행(The Chase Manhattan Bank) 본사 빌딩처럼 본격적인 슈퍼블록의 타워 인 더 파크 고층빌딩이었다.

한편, 가스미가세키 빌딩이 탄생하기 1개월 전, 근대 일본을 상징하던 역사적 건축물이 모습을 감췄다. 바로, 일본 최초의 서양풍 오피스빌딩인 적연와의 옛 미츠비시1호관(三菱一号館)(당시 미츠비시 동9호관)이다.

제3장에서 본 것처럼, 이 빌딩은 마루노우치 오피스가의 출발점이 된 기념비적 존재였다. 그러나 당시 마루노우치에서는 적연와 오피스가(街)를 새로운 빌딩군(群)으로 갱신하는 '마루노우치 종합개조계획'이 진행 중이었다. 옛 1호관도 노후화를 이유로 재건축이 결정된다. 이전부터 메이지 시기의 역사적 건축물 보존을 호소하고 있던 일본건축학회는 해체에 반대했으나, 고도성장의 흐름에 버티지 못하고 옛 미츠비시1호관은 결국 해체되기에 이른다.

가스미가세키 빌딩이 탄생하고 옛 미츠비시1호관이 해체된 1968년, 일본의 경제성장률은 과거 최대인 연 12.4%에 달했다. 또한, 같은 해 국민총생산은 서독을 제치고 미국에 이어 제2위가 됐다. 고도성장기의 한복판, 재개발을 통한 도시 갱신은 긍정적, 진보적인 것으로 수용되고 있었다. 옛 미츠비시1호관의 해체는 진부해지고 노후된 전(前) 시대의 오피스가로부터의 벗어남이었고 재생이었다. 다른 한편, 가스미가세키 빌딩은 초고층빌딩 시대를 개척하고, '31m 제한'이라는 멍에로부터 도시공간을 해방시킨 것으로 여겨졌다. 초고층빌딩은 우상향하는 일본 성장의 상징이었다.

신주쿠 부도심의 초고층빌딩군 탄생

가스미가세키 빌딩 이후, 본격적인 초고층빌딩 시대가 찾아왔다. 수도 도쿄의 부도심 니시신주쿠에는 1971년 준공된 게이오 프

높이제한 철폐 후에 건설된 주요 초고층빌딩(1960~1990년대)

건물명	소재지	준공연도	높이	지상층수
가스미가세키 빌딩	도쿄, 카스미가세키	1968년	156m	36층
고베 상공무역센터 빌딩	고베, 하마베도리	1969년	107m	26층
세계무역센터 빌딩	도쿄, 하마마츠초	1970년	163m	40층
게이오 프라자 호텔	도쿄, 니시신주쿠	1971년	180m	47층
오사카 오바야시 빌딩	오사카, 기타하마	1973년	120m	32층
오사카 국제빌딩	오사카, 혼마치	1973년	125m	32층
신주쿠 스미토모 빌딩	도쿄, 니시신주쿠	1974년	210m	52층
KDD 본사 빌딩(현 KDDI 빌딩)	도쿄, 니시신주쿠	1974년	165m	32층
신주쿠 미츠이 빌딩	도쿄, 니시신주쿠	1974년	224m	55층
야스다카사이 빌딩(현 損保ジャパン日本興亜本社ビル)	도쿄, 니시신주쿠	1976년	200m	43층
선샤인 60	도쿄, 이케부쿠로	1978년	240m	60층
신주쿠 노무라 빌딩	도쿄, 니시신주쿠	1978년	210m	50층
신주쿠센터 빌딩	도쿄, 니시신주쿠	1979년	223m	54층
신주쿠 NS 빌딩	도쿄, 니시신주쿠	1982년	134m	30층
도쿄도청 제1본청사	도쿄, 니시신주쿠	1991년	243m	48층
도쿄도청 제2본청사	도쿄, 니시신주쿠	1991년	163m	34층
요코하마 랜드마크 타워	요코하마, 미나토미라이	1993년	296m	73층

라자 호텔(京王プラザホテル)(약 130m)을 시작으로 200m급의 고층건축물이 속속 세워졌다.

신주쿠 부도심 재개발은 1950년대부터 계획되어 있었다. 1960년 당시의 계획안을 보면, 건물 높이는 기껏해야 십수 층이었다. 31m 제한 시대에는 그 정도로도 충분히 '고층화'였다. 실제로 그 몇 배나 되는 높이가 실현된 것을 생각하면, 1960년 이후 고층빌딩 기술의 진전이 현저했음을 이해할 수 있다.

신주쿠 부도심 계획은 1991년, 높이 243m의 도쿄도청(東京都庁) 제1본청사 준공과 함께 사업이 완료된다.

유라쿠초에 있던 옛 도쿄도청사와 마찬가지로 건축가 단게 겐조(丹下健三)가 설계를 담당했다. "도청은 일본의 상징이다"*라고

---

* 平松剛, 磯崎新の「都庁」: 一戦後日本最大のコンペ.

했듯이, 단계는 상징성을 특히 중요시했다. 단게가 생각해낸 모양은 파리나 아미앵의 노트르담 대성당을 상기시키는 쌍탑 모양의 고층빌딩이었다. 실제 대성당과 비교하면 훨씬 더 거대하다. 상징성을 높이기 위해서 그만한 크기가 필요했을 것이다.

도청 제1본청사는 1978년 준공한 이케부쿠로의 선샤인60(サンシャイン六十)(239.7m)을 제치고

도쿄도청
(출처: 도쿄도청 웹페이지(https://www.metro.tokyo.lg.jp))

일본에서 가장 높은 건축물이 됐다. 그러나 완성부터 겨우 3년 후, 1993년 높이 296m의 요코하마 랜드마크 타워(横浜ランドマークタワー)가 등장하면서 제일의 자리를 내어주게 된다.

5 서유럽의 타워

20세기를 대표하는 고층건조물은 빌딩 이외에도 전파탑이나 전망탑과 같은 타워가 있다. 타워 건설을 견인한 것은 텔레비전 방송의 보급이었다. 텔레비전 방송 기술의 개발은 20세기 초로 거슬러 올라가나, 실용화가 진행된 것은 전후(戰後)가 되어서다.

텔레비전 탑은 텔레비전 전파의 송신 수단으로 계속해서 건설되었으며, 세계 여러 대도시의 스카이라인에 등장한다.

애초 텔레비전 탑은 에펠 탑을 모방한 개각식(開脚式) 철탑이 많았다. 그러나 1950년대 중반 서독에서 RC조 텔레비전 탑이 탄생하면서, 비슷한 디자인의 타워가 서유럽을 중심으로 확산되어 갔다. 덧붙이자면, 에펠 탑은 1959년에 텔레비전 안테나가 설치되면서 높이가 324m로 높아진다.

영국의 크리스털 팰리스 송신탑

최초기의 전파탑은 철골조였다. 예를 들면, 독일 베를린의 총

크리스털 팰리스 송신탑
(사진 : 大澤昭彦)

높이 150m 무선탑이 1926년 라디오 전파 송신을 목적으로 세워졌다. 1935년에 나치스 독일이 세계 최초로 개시한 텔레비전 정기방송 전파도 이 탑에서 발신된 것이다. 높이 55m 위치에는 전망 레스토랑이, 126m 높이에는 전망대가 설치됐다. 전망 기능을 가진 전파탑으로서도 선구적인 타워였다.

처음부터 텔레비전 탑으로 만들어진 철탑으로는 1956년에 송신을 개시한 영국의 크리스털 팰

세계의 주요 텔레비전 탑(1650~1970년대)

건물명	소재지 (당시 국가명)	준공연도	높이 (안테나 포함)	구조
크리스털 팰리스 송신탑	런던, 영국	1956년	219m	철골
슈투트가르트 텔레비전 탑	슈투트가르트, 서독일	1956년	211m(현재 216m)	RC
플로리안 타워	도르트문트, 서독일	1958년	220m	RC
도쿄 타워	도쿄, 일본	1958년	333m	철골
도나우 타워	빈, 오스트리아	1964년	252m	RC
오스탄키노 타워	모스크바, 소련	1967년	537m(현재 540m)	RC
하인리히 헤르츠 타워	함부르크, 서독일	1968년	280m	RC
올림픽 타워	뮌헨, 서독일	1968년	291m	RC
베를린 텔레비전 탑	동베를린, 동독일	1969년	365m(현재 368m)	RC
키예프 타워	키예프, 소련	1973년	385m	철골
CN 타워	토론토, 캐나다	1976년	553m	RC
유로파 타워	프랑크푸르트, 서독일	1979년	331m(현재 337m)	RC

리스 송신탑이 잘 알려져 있다. 높이는 219m에 달했으며, '남(南) 런던의 에펠 탑'으로 친숙하다. 1991년 236m의 원 캐나다 스퀘어(One Canada Square)가 건설되기까지 런던에서 가장 높은 건조물이었다.

크리스털 팰리스라는 이름은 런던 만국박람회(1851년) 장소에 세워졌던 크리스털 팰리스에서 유래한다. 조금 복잡하지만 그럴 만한 사정이 있다.

박람회 종료 후 1854년, 크리스털 팰리스는 하이드 파크에서 교외의 시데남 언덕으로 이축된다. 그러나 1936년에 소실되어버리고 그 부지는 크리스털 팰리스라는 공원으로 정비됐다. 바로 그 일각에 건설되었기 때문에 크리스털 팰리스 송신탑이라는 이름이 된 것이다.

박람회의 크리스털 팰리스는 19세기 공업화 시대의 상징이었으나, 크리스털 팰리스 송신탑은 20세기 텔레비전 시대의 모뉴먼트가 됐다. 크리스털 팰리스가 있던 자리에 텔레비전 탑이 건설된 것은 국민통합과 계몽의 미디어가 박람회에서 텔레비전으로 옮겨간 것을 상징한다.

서독일의 RC조 텔레비전 탑

1950년대 서독일 슈투트가르트에서 철탑을 대신하는 새로운 형태의 탑이 제안된다. 1956년 RC조로 건설된 텔레비전 탑, SDR(남독일방송) 전파탑이다. 교량설계 전문 구조엔지니어 프리츠 레온하르트(Fritz Leonhardt)가 설계한 것으로 높이는 216m(건설 당초는 211m)에 이른다. 레온하르트는 이 텔레비전 탑을 설계한 것으로, RC조 텔레비전 탑의 아버지로 알려지게 된다. 덧붙이면, 에펠 탑을 설계한 알렉산더 귀스타브 에펠도 주로 교량을 설계한 엔지니어였다.

슈투트가르트의 텔레비전 탑은 처음에는 철탑으로 계획됐다. SDR이 1953년에 계획한 안을 보면, 높이 150m 탑체에 45m의 안테나를 얹은 전고 195m의 철탑이었다. 그러나 '구조물은 아름다워야 한다'*는 신념을 가지고 있던 레온하르트는 이 철탑계획에 의문을 품는다.

슈투트가르트 시가지는 완만한 언덕으로 둘러싸인 분지였으며, 탑이 세워질 남부의 구릉은 시가지에서 잘 보이는 위치였다. 레온하르트는 철골 탑은 슈투트가르트의 풍경에 어울리지 않는다고 생각했다. 그리고 대체안으로 RC조를 사용한 가는 원주형 탑을 SDR에 제안한다. RC조 굴뚝에서 힌트를 얻어 고안했다는 높이

---

* 成井信, 上阪康雄, リッツ・レオンハルト先生を偲んで, 土木施行41(4).

200m 넘는 날씬한 실루엣은 RC조였기 때문에 실현 가능한 것이었다.

RC조를 채용한 이유에는 미관 외에 기술적 합리성도 있었다. 높은 장소일수록 바람이 세지기 때문에 바람의 영향을 중요하게 고려해야 한다. RC조로 함으로써 타워의 형상을 가늘고 긴 원주로 할 수 있었으며, 360도 모든 방향에서 불어오는 바람에 대한 저항을 경감시킬 수 있었다. 또한, 탑은 태양광을 직

슈투트가르트 텔레비전 탑

(사진 : 大澤昭彦)

접 받기 때문에 열팽창에 의한 왜곡이 발생하는 문제도 있었다. 철보다 철근콘크리트 쪽이 그 왜곡의 정도가 더 작았다.

RC조는 철골조보다 건설비용이 증가하는 난점을 가지고 있었다. 레온하르트는 높이 약 150m 위치에 전망대와 전망 레스토랑을 설치하는 것으로 비용 증가분을 보전하는 아이디어를 생각했다. 언덕 위에 서 있는 타워에서 시가지를 전망할 수 있었기 때문에 많은 관광객이 전망대를 찾았다. 완성 직후인 1957년에는 약 93만 명이 방문했다고 한다.

RC조 텔레비전 탑의 파급

슈투트가르트의 텔레비전 탑을 계기로, 서독일 국내뿐 아니라 서유럽 각 도시에서는 전망기능을 가진 RC조 전파탑이 주류가 되어갔다. 도르트문트(220m, 1958년), 빈(252m, 1964년), 함부르크(280m, 1968년), 뮌헨(291m, 1968년) 등 해를 거듭할수록 높이가 갱신되어 갔다. 도르트문트 타워는 타워로서는 처음으로 회전식 전망 레스토랑을 도입했다. 전망 부분이 회전하는 장치로, 식사를 하면서 360도 전망을 즐길 수 있었다. 그 후로는 많은 타워에서 이 방식을 채용하게 된다.

이들 타워 대부분에는 도시 중심에서 어느 정도 떨어진 곳에 입지한다는 공통점이 있었다. 도시 중심부에 토지를 확보하는 것이 곤란하다는 이유에 더하여, 타워가 역사적 경관에 좋지 않은 영향을 미친다는 이유로 타워 설치를 반대하는 의견이 적지 않았기 때문이었다. 서유럽의 텔레비전 탑은 시청사나 성당 등 상징을 대신하는 것이라기보다는 어디까지나 조심스럽고 소극적인 랜드마크였으며, 도심부에서 어느 정도 떨어진 장소에서 그 존재를 주장한 것이었다.

6 공산권의 타워

텔레비전 보급이 확산되어 가고 있던 시기는 동서냉전 긴장이 높아져 간 시기기도 했다. 냉전 세계에서는 서측 제국과 공산권 쌍방이, 각각 민주주의와 공산주의 이데올로기를 침투시키는 수단으로써 텔레비전 방송을 이용했다. 서유럽만이 아니라 소련을 포함하는 사회주의국가에서도 텔레비전 탑이 건설됐다.

이 시대 서유럽에 세워진 텔레비전 탑은 높아 봐야 300m에 미치지 못했으나, 공산권에서는 537m의 오스탄키노 타워(Ostankino Tower)를 포함하여 385m의 키예프 타워(Kiev Tower), 365m의 베를린 텔레비전 탑(Berliner Fern-sehturm) 등 거대한 타워가 건설됐다. 한편, 그 높이에는 전파 송신이라는 목적 이상의 의미가 담겨 있었다.

오스탄키노 타워

(출처 : Erwin Heinle, Fritz Leonhardt, 1989, Towers: a His-torical Survey, p.240, Rizzoli International Publications)

모스크바의 오스탄키노 타워

공산권 텔레비전 탑의 대표격이 소비에트 연방의 수도 모스크바 북부 교외에 세워진 오스탄키노 타워다. 1967년 완성된 오스탄키노 타워는 높이가 537m(현재는 540m)에 이르며, 완성 전부터 '거인의 침(針)'이라는 닉네임이 붙었다. 1958년 완성된 도쿄 타워와 비교하면 약 200m 정도가 더 높았다. 자립식 건조물로서는 세계 최고였다. 탑체만 385m였으며 그 위에 152m의 안테나가 설치됐다.

RC조 탑체에 회전 레스토랑이 있는 전망대가 부가됐다. 이 구성은 서유럽 텔레비전 탑의 흐름을 이어받은 것이라고 할 수 있었다. 설계에는 프리츠 레온하르트가 어드바이저로 관계했으며, 서독일제의 엘리베이터가 사용됐다. 그러나 오스탄키노 타워의 크기는 서유럽의 타워를 압도했다.

소련이 이 정도로 거대한 전파탑을 세운 배경에는 계획을 구상하기 시작한 1950년대 말의 시대상황이 있다.

당시는 미국과 소련이 우주개발 경쟁을 시작하는 시기였다. 1957년 스푸트니크 1호 발사, 1961년 보스토크 1호의 최초 유인 우주비행, 그리고 1965년의 우주유영 성공, 소련은 착실히 우주개발을 진행하고 있었다. 한편, 미국은 스푸트니크 1호의 성공에 자극을 받아, 1958년에 NASA를 설립하고 유인 월면착륙(月面着陸)을 목적으로 하는 '아폴로 계획(Apollo program)'을 추진한다.

우주개발에서 미국에 앞선 소련은 건축물에서도 미국을 능가하기 위하여 오스탄키노 타워를 계획했다. 오스탄키노 타워는 미국의 엠파이어 스테이트 빌딩보다 높고 에펠 탑을 200m 이상 웃도는 높이로 건설됐다. 미국을 포함하여 서측 제국을 의식한 것이라고 볼 수 있다.

타워는 러시아혁명(1971년) 50주년을 기념하는 1967년에 완성됐다. 타워의 꼭대기에는 적기(赤旗)가 걸렸다. 오스탄키노 타워는 소련과 사회주의의 위신을 건 커다란 프로젝트였던 것이다.

그러나 완성 2년 후 미국이 아폴로 11호를 달 표면에 착륙시키
자, 소비에트 우주개발은 적대국 미국에 추월당한 모양새가 됐다.
타워 세계 제일이라는 임팩트가 다소 옅어진 느낌을 부정할 수는
없으나, 그 규모가 당대 제일이었다는 것은 틀림없다.

베를린 텔레비전 탑

오스탄키노 타워 완성 2년 후
인 1969년, 동베를린의 중심지
알렉산더 광장(Alexanderplatz) 앞
에 텔레비전 탑이 건설된다. 베
를린 텔레비전 탑(Berliner Fern-
sehturm)이다. 자립식 타워로서
는 오스탄키노 타워 다음으로
높은 365m(현재는 368m), 당시 세
계에서 두 번째로 높았다. 도쿄
타워보다 32m 더 높다. 서베를
린까지 탑의 존재를 알리기 위
하여 그 높이가 설정된 것이라
는 이야기도 있다. 적어도 전
술한 서베를린 무선탑의 높이
150m보다 높게 하려는 의도가
있었다는 것은 확실하다.
베를린 텔레비전 탑은 철근콘

베를린 타워

(출처 : Erwin Heinle, Fritz Leonhardt, 1989, Towers: a His-
torical Survey, p.241, Rizzoli International Publications)

크리트 원주에 거대한 구체가 꿰어진 듯한 디자인이 특징이다. 지상 약 200m에 위치하는 직경 32m의 구체에는 전망대와 회전 레스토랑 등이 설치됐다. 전망실이 구체의 밑쪽으로 절반 부분에 있기 때문에, 바로 아래까지 잘 내려다볼 수 있다. 이 구체 모양은 소련의 인공위성 스푸트니크 1호를 고려한 것이다(스푸트니크 1호의 직경은 겨우 58㎝밖에 안 된다). 그리고 구체의 색은 최종적으로는 금색이 되었으나, 처음에는 당연히 사회주의를 나타내는 적색으로 칠하려 했다고 한다. 동베를린의 텔레비전 탑은 우주개발 시대와 사회주의의 상징이었던 것이다.

서유럽에서는 대부분의 텔레비전 탑이 시가지에서 떨어진 곳에 세워진 것에 비해, 도시의 주요한 장소에 건설되었다는 점도 동베를린 텔레비전 탑의 큰 특징이다.

최초 플랜에서는 교외의 뮤겔하임 지역 산에 건설할 예정이었다. 그러나 인근지역 공항에 이착륙하는 비행기의 항로와 겹치는 문제점이 있었다. 다음으로 도심의 베를린 왕궁(Berliner Stadtschloss) 부지에 건설하는 안이 부상됐다. 본래 프로이센 왕국 국왕의 궁정으로 만들어진 베를린 왕궁은 1945년에는 연합군의 공습으로, 1950년에는 동독일정부에 의해 파괴되어 철거됐다.

베를린 왕궁 부지에 동독일을 상징하는 초고층빌딩을 건설하자는 안도 있었으나 진행되지 못하였고, 건설장소를 찾고 있던 텔레비전 탑을 건설하는 계획을 세웠다. 그러나 지반이 연약하다는 등의 문제가 밝혀지면서, 결국에는 왕궁 자리에서 가까운 알렉산더 광장 앞에 건설하는 것으로 결정된다.

7 북미의 타워

이 시대 북미를 대표하는 타워라고 하면, 캐나다 몬트리올의 CN 타워(CN Tower)일 것이다. 1976년에 온타리오 호수(Lake Ontario) 부근에 세워진 높이 553.3m의 텔레비전 탑이다. 완성 당시, 오스탄키노 타워를 제치고 세계 최대의 자립식 타워가 된다(빌딩을 포함해도 최대). 전망대는 약 350m와 약 450m 두 곳에 설치됐다. 전자는 도쿄 타워, 후자는 시어스 타워의 전고를 웃도는 정도다.

CN 타워

(출처 : Erwin Heinle, Fritz Leonhardt, 1989, Towers: a Historical Survey, p.246, Rizzoli International Publications)

북미의 그 외 타워를 보면, 캘거리 타워(Calgary Tower, 191m)와 아메리카 타워(Tower of the Americas, 190m), 시애틀의 스페이스 니들(Space Needle, 184m) 등 전망탑이 대부분으로 자립식 전파탑은 많지 않다.

북미에 자립식 텔레비전 탑이 적은 이유

북미에 자립식 텔레비전 탑이 적은 이유 중 하나는, 주요 도시의 초고층빌딩 위에 안테나를 설치하면 전파탑 기능을 할 수 있었기 때문이다. 굳이 자립식 전파탑을 세울 필요가 없었던 것이다.

초고층빌딩에 설치한 안테나가 예상치 못한 물의를 빚은 일도 있었다.

엠파이어 스테이트 빌딩의 첨탑에도 1953년에 높이 약 61m의 안테나가 설치되고 전파탑 역할이 부가된다. 그 후, WTC가 건설되면서 전파가 미치지 않는 지역이 발생하게 되어, 북동(1WTC)에 높이 100m 넘는 안테나를 설치하는 방안이 검토된다.

그러나 설계자 미노르 야마사키(Minoru Yamasaki)는 안테나 설치에 반대했다. 한쪽 타워에만 안테나를 세우면 트윈 타워로서의 대칭성(symmetry)이 무너져 '추한 외뿔 짐승'*이 된다고 생각했다. 한편, WTC에 전파 송신기능을 빼앗기는 모양새가 된 엠파이어 스테이트 빌딩 측도 WTC를 상대로 소송까지 벌이며 반대했다. 1978년, 결국 북동에 안테나가 설치되었고, 꼭대기 높이는 526m까지 늘어난다.

WTC를 제치고 높이 세계 제일이 된 시카고의 시어스 타워도 1982년, 당초에 없던 안테나 두 개가 설치되어 전고 519m가 됐다. 그리고 2000년에 한 개 안테나 길이가 연장되면서 527m가 되고, WTC 북동보다 높아졌다.

북미에 자립식 텔레비전 탑이 적은 또 하나의 이유가 있었다. 자립식이 아니라, 지선식(支線式)이라는 다른 구조를 채용하고 있었기 때문이다.

도시 외측에는 비자립식의 지선식 전파탑이 많이 건설됐다. 지

* 飯塚真紀子, 전게서.

선식이란 탑의 사방에 걸린 케이블로 타워를 지지하는 구조다. 케이블 설치를 위해서는 넓은 면적이 필요하나, 도시 외측에는 토지가 충분하기 때문에 건설에 지장이 없었다. 도시를 벗어나서는 사람도 거의 살지 않아, 서유럽에서와 같이 경관을 신경 쓸 필요도 없었다. 건설비용이 낮은 지선식이 선택된 것은 필연이었다.

프랭크 로이드 라이트의 타워 이상(理想)

텔레비전 안테나를 설치한 초고층빌딩으로 유명한 건축물은 엠파이어 스테이트 빌딩과 시어스 타워만은 아니다. 프랭크 로이드 라이트가 1956년에 발표한 디 일리노이(The Illinois, Mile High Illinois)가 있다. 높이 약 1.6㎞, 523층의 초초고층빌딩 계획으로, 미완의 프로젝트다. 높이 1.6㎞는 당시 세계 제일의 높이를 자랑하고 있던 엠파이어 스테이트 빌딩의 세 배가 넘는다.

이 계획은 본래 라이트가 시카고 텔레비전 탑으로 의뢰받은 것이었다. 그러나 라이트는 안테나만을 위해서 탑을 만드는 것은 아깝다고 생각하고, 높이 1.6㎞의 마천루 계획으로 발전시킨다. 전파송신 기능을 지닌 초고층빌딩 발상은 엠파이어 스테이트 빌딩과 같이 합리적이라고 할 수 있다. 그렇다고는 해도, 규모가 상당한 디 일리노이는 실현성이 높지 않았다. 디 일리노이의 연상면적은 합계 171만 5000㎡에 달했다(WTC 전체의 약 두 배). 총 13만 명이나 되는 이용자의 순조로운 흐름을 위하여 76개의 엘리베이터 설치를 계획했다. 그중 5기는 원자력으로 가동하는 분속 1마일(시속 97 ㎞)의 고속 엘리베이터다. 크라이슬러 빌딩에 설치된 엘리베이터의 약 다섯 배다. 게다가 차량 1만 5000대를 수용 가능한 주차장과 150기의 헬리콥터가 이착륙 가능한 데크도 계획됐다.

라이트는 하나의 도시라고도 말할 수 있는 마천루를 구상한 것이었다.

라이트는 고층빌딩에 파묻혀가고 있던 시카고에 불만을 품고 있었다. 그는 전부터 '고층건축은 시골의 넓고 깨끗한 자연 속에 지어야 한다'*는 생각을 가지고 있었다. 라이트는 시카고의 모든 오피스 상면적을 한 동의 거대빌딩에 집약시킴으로써, 자연 속의 도시로 되돌릴 수 있다고 생각했다. 디 일리노이는 라이트가 그린 마천루의 이상상(理想像)이었다.

프레젠테이션 도면에는 마천루의 기초를 쌓은 사람들의 이름이 남아있다. 마천루 시조의 한 사람이며, 라이트의 스승이기도 한 루이스 설리번에게는 '고층빌딩을 최초로 계획'이라는 수식어가 붙어 있으며, 전동 엘리베이터를 실용화한 엘리샤 그레이브스 오티스는 '수직 가로(街路)의 발명가'라고 기록되어 있다.** 라이트는 이 계획을 마천루 역사 속의, 하나의 도달점으로 생각하고, 그들에게 바치고자 했을지도 모르겠다.

그러나 스스로가 "지금은 이것을 실제로 지을 수 있다고 생각하는 사람이 아무도 없지만, 머지않아 이 건물이 실현 불가능하다고 생각하는 사람이 없을 것이다"***라고 말했듯이, 라이트 자신도 이 계획이 바로 실현될 것이라고는 생각하지 않았다.

디 일리노이 공표부터 반세기가 지난 지금, 높이 800m 넘는(0.5

* Olgivanna Lloyd Wright, Frannk Lloyd Wright: His Life, His Work, His Words.
** Gill, Brendan, Many Masks: A Life of Frank Lloyd Wright.
*** 二川幸夫他, フランク・ロイド・ライト全集 第1巻.

마일) 부르즈 할리파(두바이)가 서 있다. 높이 1000m(0.6마일) 넘는 킹덤 타워(사우디아라비아)도 계획되고 있다. 1마일을 넘는 초초고층빌딩은 현실로 다가오고 있다.

8 일본의 타워 붐

일본에서도 1953년, 텔레비전 방송 개시에 맞추어 텔레비전 탑이 건설된다.

일본의 타워에는 동시대 유럽의 텔레비전 탑과 다른 두 개의 특징이 있다. 하나는 탑 구조며, 다른 하나는 입지 장소다. 앞에서 이야기했듯이, 유럽의 타워는 주로 RC조였던 데 비해 일본의 타워는 철골조 주체(主體)였다. 그리고 일본의 텔레비전 탑과 뒤에서 이야기할 전망탑은 도심의 랜드마크였다는 점도, 도심에서 떨어진 장소에 세워진 유럽 타워와는 다르다.

또한, 텔레비전 방송에 대응하기 위한 필요성에서 출발했으나, 동시에 도시의 상징, 전후 부흥의 모뉴먼트가 되었다는 것도 일본 타워의 특색이라고 할 수 있다.

도쿄에 세워진 세 개의 타워

일본의 텔레비전 탑으로는 1958년 완성된 도쿄 타워(東京タワー)가 대표적이나, 텔레비전 탑의 건설은 텔레비전 방송이 개시된

1953년으로 거슬러 올라간다.

1953년 2월에는 NHK가, 8월에는 니혼테레비가 방송을 개시한다. 당초, NHK는 전용 전파탑 없이 치요다구 우치사이와이초 도쿄방송회관 부속 안테나에서 송신을 하고 있었다. 한편, 니혼테레비는 같은 구(区) 이치반초에 높이 154m의 텔레비전 탑을 건설했다. 이 텔레비전 탑은 일본 최고의 높이였다. 그러나 3개월 후, NHK가 기오이초에 높이 178m의 철탑을 건설하면서 제일의 높이에서 물러나게 된다.

니혼테레비의 탑에는 지상 74m 위치에 전망대가 설치됐다. 이 전망대 높이는 당시 타워를 제외하면 가장 높은 건축물이었던 국회의사당 높이를 약 8m 웃돌았다. 이는 거리 텔레비전(街頭テレビ)을 발명한 것으로도 알려져 있는 쇼리키 마쓰타로(正力松太郎) 사장의 발상이었다. 그리고 1955년 4월에는 라디오 도쿄(현 도쿄방송, TBS)가 텔레비전 방송을 개시하면서 아카사카에 173m의 전파탑을 건설했다(완성은 전년도인 1954년에 됐다).

타워 난립에 대한 비판적 의견도 적지 않았다. 한 개 타워를 함께 사용하면 충분한데도, 세 개나 만드는 것은 경제적이지 못할 뿐 아니라, 시청자도 선국할 때마다 안테나의 방향을 바꾸지 않으면 안 되기 때문이었다. 당초 니혼테레비는 NHK와 라디오 도쿄에 자사 전파탑의 공용을 타진했다고 한다. 그러나 양국 모두 거절했기 때문에, 결국 반경 1km권 내에 150m 넘는 타워가 세 개나 세워지게 된 것이다.

일본 최초의 집약전파탑, 나고야 텔레비전 탑

이러한 도쿄의 움직임을 반면 교사로 하여, 전파탑을 하나로 모은 것이 나고야였다. 1954년, NHK와 중부일본방송(CBC)이 공동으로 이용하는 나고야 텔레비전 탑(名古屋テレビ塔)이 완성됐다. 나고야 텔레비전 탑은 일본 최초의 집약전파탑이었다.

나고야 텔레비전 탑
(사진 : 大澤昭彦)

나고야 텔레비전 탑 가미노 긴노스케(神野金之助) 사장은 "그냥 그대로 놔두면 또 똑같은 것 두 개를 지을 것이다. 그것은 실로 바보 같은 짓이다"*라고 은근히 도쿄의 상황을 비판했다. 나고야 텔레비전 탑은 3국이 경합하여 각각 타워를 세운 도쿄를 보고, 아이치 현, 나고야 시, 그리고 지역의 재계가 협력하여 실현시킨 양 텔레비전국의 민관연계 프로젝트였다.

높이 180m(탑체는 135m)는 철탑으로서는 당시 일본에서 가장 높았으며, '동양 제일의 텔레비전 탑'으로도 불렸다. 또한, 전파탑만으로 사용되는 것은 아깝다는 판단에서, 에펠 탑이나 당시 서베를린에 있던 무선탑**을 참고하여 높이 90m 위치에 전망대를 설치했다.

시의 새로운 랜드마크가 될 수 있도록 적절한 장소를 선정하는

---

* 神野金之助, 名古屋テレビ塔が出来るまで, 渡部茂, 1950年代の人物風景 第3部.
** 1969년 완성된 동베를린의 텔레비전 탑과는 별도의 탑이다.

것이 필요했다. 전쟁의 피해가 컸던 나고야에는 폭원 100m의 두 개 도로를 축으로 하는 전재부흥사업이 입안되어 있었다. 그 두 개 도로가 동서방향의 와카미야오오도리(若宮大通)와 남북방향의 히사야오오도리(久屋大通)다. 텔레비전 탑은 히사야오오도리의 중앙녹지대(후에 히사야오오도리 공원으로 정비된다) 안에 세워졌으며, 전재로 소실된 나고야 성을 대신하여 부흥의 상징으로 자리를 잡았다(나고야 성의 천수는 1959년에 재건된다).

나고야 텔레비전 탑은 곧게 뻗은 100m 도로의 시야를 가로막지 않도록, 엘리베이터 샤프트(elevator shaft)를 지상까지 내리지는 않았다. 또한 텔레비전 탑 탑체에 올릴 광고를 조례로 규제했다. 다양한 경관적 배려가 이루어진 것도 나고야 텔레비전 탑의 특징이라고 할 수 있다.

도쿄 타워와 쇼리키 타워 구상

집약전파탑의 흐름은 1957년 준공된 삿포로 텔레비전 탑(147m), 1958년의 도쿄 타워(333m) 건설로 이어진다.

도쿄 타워 건설 배경에는 텔레비전 방송국의 증가가 있었다. 종래의 3국에 더해서 후지텔레비전, NET(현, 테레비아사히)가 면허허가를 신청하고 있어서, 합계 다섯 개나 되는 타워가 세워질지도 모르는 상황이었다.

탑의 일체화가 필요하다고 생각한 우정성(현 총무성)은 관동 일원으로 송신하는 집약전파탑 건설을 추진했다. 그 중심적 역할을 한 인물이 전파감리국장 하마다 시게노리(浜田成徳)였다. 하마다는 도쿄 타워 계획이 결정되기 이전에 집약적 전파탑 계획을 신문에 발표했다. 하마다는 '그 계획안은 각국의 텔레비전 탑을 하나로 모아서 궁성* 안의 가장 높은 장소, 지금은 기타노마루 공원이 되어 있는 쪽에 탑을 건설하는 것'이었다고 회상한다. 철탑의 높이는 500m 정도로 하며, 적당한 위치에 전망대를 설치하여 방문객에게 관광용으로 제공하고, 동시에 이곳과 하네다 공항을 잇는 모노레일을 부설하는 계획이었다.** 사업주체로서 이 계획에 관심을 가진 한 사람이 산케이신문사 사장 마에다 히사키치(前田久吉)였다. 이 계획안은 실현되지는 않았으나, 마에다는 시바 공원 안에 세계 제일의 집약전파탑을 만드는 안을 우정성에 제출하고 결정에 이르도록 한다.

마에다는 1957년 일본전파탑주식회사(日本電波塔株式会社)를 설립하고 구조엔지니어 나이토 다추(内藤多仲)에게 설계를 발주한다. 나이토는 라디오방송 개시 때부터 NHK의 전파탑 설계에 관여했으며, 나고야 텔레비전 탑이나 삿포로 텔레비전 탑, 그리고 뒤에서 이야기할 오사카의 츠텐카쿠에도 참여한 인물이다. 후에 '탑 박사'로 불리게 되는 구조설계의 제일인자다.

마에다는 도쿄 타워의 높이가 333m가 된 이유로 "어차피 만든다면 세계에서 제일…, 에펠 탑을 넘어서지 않으면 의미가 없다"***라고 했다. 당초 타워의 높이는 380m로 검토했다. 세계 제일의 높이를 목표로 한 것은 아니었다. 380m의 근거는 관동 전역에 전파를 보내는 데 필요한 높이로 기술적인 것이었다. 최종적으로는,

* 황궁(皇宮).
** 前田久吉傳編纂委員会編, 前田久吉傳.
*** 前田久吉, 東京タワー物語.

안테나의 흔들림을 제어할 수 없게 될 우려가 있어 높이를 333m로 낮추었다. 또한 나이토는 슈투트가르트의 텔레비전 탑을 포함하여 유럽의 타워와 같이 RC조도 검토한다. 그러나 무게가 너무 무거워지고, 지진에 견딜 수 있는 기초설계가 어렵다는 이유로 단념했다고 한다. 덧붙이면, 일본의 RC조 전파탑으로는 1921년에 완성된 하라마치 무선탑*이 있다. 높이는 약 201m로 도쿄 타워가 세워지기까지 일본 제일의 높이를 자랑하는 자립식 전파탑이었다 (노후화로 1982년에 해체된다).

공사를 시작하고 약 1년 3개월 후인 1958년 12월, 시바 공원 한쪽에 개각식 철탑인 도쿄 타워가 완성된다. 나고야의 전망탑 높이가 30m, 삿포로는 31m였던 것에 비해, 도쿄 타워에는 전망대가 두 개 층 120.5m와 125.2m 높이에 만들어졌다(모두 지상 높이를 말한다). 그리고 1967년에는 223.9m 높이에 있던 작업대를 특별전망대로 개조하여 일반에 공개한다. 그 배경에는 당시 건설 중이던 가스미가세키 빌딩이 있었다. 가스미가세키 빌딩 최상층(36층)에 설치 예정이었던 '전망회랑'의 높이가 도쿄 타워 전망대보다 높다는 것이 알려졌기 때문에, 새로 특별전망대를 설치하여 일본에서 가장 높은 전망대라는 자리를 지킨 것이다.

독자의 타워를 가지고 있던 3국 중 NHK와 TBS는 송신소를 도쿄 타워로 이전했으나, 니혼테레비는 이전을 거부했다. "훌륭한 자기 집에서 살고 있는데, 이제 와서 셋방으로 들어가겠는가."** 사장 쇼리키 마츠타로의 변명이었다. 일찍이 자사 탑의 공동이용을

* 磐城無線電信局原町送信所.
** 鈴木康雄, 世界一正力タワーへの風当たり, 財界16, 1968년 9월 1일호.

거절한 일도 있었으며, 도쿄 타
워는 쇼리키가 사주인 요미우리
신문의 라이벌지 산케이신문이
주도하여 세워졌다는 경위도 있
었다. 쇼리키로서는 도쿄 타워
로 옮겨가는 것은 심정적으로도
불가능했을 것이다.

도쿄 타워
(사진 : 大澤昭彦)

니혼테레비는 자사의 전파탑
을 계속 사용하고 있었으나, 도
시 고층화에 따른 전파장애에
대응하기 위해 1968년 5월에 높이 550m의 '쇼리키 타워(正力タワ
ー)' 구상을 공표한다. 가스미가세키 빌딩이 완공된 다음 해였다.
1969년 3월에는 NHK도 공공방송이 민간의 도쿄 타워를 계속해서
빌려 쓸 수는 없다며 600m 급의 텔레비전 탑 구상을 발표한다. 이
는 NHK와 니혼테레비의 새로운 불화의 계기가 된다.

그 해, 쇼리키가 사망한다. 쇼리키 타워 계획도 추진자였던 그
의 죽음과 함께 소멸하게 된다.

한편, NHK는 높이 610m 타워를 요요기 공원 안에 건설하는
계획을 구체화해 간다. 이 NHK타워의 구조설계는 무토 기요시
가 이끄는 무토키요시 구조역학연구소(武藤構造力学研究所)가 담당
하고, 의장설계는 건축가 미카미 유조(三上祐三)가 맡았다.

미카미는 건축가 욘 우츠손(Jorn Utzon)과 구조엔지니어 오브 아
랍(Sir Ove Nyquist Arup)의 조수로 시드니 오페라하우스(Sydney Opera
House) 설계에 참여했으며, 당시 막 귀국한 젊은 건축가였다. 탑

이 완성된다면 오스탄키노 타워의 높이를 제치고 세계 제일의 텔레비전 탑이 탄생하는 것이었다. 그러나 이 계획도 최종적으로는 사라지고 꿈으로 끝나게 된다.

텔레비전 방송 개시부터 도쿄 타워의 건설, 그리고 그 후 600m급 타워 구상까지의 흐름을 보면, 타워가 미디어 간의 주도권 싸움의 도구가 됐던 당시의 구도를 알 수 있다.

츠텐카쿠

쇼와 30년대*에는 텔레비전 탑이 아닌 관광을 목적으로 하는 특화된 전망탑도 다수 건설됐다. 모두 100m 정도 높이로 도쿄 타워에 미치지는 못했으나, 오사카의 츠텐카쿠(通天閣), 요코하마 마린타워, 고베 포트타워(神戸ポートタワー), 교토 타워 등과 같이 각 도시의 상징이 됐다. 이들 전망탑에 대해서도 살펴보자.

우선, 츠텐카쿠. 쇼와 20년대**는 전후 자재 부족의 시대였다. 그러나 1956년 경제백서(연차경제보고)에 "이제는 전후가 아니다"라고 기록되어 있듯이, 쇼와 30년대가 되면서 자재 부족도 거의 해소되어 관광목적의 전망탑을 만들 여유가 생겨나고 있었다. 그 경제백서가 발행된 해에 완성된 것이 오사카의 츠텐카쿠다.

이 츠텐카쿠는 사실 2대째였다. 초대 츠텐카쿠는 1912년 준공된 높이 250척(약 76m) 타워로, 1943년에 화재로 소실됐다. 전후가 되어, 1954년 나고야 텔레비전 탑 완성에 자극을 받아, 신세계 오사카의 상징으로 츠텐카쿠를 다시 재건하자는 움직임이 생겨났

---

* 1950년대 중반부터 1960년대 중반까지의 시기.
** 1940년대 중반부터 1950년대 중반까지의 시기.

다. 1955년, 지역 주민자치회를 중심으로 츠텐카쿠 관광주식회사(通天閣株式会社)가 설립된다. 츠텐카쿠는 지역의 출자에 의해 건설된 것이다. 츠텐카쿠 재건은 나고야 텔레비전 탑과 함께 전후부흥의 상징이었다.

츠텐카쿠
(사진 : 大澤昭彦)

츠텐카쿠는 사각형 건축물 위에 팔각형의 철탑이 올라가 있는 모습으로, 가장 높은 꼭대기에 2층의 전망대가 설치된 103m의 타워다. 텔레비전 탑이 아니기에 꼭대기에 안테나를 둘 필요는 없었다. 설계자 나이토는 "장소의 특성을 생각하여, 서민들이 친근함을 느낄 수 있도록 윗부분을 넓혀서 전망대로 하고, 잘록해진 부분은 보강재를 늘려서 깃발이나 장식을 달 수 있도록 했다"고 설명한다.* 나이토는 발주자에게 나고야의 탑보다 높게 해달라는 요청을 받았다고 하나,** 나고야 텔레비전 탑의 높이 180m에는 한참 못 미치게 건설된다. 전망에서라도 이기고 싶어 전망대 높이를 나고야보다 1m 더 높은 91m로 했다고 한다.

타워는 멀리서도 보이기 때문에 선전이나 광고에 매우 효과가 좋은 매체다. 츠텐카쿠도 탑체의 사방에 설치된 네온사인이 특징이었다. 타워의 경관을 의식하여 조례로 광고물 게시를 금지한 나고야 텔레비전 탑과는 대조적이다.

---

* 日本の耐震建築とともに.
** 通天閣30年のあゆみ.

여담이지만, 경관규제가 엄격하다고 알려진 파리의 에펠 탑도 한 때 광고탑이 됐던 적이 있다. 입장자 수 감소를 보전하기 위한 궁여지책으로 시트로엥의 네온광고를 게시한 적이 있다. 1920년 대부터 1936년까지의 일이다.

요코하마 마린타워

츠텐카쿠 완성 5년 후인 1961년, 요코하마 항에 요코하마 마린타워(横浜マリンタワー)가 완성된다. 요코하마 마린타워는 요코하마 개항 100주년이 되던 1959년에, 시내를 한눈에 바라볼 수 있는 상징적인 타워로 건설이 결정됐다. 타워는 전후 미국이 접수하고 있던 야마시타 공원과 일체적으로 정비되어 요코하마 항 부흥의 상징이 된다.

요코하마 마린타워는 전고 106m의 철골조 탑이다. 4층의 원형 건물 위에 십각형 평면의 철골 탑체가 올려지고, 그 꼭대기에 2층의 전망대가 설치됐다. 전망대(2층 부분)의 바닥은 높이 91m로 츠텐카쿠 전망대(처마 높이 91m)보다 높다.

타워의 목적에는 요코하마 항을 항행하는 선박의 안전 확보도 포함되었기 때문에 높이 101m 위치에 등대가 설치됐다. 적색과 녹색 섬광으로 해상을 비추었으며, 그 빛은 47㎞ 거리까지 도달했다. 현재 등대 기능은 없어졌으나, 당시 세계에서 가장 높은 등대였다. 앞서 제1장에서 다루었던 알렉산드리아 파로스의 대등대를 생각해보면, 마린타워보다 더 크다. 2000년 이상 앞서 만들어진 파로스 대등대가 얼마나 거대한 것이었는가를 알 수 있다.

요코하마 마린타워가 생기기 전에는, 요코하마 항의 상징이라고 하면 요코하마 세관의 '퀸 탑'(51m), 가나가와 현 본청사의 '킹 탑'(49m), 요코하마 시 개항 기념회관의 '잭 탑'(36m)의 이른바 '요코하마 3탑'이었다.

이 중에서 가장 높은 퀸 탑은 1934년에 완성됐다. 본래는 47m 높이로 계획되어 있었다. 그러나 가네코 류조(金子隆三) 세관장이 "일본의 현관인 국제항 요코하마 세관의 청사라면 더 높아야 한다"*고 해, 킹 탑보다 높은 51m가 되었다고 한다. 마린타워는 그 두 배가 넘는 높이의 타워로, 요코하마 항의 새로운 상징이 된다.

그 후, 1993년 높이 296m의 요코하마 랜드마크 타워가 준공되면서 요코하마의 랜드마크 자리는 다시 바뀌게 된다.

요코하마 마린타워
(사진 : 大澤昭彦)

요코하마 세관
(출처: 요코하마 관광정보 웹사이트(https://www.welcome.city.yokohama.jp))

---

* 横浜税関 홈페이지.

일본의 주요 텔레비전 탑 및 전망대(1650~1960년대)

건물명	소재지	준공연도	높이(안테나 포함)	구조	주요 목적
니혼테레비 탑	도쿄, 니반초	1953년	154m	철골	전파송신, 관광
NHK키오이초 방송소※	도쿄, 기오이초	1953년	178m	철골	전파송신
나고야 텔레비전 탑	나고야, 히사야오도리 공원	1954년	180m	철골	전파송신, 관광
라디오도쿄(현 TBS) 텔레비전 탑※	도쿄, 아카사카	1954년	173m	철골	전파송신
츠텐카쿠(2대째)	오사카, 신세카이	1956년	103m	철골	관광
도쿄 타워	도쿄, 시바 공원	1958년	333m	철골	전파송신, 관광
요코하마 마린타워	요코하마, 야마시카 공원 앞	1961년	106m	철골	관광, 등대
고베 포트타워	고베, 메리켄파크	1963년	103m(현재는 108m)	철골	관광
교토 타워	교토, 교토 역 앞	1964년	131m	응력외피	관광

※ 현존하지 않음.

쇼와 시대 축성 붐과 천수 재건

제3장에서 보았듯이, 근대 이전의 타워는 텔레비전 탑이나 전망대가 아니라 성의 천수가 대표적이었다. 그러나 많은 수의 천수는 메이지 신정부에 의해 폐성되거나, 제2차 세계대전 때 공습 등으로 소실된다.

에도 시대에 소실됐던 오사카 성의 천수는 1931년 쇼와 천황 즉위를 기념하여 재건된다. 최초의 RC조 천수였다.

이를 계기로 전후 부흥기에는 RC조 천수의 재건이 유행하게 된다. 앞에서 보았듯이 1950~1960년대는 전파탑·전망탑 붐이 있었으나, 한편으로 축성 붐의 시대기도 했던 것이다.

일본 각지에서는 부흥을 이룬 도시의 상징으로 천수가 재건됐다. 본래 목조였던 천수가 다른 모습으로 재건되거나 본래 없던

쇼와 시대 재건된 주요 천수

재건연도	성 명칭
1954년	기시와다 성
1956년	기후 성
1958년	하마마츠 성, 와카야마 성, 히로시마 성
1959년	오가키 성, 오카자키 성, 나고야 성, 코쿠라 성, 아타미 성※
1960년	오다와라 성, 구마모토 성, 시마바라 성
1961년	마츠마에 성
1962년	이와쿠니 성, 히라도 성
1964년	나카츠 성
1965년	아이즈와카마츠 성(츠루가 성)
1966년	오카야마 성, 후쿠야마 성, 가라츠 성
1968년	오노 성
1970년	다카지마 성

출처: 平井(2000), 木下(2007)를 기초로 작성.
※ 아타미 성은 재건이 아니라 새로 건설한 것임.

전망대가 설치되는 등, 사실에 반한다는 비판적 의견도 적지 않았다. 그러나 천수 복원에는 '패전 후 도시 주민에게 정신적으로 의지할 곳이 되는 동시에 관광자원으로서 경제적 효과를 만들어낼 것'이라는 기대가 있었다. 시민과 지역 상공 관계자 모두에게 환영을 받았다.*

유럽에서 사람들의 정신적 지주가 됐던 랜드마크는 대성당이었다. 일본의 그것은 도시에 솟아 있는 천수였을 것이다. 그런 의미를 생각하면, 텔레비전 탑과 전망대 등 타워 붐과 함께, 전국에서 천수를 재건하여 전망탑으로 활용한 것은 필연이었을지도 모르겠다.

* 木下直之, わたしの城下町.

9 고층화가 가져온 그림자

전후 경제성장을 배경으로 오피스와 주택의 수요가 확대되고, 이는 빌딩의 고층화를 재촉했다. 게다가 텔레비전이라는 새로운 미디어 탄생은 새로운 타워인 텔레비전 탑의 발달을 가져왔다. 다시 말하면, 고층화 흐름은 시대의 요청이기도 했다.

다른 한편, 도시에서의 고층화가 반드시 바람직한 결과를 낳은 것은 아니었다. 고층화가 가져온 부정적 측면이 현재화(顯在化)한 것도 이 시대였다. 1960년대부터 1970년대에 걸쳐 건물의 안전성과 치안, 그리고 그때까지의 역사적인 경관과의 알력 등 문제에도 직면하지 않을 수 없게 된다.

안전성: 런던의 고층주택 폭발사고

사람이 고층건축물에 살게 되면서 건물의 안전성 확보가 특히 중요시돼 갔다. 고층주택의 안전성 문제에 대해 런던의 로난 포인트(Ronan Point) 주택의 폭발·붕괴 사고를 예로 들어보자.

영국에서는 1960년대, 기성시가지 슬럼을 일소하기 위해 재개발이 추진되고, 정부는 그 대체주택으로 고층단지를 건설한다. 런던 동부의 로난 포인트 주택도 이 시기에 건설된 고층주택단지 중 하나였다.

1968년 5월, 22층 건물의 고층동에서 폭발이 일어나고, 260명의 거주자 중, 4명이 사망, 11명이 부상을 입는다. 원인은 건물 18층에서 일어난 가스폭발이었다. 이 건물은 사고가 일어나기 불과 2 개월 전에 완공된 것이었다.

구조상 결함이 건물의 붕괴를 가져왔다고 한다. 가스폭발로 벽이 무너진 것이다. 지지 받지 못하게 된 상부가 무너지고, 마치 트럼프 카드로 쌓은 탑이 무너지듯이, 아래층이 연쇄적으로 붕괴됐다.

당시, 영국 내에는 이 주택과 같은 종류의 건물 약 600개 동이 있었다. 이들 건물에 가스공급이 중지되었으며, 프리패브(prefabrication) 공법에 관한 기술기준도 강화된다.

사고가 발생하고 1년도 지나지 않아 붕괴를 예방하기 위한 보강재를 사용하여 로난 포인트 주택을 재건한다. 그러나 1984년 벽에 균열이 생겨 버렸다. 1986년 주택은 철거되고 저층의 테라스하우스로 바뀌게 된다.

로난 포인트 사고로 고층주택에 대한 의심, 불안은 더욱 확고해졌다. 영국 정부는 주택정책의 전환을 추진하고, 주택단지는 고층에서 저층으로 점차 치환돼 간다.

치안: 세인트루이스 시 고층주택의 폭파·해체

고층주택의 치안 문제가 제기된 것도 이 시대였다.

미국에서는 제2차 세계대전 후, 인구증가에 따른 주거환경 악화와 복원병(復員兵) 주택부족 등의 문제가 생기게 되면서, 이에 대응하기 위해 도시재개발사업에 의한 불량주택지구 제거(slum clearance)와 저임대료 주택 공급을 추진한다. 1956년 건설된 세인트루이스 시의 프루이트 아이고(Pruitt-Igoe)는 이러한 배경에서 건설된 주택단지 중 하나다.

단지 설계자는 WTC를 설계한 미노르 야마사키였다. 당초 야마사키는 23만㎡ 부지에 8층의 고층아파트군과 그 사이에 정원을 만드는 아이디어를 시에 제안했다. 고층화를 도모하면서도 건폐율을 5~10%로 하여, 거주밀도를 낮추고 거주자가 자유롭게 사용할 수 있는 옥외 공간을 만들고자 하는 계획안이었다.

그러나 시 당국은 '보통 집보다 좋은 환경은 인정할 수 없다'라며 이 안을 거절했다. 시 당국은 1ha당 75호를 계획했던 야마사키에게 그 약 1.7배인 125호를 요구한 것이다. 야마사키는 한 번 거절했으나, 최종적으로는 11층 고층주택 33동의 거대한 주택단지가 완성된다. 합계 2764호, 약 120호/ha였다. 법률에서 정하고 있던 공영주택 높이 11층 기준이 일률적으로 적용됐다.

시가 요구한 '1ha당 125호'가 극단적으로 고밀이었다는 것을 이야기하려는 것이 아니다. 프루이트 아이고 단지의 문제는 야마사키가 예상하지 못했던 부분에서 발생했다.

우선은 설비 문제다. 비용을 줄이기 위해 품질이 낮은 열쇠와 문손잡이, 엘리베이터 등을 사용한 것이 화근이 됐다. 사용하기 시작하자 바로 부서진 설비가 적지 않았다. 유지보수도 부실해 벽의 도장은 벗겨진 채였고, 고장난 환기팬이나 떨어진 방충망도 그대로 방치됐다.

건물의 배치계획에도 문제가 있었다. 오픈 스페이스에서 바로 각각의 건물로 들어갈 수 있는 구조로 계획했기 때문에 아무나 쉽게 건물로 들어갈 수 있었다.

이런 문제에 더하여, 저소득층 중심의 거주자 구성과 실업률 상승 등 다양한 상황이 겹쳐진 결과, 단지는 범죄의 온상이 됐다. 강도나 살인 같은 강력범죄가 횡행했다. 치안의 악화는 파괴행위 (vandalism)를 야기시켰고, 단지는 계속해서 황폐해져 갔다.

단지가 완성되고 약 10년이 지난 1965년, 실업자가 있는 세대가 전체의 38%에 이르렀다. 1969년에는 임대료 지불 거부 시위가 9개월간 이어졌다. 34개 엘리베이터 중 80%가 넘는 28기가 작동을 멈췄으며, 단지의 환경은 더욱 악화돼 갔다. 1970년에는 공실률이 65%를 넘어섰고, 2년 뒤인 1975년에는 75%로 상승했다. 약 2000호가 공실이었다. 당시 공실률이 30~40%인 고층주택단지가 적지 않았으나, 그중에서도 프루이트 아이고는 환경 악화가 심하여 손을 쓸 수 없을 정도의 상황에 빠져 있었다.

1972년 3월, 시 당국은 단지를 폭파 해체한다. 완공부터 겨우 16년이 지난 일이었다. 이와 같은 단지의 해체는 미국의 다른 도시에서도 이루어졌다. 슬럼의 일소를 목적으로 했던 재개발이 아이러니하게도 새로운 슬럼을 낳은 것이다. '관제(官製) 슬럼'이라는 야유가 생겼다. 프루이트 아이고는 근대 도시계획, 공공주택정책 실패의 상징이 됐다. 건축평론가 찰스 젠크스(Charles Jencks)는 "모더니즘 건축의 죽음"이라고 표현했다.*

우연이지만, 프루이트 아이고 단지가 폭파된 해에, 같은 야마사키가 설계한 WTC의 북동이 완성됐다. 그리고 약 30년 후인 2001년, 센터는 테러의 표적이 되어 붕괴된다. 야마사키의 손에 의한 고층건축물은 모두 붕괴라는 형태로 시대의 전환점을 상징

* The New Paradigm in Architecture: the Language of Post-modernism.

프루이트 아이고 단지 폭파 해체

(출처 : Peter Hall, 2002, Cities of Tomorrow, third edition, p.257, Blackwell Publishing)

하게 됐다.

건축가 · 도시계획가 오스카 뉴먼(Oscar Newman)은 단지의 치안 문제에 대해, 건물 높이가 치안의 악화를 조장한다고 지적했다. 뉴먼은 뉴욕의 단지 100개를 대상으로 범죄발생률을 분석하고, 범죄율이 건물 높이에 비례하고 있음을 보여주었다.

예를 들어, 인구 1000명당 흉악범죄 발생률을 보면, 3층 건물에서는 평균 아홉 건인 것이 비해, 6~7층은 12건, 13층 이상에서는 약 20건으로 나타났다. 뉴먼은 층수가 높아질수록 범죄발생률이 높아진다는 것, 범죄의 발생장소로 엘리베이터가 특히 많다는 것, 고층주택은 사람들에게 보이지 않는 사각이 많기 때문에 범죄율이 높다는 것 등을 지적했다.

물론, 치안 악화의 원인을 건물의 높이만으로 설명할 수는 없다. 조악한 설비, 건물의 배치, 거주자 구성 등 여러 가지 요인이 복합적으로 작용한다. 그러나 앞에서 보았던 로난 포인트의 폭발 사건이나 프루이트 아이고 단지의 폭파 해체 등을 거치면서, 1960년대와 1970년대 구미사회에서는 고층주택에서 사는 것에 대한 불안이 점차 커지게 된다.

파리의 초고층빌딩과 역사적 경관

고층화는 도시의 경관에도 커다란 영향을 미쳤다. 초고층빌딩이 일반화되어 가면서 역사적 축적 속에서 만들어져 온 거리의 풍경도 급속히 변화해 갔다. 고층화는 비판의 대상이 됐다. 그것은 도시가 역사 속에서 키워온 물리적, 시간적 연속성이 단절된 것에 대한 사람들의 반발이기도 했다.

파리에서는 엄격한 높이제한으로 오스만 대개조 이후의 도시경관이 보전되어 오고 있었다. 그러나 초고층화의 파도가 이 역사 도시에도 찾아온다. 1967년의 규제완화로 초고층건축물의 건설이 가능해졌고, 1973년에 높이 209m, 59층의 몽파르나스 타워(Tour Montparnasse)가 건설된다. 몽파르나스 타워는 1990년 프랑크푸르트에 멧세 타워(257m)가 건설될 때까지, 서유럽에서 가장 높은 건축물로 군림했다.

시 남부에 위치한 몽파르나스는 일찍이 피카소, 고갱, 마티스, 모딜리아니, 후지다 츠구하루 등 예술가와 헤밍웨이, 헨리 밀러, 프랜시스 스콧 피츠제럴드 등의 소설가가 찾은 거리로, 여기저기 자리 잡은 카페는 그들이 모이는 장이 됐다. 일대에는 극장이나 댄스홀, 영화관 등도 있었으며, 화려하고 아름다운 파리의 문화를 상징하는 거리였다. 그러한 역사적 기억과는 대조적인 초고층빌딩이 몽파르나스에 세워진 것이다.

몽파르나스 타워 건설의 시작은 1950년대에 결정된 몽파르나스 역 주변 재개발계획으로 거슬러 올라간다. 몽파르나스 역을 그 남측에 위치한 메느 역과 통합하고, 그 종전 자리에 몽파르나스 타

몽파르나스 타워
(사진 : 大澤昭彦)

워를 건설하는 계획이었다. 1968
년 앙드레 말로(André Malraux) 문
화대신이 허가하고, 다음 해에
는 조르주 퐁피두(Georges Jean
Raymond Pompidou) 대통령이 승
인하여 공사가 개시됐다.

말로는 프랑스의 유명한 문학
상인 공쿠르 상(Prix Goncourt)을
수상한 작가이기도 하며, 말로법(法)(정식명칭은 '프랑스의 역사적 및 미
적 유산 보호에 관한 법률을 보완하고, 부동산 수복의 촉진을 목적으로 하는 1962년
8월 4일의 법')을 만든 인물로도 알려져 있다. 말로법은 역사적 건조
물 단체(單體)를 보전하는 것만이 아니라, 그 주변을 포함한 일대
의 역사적 도시경관과 환경의 보전을 목적으로 한 법률이었다. 말
로는 당시, 매연 등으로 심하게 오염된 시내 건물의 외벽을 깨끗
이 하는 조치도 취하고 있었다. 지금, 역사도시 파리의 모습을 볼
수 있는 것은 말로의 공적이라고 해도 과언이 아니다.

그 정도로 파리의 역사적 환경 보전에 주력한 말로가 허가한 것
을 생각하면, 당시의 고층화 조류에는 막을 수 없을 정도의 힘이
있었던 것으로 보인다.

그러나 완성된 몽파르나스 타워에 대한 시민의 반발은 컸다.
1977년 파리 시장에 취임한 자크 시라크(Jacques René Chirac, 후에 프랑
스 대통령이 된다)는 "이제 더 이상, 파리에 타워는 필요 없다"고 선
언한다.* 고층빌딩이 파리의 전통적 도시경관을 해친다며 파리 시

* 鳥海基樹, 住まいの風土性と持続性を恢復するために都市設計は如何にあるべきか, Augustin Berque편, 日本

는 다시 규제강화로 전환하게 된다.

파리 사람들은 고층빌딩이 가져오는 '새로운 도시상'보다 19세기 이전의 파리를 선택한 것이다. 파리 내에서는 최대 높이 37m(재개발구역)로 제한됐다. 시내에는 초고층빌딩이 건설될 수 없게 되었으며, 고층화는 라데팡스(La Defense)와 같이 파리 시에서 떨어진 근교부 신시가지로 한정됐다.

교토의 경관과 교토 타워

마지막으로, 일본에서 고층화와 경관을 둘러싸고 일어났던 몇 가지 문제를 살펴보자.

첫째, 1964년 교토 역 앞에 건설된 교토 타워(京都タワー, 131m)를 둘러싼 미관 논쟁이다.

계획은 1950년대 말에 세워졌다. 당초 계획단계에서는 타워를 건설할 예정이 없었다. 역 앞의 교토 중앙우편국 종전 부지에 높이 31m의 관광센터 및 호텔을 건설하려던 것이었다. 그 후, 요코하마 마린타워의 완성을 본 사업회사의 간부가 타워 건설을 생각했고, 31m 건물 위에 높이 100m의 타워를 올리는 계획으로 변경했다.

타워의 토대부분은 1000% 넘는 고용적률 건물로, 높이 31m 제한 아래에서 건설된 고층빌딩의 전형이었다. 그리고 토대 위의 타워에는 '교토의 현관에 어울리는 우아함'이 요구됐다.*

의장설계를 담당한 건축가 야마다 마모루(山田守)는 도쿄 타워와

の住まいと風土性.
* 株式会社京都産業観光センター社史刊行委員会, 京都タワー十年の歩み.

교토 타워

(사진 : 大澤昭彦)

나고야 텔레비전 탑, 요코하마 마린타워 등과 같이 철골이 드러나는 것이 아닌, 동판으로 덮은 백악(白堊)의 원통형 디자인을 제안했다. 항공법 시행규칙에 따르면 황적색과 흰색을 번갈아 띠 모양으로 칠할 필요가 있었으나, "풍치(風致), 그 외 관계를 보아도 어울리지 않는다"*라며 항공 당국과 절충을 거듭했다. 그 결과, 낮에 항공장애등을 점등하는 것과 부분적으로 적색을 채색하는 것으로, 흰색을 기조로 하는 탑체가 실현된다.**

이와 같이 교토의 미관을 고려하여 세워진 교토 타워였으나, 타워가 세워지면 교토의 아름다운 경관을 해친다는 반대론도 분출됐다. 1964년 4월, 교토에서 25년을 살아온 프랑스인 장 피에르 오슈코느(Jean Pierre Hauchecorne) 교토외국어대학 교수가 교토시장에게 타워 건설에 대한 항의서를 제출한 것이 계기가 됐다.

건축학자・건축가 니시야마 우조(西山夘三) 등이 설립한 '교토를 사랑하는 모임(京都を愛する会)'은 건설 중지를 요구하는 권고문을 사업회사에 제출하고 내용을 공표했다. 높이 131m 타워를 건

---

* 전게서.
** 앞에서 살펴본 슈투트가르트(Stuttgart) 텔레비전 탑도 이와 같은 색채의 배려를 받았다.

교토 타워 건설에 반대서명을 한 주요 인사

출처: 교토를 사랑하는 모임(1964)

설하는 것은 교토의 품위를 더럽히고 안이한 근대화로 문화를 파
괴하는 것이라는 비판이었다. 이러한 주장은 전국지 사설이나 건
축잡지 등에도 전개됐다. 다른 단체도 같은 취지의 항의문과 호
소문을 공표했다.

　'교토를 사랑하는 모임'은 호소문을 전국 문화인, 재계인, 예술
가, 건축가, 학자, 언론기관 등에게 보내고 서명을 받았다. 작가
다니자키 준이치로(谷崎潤一郎)는 서명과 함께, "타워 건설에는 말
할 것도 없이 당연히 반대합니다. 그런 어리석은 짓은 교토를 더
럽히는 것이라고 생각합니다"*라는 비판을 남겼다.

---

* 京都を愛する会, 古都の破壊.

도우지의 오층탑과 교토 타워
(사진 : 大澤昭彦)

서명 리스트를 보면, 마에카와 구니오(前川國男), 사카쿠라 준조(坂倉準三), 단게 겐조(丹下健三) 등 저명한 모더니즘 건축가들이 이름을 올렸다. 안토닌 레이몬드(Antonin Raymond)*는 일본건축가협회 회장에게 "교토는 단지 일본의 교토가 아니라, 세계의 교토기도 합니다"**라는 내용을 담아 항의문을 보냈다. '교토'라는 장소의 중요성 측면에서 반대론을 전개한 것이다.

한편, 당시 지역성에 의한 것이 아닌, 보편적 건축을 목적으로 하는 모더니즘 건축은 이미 전환점을 맞이하고 있었다. 지역풍토와 장소성이 고려된 건축이 요구되고 있었다.

건설의 가부를 판단하는 교토 시의 부시장 마츠시마 기치노스케(松嶋吉之助)는 "법률적으로 타워 건설에는 아무런 문제가 없다. 진정한 교토의 모습은 역 앞에 타워를 세우는 정도로 파괴되는 것이 아니다"***라고 견해를 밝혔다. 결국 타워는 완성된다.

그렇지만 교토 시는 1972년 교토 시 시가지경관조례(현 시가지경관정비조례)를 제정하고, 시내의 주요 지역을 '거대공작물 제한구역'으로 지정한다. 이 조례에 의해서 공작물 높이는 50m로 제한되었으며, 교토 타워와 같은 거대한 공작물 건설은 불가능해졌다.

* 프랭크 로이드 라이트 아래에서 제국 호텔의 설계에 관계한 모더니즘 건축가.
** 전게서.
*** 株式会社京都産業観光センター社史刊行委員会, 전게서.

즉, 시가 교토의 랜드마크는 도우지의 오중탑(약 55m)이나 히가시 야마 등 산줄기라는 것을 인정한 것이다.

도쿄의 황거 주변 경관을 둘러싼 미관논쟁

두 번째는 도쿄 황거(皇居)의 예다.

교토 타워 논쟁의 2년 후, 1966년 도쿄에서도 미관논쟁이 일어난다. 황거의 안쪽 해자(垓字)에 면한 도쿄해상화재보험(현 도쿄해상 일동화재보험)* 본사 빌딩 구관의 재건축계획을 둘러싸고 일어난 것으로, 통칭 '마루노우치 미관논쟁'이다. 고층빌딩은 새로운 도시미(都市美)의 상징이라는 찬성의견과 고층빌딩에 의해 마루노우치와 황거의 조화로운 경관이 파괴된다는 반대의견이 대립했다. 총리대신 사토 에이사쿠(佐藤栄作)가 황거를 포함한 미관지구 내에 고층빌딩을 짓는 것은 '바람직하지 않다'**고 답변하는 등, 국회도 논쟁으로 끌려들어갔다.

재건축 전의 도쿄해상빌딩(東京海上ビルディング) 구관은 다이쇼 시기에 만들어진 높이 약 30m의 건물이었으나, 새로운 도쿄해상 빌딩 본관은 그 약 네 배의 높이 127m(최고 높이 130.8m), 30층으로 계획됐다. 설계는 건축가 마에카와 구니오가 맡았다.*** 마에카와는 '앞으로의 도시는 사람들이 쉴 수 있는 광장이 있는 고층빌딩을 필요로 한다'는 생각으로, 부지의 3분의 2를 공지로 개발하는 계획을 세웠다. 앞에서 이야기했듯이, 도쿄 일부에서는 용적지구

---

* 東京海上日動火災保険株式会社(Tokio Marine & Nichido Fire Insurance Co., Ltd.).
** 참의원예산위원회, 1967년 12월 19일.
*** 교토 타워 논쟁에서 반대에 섰던 건축가기도 하다.

가 지정되어 31m 높이제한이 철폐되고 있었다. 즉, 도쿄에는 이미 시그램 빌딩과 같은 타워 인 더 파크형의 초고층빌딩이 실현을 앞두고 있었다.

시행자인 도쿄해상화재보험은 도쿄 도에 건축확인 신청을 했으나, 좀처럼 확인은 이루어지지 않았다. 도쿄 도는 황거 앞의 미관을 지키기 위해서 현재의 31m 스카이라인으로 맞추어야 한다며 미관지구조례의 제정 절차를 진행한 것이다. 마루노우치 지구의 대지주이기도 한 미츠비시지쇼(三菱地所)*도 이와 같은 생각에 동조했다. 와타나베 다케지로(渡辺武次郎) 사장은 황거 앞의 "광장을 더럽히는 짓은 하고 싶지 않다"**라며, 마루노우치에서는 건물의 크기와 높이를 맞추는 것이 바람직하다는 입장을 취했다.

한편, 설계자 마에카와는 "높이 규제로 창조를 짓누르는 것은 도시 자체의 압살을 의미한다"***고 도쿄 도를 비판하고, "일본의 초고층은 현대도시의 파괴된 자연을 회복하고, 푸르름과 태양의 공간을 되찾는 수단이 되어야 한다"****며 초고층빌딩의 의의를 주장했다. 그야말로 마에카와 구니오의 스승인 르 코르뷔지에의 사상 그 자체였다.

여기서 미관논쟁에 이르기까지의 마루노우치 지구(地區)의 도시개발 상황을 확인해 둘 필요가 있다.

1950년대 후반, 고도성장을 배경으로 오피스빌딩 수요가 증가했다. 도쿄 도내에도 높이 31m, 용적률 1000%가 넘는 고층빌

---

* 三菱地所株式会社(Mitsubishi Estate Company CO., LTD.).
** 村松卓次郎, 都条例問題の研究, 国際建築, 1966년 12월호.
*** 建築の前夜.
**** 상게서.

딩 건설이 이어지고 있었다. 그러나 마루노우치 지구는 메이지 (1868~1912년)부터 다이쇼 시기(1912~1926년)에 걸쳐 지어진 2층, 3층 의 적연와 빌딩이 대부분을 차지하고 있었으며, 높이 31m의 고층 빌딩은 마루빌딩이나 신마루빌딩이 있던 도쿄 역 앞쪽에 한정되 어 있었다. 도쿄에 사무실을 열고자 했던 런던이나 뉴욕의 외국자 본계 기업 중에는 저층의 마루노우치 적연와 거리가 마치 슬럼가 와 같이 보인다고 하여 입주를 거부하는 사례도 있었다고 한다.

그러한 상황에 위기감을 느끼고 있던 와타나베 사장은 마루노 우치의 재개발을 결심한다.

재개발의 지침이 된 것은 파리였다. 와타나베는 '마루노우치에 스카이라인이 맞추어진 대형 빌딩이 늘어선다. 파리와 같이 아름 답고 조화로운, 그러면서도 황거의 푸름과 수로의 청색이 일체화 된 평온한 풍취의 거리로 개조하고 싶다'*고 생각했다. 여기서 이 야기한 '대형 빌딩'은 당시의 높이제한 한도 31m까지 지은 빌딩 을 가리킨다.

1959년, 미츠비시지쇼는 '마루노우치 종합개조계획'을 책정한 다. 지구의 중심가인 나카도리의 폭을 넓히고, 높이 31m 빌딩으로 재건축을 도모하는 계획이다. 즉, 미관논쟁이 일어난 1966년 시점 에 마루노우치에서 높이 31m의 재개발이 진행 중이었던 것이다.

높이 31m 거리에 새로운 시대를 상징하는 초고층빌딩이 생긴 다면, 상대적으로 기존 임대 빌딩의 가치는 내려갈 가능성이 있 다. 미츠비시지쇼의 와타나베 사장은 이 점에 대해서 "사업을 하

---

* 三菱地所株式会社社史編纂室, 丸の内百年のあゆみ 下巻.

도쿄해상빌딩과 마루노우치

(출처: 東京海上日動火災保險)

는 회사로서 당연히 가치의 유지를 생각하고 있다"*며, 미관지구조례 제정을 지지한 이유가 지구의 미관보존에 더하여 부동산경영상의 문제라는 것을 시사했다.

임대 빌딩의 가치를 유지하는 것은 부동산을 생업으로 하는 기업에게는 사활의 문제기도 하다. 뉴욕에서 WTC가 계획되었을 때, 엠파이어 스테이트 빌딩 소유주를 중심으로 한 부동산사업가가 건설에 반대한 경우와 유사한 구도라고 말할 수 있다. 그런 의미에서 보면, 마루노우치 미관논쟁의 뒤편에는 부동산사업자의 생각과 망설임이 숨겨져 있던 것이다.

미관논쟁은 우여곡절을 거쳐, 도쿄해상빌딩의 높이를 낮추는 것으로 결착된다. 그 이유는 분명하지는 않으나, 건설대신이 높이를 25층(약 100m)으로 한다면 받아들이겠다고 하여 30층의 127m 계획안을 25층 처마높이 99.7m(최고높이 108.1m)로 하게 되었다고 한다.

도쿄해상은 높이가 줄어든 만큼의 용적을 확보하지 않았다. 그렇기 때문에 당초 계획안대로 공지를 둘 수 있게 됐다. 30층 계

---

* 村松, 전게 기사.

획안에서는 919.5%였던 용적률이 최종적으로 622%가 됐으며, 지정용적률 1000%의 약 40%가 소화되지 못했다. 이 용적률은 전전에 건설된 마루빌딩의 약 645%, 뉴욕의 레버 하우스의 약 636%와 거의 같다.

마루노우치 재개발계획(맨해튼 계획)
(출처 : 三菱地所 편, 1988, 丸の内再開発計画, 三菱地所)

야먀모토 겐자에몬(山本源左衛門) 도쿄해상화재 사장은 이에 대해서 "부지의 많은 부분을 시민에게 개방하여, 마루노우치 지구에 인간의 생활과 휴식의 새로운 장을 만든다"*라고 했다. 이상적인 빌딩의 실현을 우선시 했던 결과, 이용 가능한 용적률을 희생한 것이다. 이는 레버 하우스와 같이, 임대 빌딩이 아니라 자사 빌딩이었기에 가능한 것이었으며, 새로운 빌딩 형식을 제시하고 실현하는 것이 이미지 향상으로 이어질 것이라는 기업인으로서의 계산도 있었을 것이다.

그 후, 마루노우치의 미관지구조례 제정의 움직임은 자연 소멸했다. 그리고 1970년대에 들어서 마루노우치에는 31m를 넘기는 건축물이 계속해 건설되어 간다.

마루노우치는 메이지 시기(1868~1912년), 런던의 적연와 도시경관을 견본으로 하여 시작되었으나, 고도성장기에는 31m 제한 아래에서 파리의 도시경관을 지향했다. 그리고 도쿄의 높이제한이 철폐되고 약 사반세기 후인 1988년, 높이 200m 넘는 빌딩군으로

---

* 村松, 전게 기사.

갱신하는 '마루노우치 재개발계획(통칭, 마루노우치 맨해튼 계획)'을 공표하고, 이번에는 파리에서 방향을 바꾸어 뉴욕을 목표로 했다.

　이와 같은 마루노우치의 변천은 건축규제가 도시의 모습에 얼마나 크게 작용하는가를 여실히 보여준다. 결과적으로, 마루노우치 맨해튼 계획은 실현되지 못했으나, 1990년대에 들어서 마루노우치에는 재개발이 계속 진행됐다. 그리고 타워 인 더 파크와는 또 다른 형태로 초고층빌딩화가 도모된다. 자세한 내용은 다음 장에서 다룬다.

우리는 늘 첫째가 되기를 원한다. 두 번째로 에베레스트에 오르거나 달에 간 사람은
누구도 기억하지 않는다. 사람들의 기억에 남는 것은 첫째뿐이다.

Muhammad bin Rāshid al Maktūm, 두바이수장국 수장, 2013년 정상회담 연설

'뭐든 다 있다'는 것은 엉망인 스카이라인(helter-skelter skyline)을
런던에 남기는 것이다. 그보다 새로운 건물의 높이를 엄격히 규제하는 편이
도시의 조화와 시민의 승지에 기여할 것이라고 믿는다.

Charles, Prince of Wales, 2001년 연설, '고층빌딩'

제 6 장

고층건축물의 현재

: 1990년대 이후

1990년대 중반 이후, 수없이 많은 초고층빌딩이 탄생한다. 그것을 견인한 것은 아시아와 중동의 경제신흥국이었다.

　1998년, 말레이시아 쿠알라룸푸르에 세워진 452m의 페트로나스 트윈 타워(Menara Berkembar Petronas)는 약 사반세기 동안 세계 최고의 고층건축물이었던 시카고의 시어스 타워(현재 윌리스 타워)의 높이를 넘어섰다. 그 페트로나스 트윈 타워도 2004년에 높이 508m의 타이페이 101에 그 자리를 넘겨준다. 그리고 2010년에는 그보다 300m 이상 더 높은 828m의 부르즈 할리파가 두바이에 완공된다.

　세계에서 가장 높은 건축물 상위 10동을 보면, 1994년에는 미국에 8개 동이 있었으나, 2014년에는 아시아에 6개 동, 중동에 2개 동이 자리를 잡고 있다. 미국에는 2개 동뿐이다. 겨우 20여년 사이에 고층건축물의 중심지가 미국에서 아시아와 중동으로 옮겨온 것이다.

　초고층빌딩은 이전 고도경제성장기 일본에서와 같이, 아시아와 중동의 신흥국에서도 경제성장의 상징, 국가의 위신을 나타내는 모뉴먼트가 되어 서로 경쟁하듯 건설된다.

　단기간에 팽대한 수의 초고층빌딩 탄생에는 각국의 정치체제가 적지 않게 영향을 미쳤다. 지금은 중국, 싱가포르, 중동의 국가 등이 초고층빌딩 붐의 중심이다. 자본주의경제를 도입해 가면

세계의 고층빌딩 상위 10동

순위	1994년 말 시점				
	건물명	소재지	높이	층수	준공
1	시어스 타워	시카고, 미국	442m	110층	1974년
2	WTC(북동)	뉴욕, 미국	417m	110층	1972년
3	WTC(남동)	뉴욕, 미국	415m	110층	1973년
4	엠파이어 스테이스 빌딩	뉴욕, 미국	381m	102층	1931년
5	센트럴 플라자	홍콩, 영국	374m	78층	1992년
6	중국은행타워	홍콩, 영국	367m	70층	1989년
7	스탠다드 오일 빌딩(현 에이온 센터)	시카고, 미국	346m	83층	1973년
8	존 핸콕 빌딩	시카고, 미국	344m	100층	1970년
9	크라이슬러 빌딩	뉴욕, 미국	319m	77층	1930년
10	내셔널 뱅크 플라자	애틀랜타, 미국	317m	57층	1992년

순위	2014년 말 시점				
	건물명	소재지	높이	층수	준공
1	브루즈 할리파	두바이, UAE	828m	163층	2010년
2	마카 로열 클락 타워 호텔	메카, 사우디 아라비아	601m	120층	2012년
3	원 월드 트레이드 센터	뉴욕, 미국	541m	94층	2014년
4	타이페이 101	타이페이, 대만	508m	101층	2004년
5	상해환구금융중심	상하이, 중국	492m	101층	2008년
6	국제상업센터	홍콩, 영국	484m	108층	2010년
7	페트로나스 트윈 타워-1	쿠알라룸푸르, 말레이시아	452m	88층	1998년
8	페트로나스 트윈 타워-2	쿠알라룸푸르, 말레이시아	452m	88층	1998년
9	난징 그린랜드 파이낸셜 센터	난징, 중국	450m	66층	2010년
10	윌리스 타워(옛 시어스 타워)	시카고, 미국	442m	110층	1974년

※ 당시의 국가명.

서도 국가의 관여가 강해 톱다운 방식으로 건설이 추진되었기 때문이다. 이른바 국가정책으로서의 초고층빌딩 시대라고도 할 수 있겠다.

1950년대부터 70년대의 초고층빌딩은 미국, 유럽의 기성시가지에 지어진 것이 중심이었다. 주로, 쇠퇴한 도시의 갱신수단(도시공간의 근대화 및 재편 수단)으로 고층빌딩을 개발했다.

한편, 근년의 초고층 붐은 주로 경제의 글로벌화에 수반하는 도시 간 경쟁의 수단이라는 점에서 크게 다르다. 경제활성화 수단으로서의 초고층빌딩 건축이다.

그와 같은 경향은 유럽에도 영향을 미쳤다, 1970년대 고층화의 반동으로 고층빌딩에 대한 역풍이 강했던 유럽에도 다시 초고층화의 파도가 찾아왔다.

일본을 보자면, 1990년대 이후, 국제경쟁력 강화와 경기회복을 대의명분으로 적극적인 규제완화가 실시되고 초고층빌딩 건설이 활발해져 갔다.

이 장에서는 이상과 같은 현재의 초고층건축물을 둘러싼 움직임을 살펴본다. 시기적으로는 1990년대 이후에 해당한다.

1 초고층빌딩의 글로벌화

현대의 초고층빌딩 건설을 이끄는 중심은 미국이 아니라, 아시아와 중동이다. 금융·경제 거점을 둘러싼 세계의 도시 간 경쟁이나, 신흥국의 자국 권위부여 수단으로 초고층빌딩이 이용되고 있다.

아시아 중에서도 특히 중국에서 초고층빌딩이 급증하고 있다. 미국에서 동시다발 테러가 일어난 2001년에 베이징 올림픽(2008년) 개최가 결정되고, 다음 해에는 상하이 만국박람회(2010년) 개최도 결정된다. 경제성장률은 연 10%를 유지하고, 도시개발도 적극적으로 이루어졌다.

중동에서도 2004년 이후의 원유가격 상승이 산유국에 잉여자금을 가져다주었으며, 동시다발 테러의 영향으로 구미로 흘러간

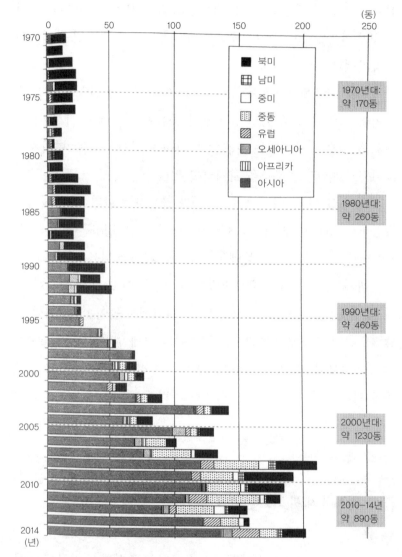

지역별 고층빌딩 건설 수 추이(높이 150m 이상)

(출처 : Council on Tall Buildings and Urban Habitat(CTBUT)의 고층건축물 데이터베이스를 참고하여 작성)

산유국 자금이 중동으로 환류됐다. 그리고 부동산 개발이 그 자금을 받아들였다. 두바이(Dubai, UAE)를 중심으로 고층빌딩 건축이 가속화됐다.

1970년부터 2014년까지, 높이 150m 이상인 고층건축물 건설 수 추이를 지역별로 보면, 고층빌딩의 중심이 북미에서 아시아, 그리고 중동으로 옮겨가는 흐름이 명확히 나타난다. 1992년까지는 북미(주로 미국)가 대부분을 차지하고 있다.

그러나 그 이후, 아시아(주로 중국)가 급증하는 한편, 북미에서는 급감한다. 2000년대 이후도 아시아에서의 증가 경향은 계속되며, 2000년대 중반부터는 중동에서의 증가가 뚜렷하다.

게다가 전 세계의 초고층빌딩 수를 보면, 이 20년간 상당한 수가 증가했음을 알 수 있다. 2014년 말 시점에서 높이 150m 이상 고층빌딩은 약 3200동이었으며, 그 약 4분의 3에 해당하는 약 2400동이 1994년부터 2014년까지의 약 20년 동안 건설된 것이다. 그 대부분은 아시아(특히 중국)와 중동에 위치한다.

2 아시아 세계 최고 높이의 갱신

앞에서, 1990년대 이후 초고층빌딩의 중심지가 미국에서 아시아와 중동으로 옮겨졌다고 했다. 그 상징적 존재가 말레이시아의 페트로나스 트윈 타워와 대만의 타이페이 101이다. '세계 최고 빌딩'인 이 두 개의 초고층빌딩에 대해서 살펴보자.

페트로나스 트윈 타워

1998년, 말레이시아 수도 쿠알라룸푸르에 페트로나스 트윈 타워(Menara Berkembar Petronas, Petronas Twin Tower)가 완성된다.

88층, 높이 452m의 쌍둥이 초고층빌딩은 시어스 타워(높이 약 442m)보다 약 10m 더 높다. 오랫동안 미국이 가지고 있던 세계 제일의 건축물 자리가 태평양을 건너 아시아로 옮겨온 것이다.

이 타워는 국영 석유기업 페트로나스가 대주주인 쿠알라룸푸르 시티 센터 홀딩스사(Kuala Lumpur City Centre Holdings)가 건설한 것이다. 말레이시아는 아시아의 중국, 인도네시아, 인도를 잇는 산유국으로 페트로나스는 제1차 오일 쇼크 다음 해인 1974년 설립됐다.

국영기업 페트로나스를 주체로 한 트윈 타워 건설은 이른바 국가적 프로젝트였으며, 정부가 1991년 책정한 장기경제계획 '비전 2020)'에도 기록되어 있다. 이 계획은 마하티르 빈 모하마드(Tun Dr Mahathir bin Mohamad) 수상이 추진한 것으로, 2020년까지의 선진국 진입을 목표로 했다. 말레이시아 경제는 1988년부터 1997년 아시아 통화위기까

페트로나스 트윈 타워

(출처 : Dave Parker, Antony Wood, 2013, The Tall Buildings Reference Book, p.29, Routledge)

지, 연 9% 전후의 고성장률을 유지했다. 페트로나스 트윈 타워는 말레이시아 경제성장의 상징이었다.

이슬람 문화의 영향

페트로나스 트윈 타워가 상징한 것은 눈부신 경제성장만이 아니었다.

말레이시아는 이슬람 국가로 헌법에서 이슬람을 국교로 정하고 있다(단, 개인의 신앙 자유도 보장). '비전 2020'에서 '우리 자신의 특성을 지닌 선진국'*이라고 했듯이, 공업화를 통한 경제발전과 이슬람적 가치관의 양립을 목표로 하고 있었다.

그런 이유로, 말레이시아 정부는 국가 프로젝트인 페트로나스 트윈 타워에도 이슬람 문화를 의식한 디자인을 원했다. 이에 대해, 설계자 시저 펠리(César Pelli)는 기하학적 모양이나 다각형 평면 패턴 등 이슬람의 모티브를 적용한 디자인을 제안한다. 또한 페트로나스 측의 요청으로 꼭대기에 전장 약 65m의 첨탑(pinnacle)이 설치되면서 이슬람 색이 더욱 강조됐다.

이 트윈 타워 부지에 얽힌 역사를 보면 지역의 독자적 문화를 강조하려는 의도를 읽을 수 있다. 타워가 위치할 쿠알라룸푸르 시티 센터 부지는 본래 영국 식민지 시대에 만들어진 경마장 '세란고르 타프 클럽(Selangor Turf Club)'이었다. 1896년에 영국 장교를 위한 아마추어 경마 클럽으로 설립되어, 약 90년 간 경마장으로 사용됐다. 경마장이 1988년에 교외로 이전한 후, '비전 2020'에서 재

---

* 鳥居高編, マハティール政権下のマレーシア.

개발 지역으로 지정한 것이다.

마하티르 수상은 젊은 시절 반영·독립운동 활동가기도 했다. 그는 페트로나스 트윈 타워를 통해 식민시대의 기억을 불식시키고, 이슬람 국가로서의 아이덴티티를 표현하고자 했을 것이다. 덧붙이자면, 건물 개업식은 1999년 8월 31일이었다. 말레이시아의 전신(前身) 말라야 연방(Federation of Malaya)이 영국으로부터 독립하고 42회째를 맞이하는 독립기념일이었다.

타이페이 101

2004년 12월 31일, 대만의 수도 타이페이의 부도심 지역에 높이 508m의 타이페이 101(台北101)이 완성된다. 페트로나스 트윈 타워 높이를 56m 넘으며 세계 최고가 됐다.

타이페이 101은 계획 당초 '대만국제금융센터'라고 불렸다. 타이페이 시 정부와 국내 민간기업이 공동으로 대만의 국제금융 거점을 조성하는 프로젝트였다. 단, 처음부터 세계 제일의 높이를 목표로 한 것은 아니었다. 최초 계획은 66층, 273m의 빌딩을 중심으로, 20층의 트윈 타워를 그 좌우에 배치하는 것이었다. 그러나 입주 예정인 기업이 이 계획에 난색을 보이자 세 개 건물을 합쳐서 일체의 초고층 타워를 건설하는 방향으로 계획안을 수정했다.

또한, 당시 상하이에 건설 중이었던 상해환구금융중심(上海環球金融中心, Shanghai World Financial Center)이 페트로나스 트윈 타워를 넘는 460m 높이로 계획되고 있던 것도, 타이페이 101이 세계 최고를 목표로 삼은 요인이 됐다.

타이페이 101
(사진 : 大澤昭彦)

대만 독립을 내세우는 민주진보당의 천수이볜(陳水扁)이 시장이었던 것을 생각하면, 중국에 대한 자세가 고층빌딩 높이로 나타난 것이라고도 할 수 있다. 참고로, 후에 상해환구금융중심도 계획을 변경하여 높이를 높인다.

이 높이를 실현하기까지는 생각지 못한 우여곡절이 있었다. 1999년 8월, 교통부 민간항공국이 북쪽으로 4km 정도 떨어져 있는 공항의 이착륙에 지장을 초래한다고 하여, 500m 넘는 빌딩 높이에 문제를 제기한 것이다. 그 때문에 일단은 높이를 116.2m 낮추어 391.8m, 90층으로 변경하는 것으로 합의가 이루어졌다. 그러나 항공기 GPS 도입이나 공로의 우회 등과 같은 대응책이 생기면서, 당초 계획대로 508m의 빌딩이 실현될 수 있게 됐다.

상하이의 빌딩을 넘어서 세계의 최고를 목표로 하는 프로젝트였기 때문에 그렇게 간단히 높이를 억제할 수는 없었을 것이다.

진자형 제진장치와 고속엘리베이터

높이만이 아니다. 타이페이 101에는 여러 가지 신기술이 구사되었다는 특징이 있다. 그중에서도 특히 중요한 것이 진자형(振子型) 제진장치(制振裝置)와 고속엘리베이터다. 태풍도 지진도 거의 없는 쿠알라룸푸르와는 대조적으로 대만에는 태풍과 지진이 잦고, 그 영향도 크다. 바람이나 지진에 의해 생기는 흔들림에 대처하는 방책으로 채용된 것이 TMD(Tuned Mass Damper)라는 제진장치다. 건물의 가장 꼭대기에 직경 5.5m, 무게 660t의 철구(鐵球)를 설치하고, 철구의 흔들림으로 건물 자체의 흔들림을 제어하는 것이다.

고속엘리베이터는 분속 1010m(시속 60.6㎞)로, 2014년 시점에서 세계 최고의 속도를 자랑했다. 지상 89층의 전망 플로어까지 37초에 도달한다. 그때까지 세계 제일은 요코하마 랜드마크 타워의 분속 750m 엘리베이터였다. 타이페이 101은 엘리베이터 속도를 대폭 갱신했다. 참고로, 2015년 준공 예정인 상하이 세계금융센터의 엘리베이터는 더욱 빠른 분속 1080m다.

그만큼의 빠른 속도에도 불구하고, 엘리베이터 바닥에 동전을 세워도 넘어지지 않을 정도로 흔들림이 적다고 한다. 또한, 우리 인체는 급속히 상하를 이동하면 기압변동의 영향을 받게 된다. 그런 이유로 기압제어장치를 세계에서 처음으로 엘리베이터에 도입했다.

한편, 타이페이 101은 이와 같은 최신기술을 적용하면서, 앞에서 이야기한 페트로나스 트윈 타워와 같이, 빌딩의 디자인에 지역성을 담고 있다는 점도 특징이다. "계속해서 자라나는 대나무를 생각했다"*고 하듯이, 여덟 개 층을 한 단위로 하는 팔각형의 유닛 여덟 개가 겹쳐 쌓인 형태다. 중화문화권에서 '팔(8)'은 운이 좋은 숫자다. 빌딩의 항구적 번영이 디자인에 담겼다고 할 수 있

---

* 李祖原聯合建築師事務所, C.Y.LEE & PARTNERS.

다. 덧붙이자면 베이징 올림픽의 개회식은 2008년 8월 8일 오후 8시에 개최됐다.

부도심 '신의계획구' 역사와 타이페이 101

타이페이 101은 시의 중심부에서 떨어져 있는 신의계획구(信義計画区)에 위치한다. 신의계획구는 천수이볜 타이페이 시장의 '타이페이 맨해튼 계획'에서 타이페이 부도심으로 설정한 지역이다. 타이페이 시청 등 행정기관과 IBM, 마이크로소프트, 시티뱅크 등 다국적기업의 오피스, 그리고 상업시설과 오락시설도 많은 수가 입지해 있다. 근년에는 일본의 백화점 신코미츠코시와 도이츠한큐도 진출했다.

이와 같이, 신의계획구는 개발이 진행되면서 계속해서 화려한 시가지가 형성되어 가고 있으나, 여기는 본래 전전(戰前) 일본통치시대의 군용지였다. 전후(戰後) 장개석(蔣介石)이 이끄는 국민정부가 대만으로 건너온 후에도 군용지로 사용됐다. '신의계획구'라는 이름이 붙여진 것도 이 장소가 기밀유지를 필요로 하는 군용지였기 때문이었다.

1970년대부터 토지이용을 전환하고자 하는 움직임이 추진됐다. 1980년에는 리덩후이(李登輝) 타이페이 시장(후의 대만총통) 의뢰로 대만계 일본인 곽무림(郭茂林)이 신의계획구 마스터플랜('타이페이시 신의계획도시설계연구'로 보고)을 수립했다. 곽무림은 일본의 초고층빌딩 여명기의 건축가로, 가스미가세키 빌딩 개발 당시, 개발사업자, 건설회사, 설계사무소 등 관계자를 연결하는 중심적 코디네이터 역할을 한 건축가다. 그가 그린 마스터플랜은 후에 타이페이 맨해튼 플랜의 기초가 된다.

세계 최초 500m급 빌딩의 탄생 배경에는 페트로나스 트윈 타워와 같이, 토지에 스며든 식민지 시대의 기억이 숨겨 있었다. 일본의 초고층빌딩 역사와 관계가 있었다는 것도 흥미로운 부분이다.

3 중국의 초고층빌딩

지금까지 본 것처럼, 1990년대 들어서 초고층빌딩의 중심지는 아시아였다. 그 대부분은 중국에 세워졌다. 아시아 나라별 초

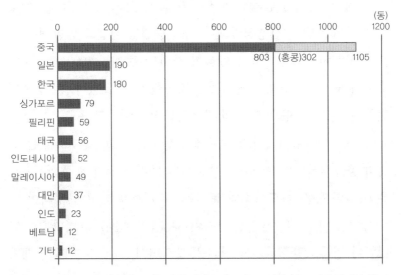

아시아의 국가 및 지역별 고층빌딩 수(높이 150m 이상, 2014년 말 현재)

(출처: CTBUT의 고층건축물 데이터베이스를 참고하여 작성)

고층빌딩 수를 보면, 전체의 약 60%(59.5%)를 중국, 그리고 그 3분의 1을 홍콩이 차지한다.

경제성장

중국에서 1960년대 이후 높이 150m 이상 고층빌딩이 급속히 증가한다. 그 배경에는 현저한 경제성장이 있었다. 중국의 경제성장률 추이는 연 10% 전후로, 2010년 국내총생산이 일본을 제치면서 세계 제2위의 경제대국이 됐다. 개혁·개방 전인 1978년에는 18%에 지나지 않았던 도시거주자도 지금은 50%를 넘었으며, 연간 2000만 명 이상이 도시로 일을 찾아 이동하고 있다. 그 결과, 인구 100만 명이 넘는 도시가 중국 내에 170개 이상으로 증가한다. 참고로, 일본의 인구 100만 명 이상 도시는 도쿄특별구를 포함하여 12개다. 이러한 급속한 도시화와 함께 인프라, 오피스, 주택, 공장 등의 개발이 진행되었으며, 초고층빌딩 건설도 활발해진다.

1996년부터 고층빌딩이 급속히 증가한 것에는 1990년대 초에 중국의 도시개발정책이 전환점을 맞이한 영향도 있다. 이 정책의 전환이란 토지이용권 양도의 자유화를 말한다.

중국은 사회주의국가기 때문에 생산수단의 하나인 '토지'는 당연히 공유재산이다. 헌법에는 "도시의 토지는 국가 소유, 국가 소유 이외의 농지와 도시교외 토지는 집단 소유"라고 규정되어 있다(집단이란 마을이나 농촌집단 경제조직의 단체를 가리킨다). 그러나 1978년 12월에 덩샤오핑(鄧小平)이 실권을 잡으면서, 이른바 '개혁·개방노선'으로 전환한다. 사회주의 체제를 유지하면서도 자유경제를 도입한 것이다.

1980년에 광둥성의 선전, 주하이, 산터우, 푸젠성 샤먼의 네 개 도시가 경제특별구로 지정된다. 외국자본 도입을 촉진하는 각종 우대조치가 만들어졌고, 고층빌딩 건설도 추진됐다. 그 후, 1987년에 선전경제특구에서의 국유지 사용권 양도를 계기로, 1988년에 헌법이 개정되어 이용권의 유상양도가 가능하다는 문구가 추가됐다. 1989년 천안문 사건 이후, 덩샤오핑은 침체된 경제 다시 세우기를 추진하고, 상하이를 시작으로 대도시에서의 도시개발을 본격화한다. '토지의 공유'라는 표면상의 방침을 유지하면서, 토지를 이용하는 권리의 매매라는 방법으로 외국기업의 진출을 촉진한 것이다.

이용권의 양도권은 지방정부에 귀속하는 것으로, 그 매각이익은 지방정부의 중요한 수입원이 됐다. 게다가 그 매각이익뿐만 아니라 각종 기업이 진출하면 세수 증가도 기대할 수 있었다. 그런 이유로 지방정부는 부동산개발을 적극적으로 추진했다. 지방정부는 기존의 토지를 수용(이용권을 매수)하고, 그 수 배의 가격으로 이용권을 개발사업자 등에 전매함으로써 이익을 얻었다. 특히 중요한 것이 고층빌딩 개발이었다. 도시의 상징이 되는 고층빌딩이 건설되면서, 주변지역의 이용권 매각액이 높아지는 파급효과도 얻을 수 있었다.

예를 들면, 지방정부 재정수입은 2009년에 3.3조 원(元)으로 증가하였고, 토지사용권 양도수입은 1.4조 원이 됐다. 즉, 일반세입의 40%가 부동산에 의한 수입이었다는 것이다.* 지방정부는 토지

---

* 柴田聡他, 中国共産党の経済政策.

이용권 매각이라는 연금술 수단을 손에 넣었다고 할 수 있다. 그리고 국가의 '토지자본 독점'은 중국의 급속한 경제발전을 뒷받침했다.* 중국 국내총생산의 적어도 10%가 부동산개발에 의한 것이라고도 한다.

한편, 적극적으로 토지수용을 추진한 결과, 경지면적이 감소하고 구체적 개발계획 없이 소금기 있는 토지를 대량으로 만들어냈다는 폐해도 생겼다. 베이징에는 고층빌딩 개발로 전통적 주택 사합원(四合院)이 파괴되고 역사적 경관이 사라져 갔다. 이에 대해서는 뒤에서 다시 이야기하겠다.

국제금융거점, 상하이 푸동신구

중국 최대의 경제도시 상하이에는 국내 홍콩에 이어 두 번째로 150m 이상의 고층건축물이 많다.(2014년 말 현재, 124동)

상하이 초고층빌딩이 집중되어 있는 곳은 국제금융무역센터로서 개발된 푸동신구다. 푸동신구 개발은 신해혁명(辛亥革命)을 이끈 쑨원(孫文)의 '건국방략(1919년, 建國方略)'에 언급되어 있는 '동방대항(東方大港)' 건설로 거슬러 올라간다. 그러나 개발이 착수된 것은 약 70년 후다. 1990년 상하이 시 정부가 개발을 결정하고, 1991년에 경제특구와 같은 우대조치가 가능한 지구로 지정하면서 본격적인 개발이 시작된다. 1989년의 천안문 사건 이후, 중국을 둘러싼 국제환경 악화와 경제 둔화 문제가 부상하자, 정부는 개혁·개방 노선을 한층 더 추진하고자 했다. 푸동신구는 그 상징적 개

---

* 任哲, 中国の土地政治.

발로 추진됐다.

푸동신구는 장강(長江, 양쯔 강) 지류인 황포강 동측에 위치하며, 본래는 저층주택 지역이었다. 상하이의 중심지는 그 건너편의 푸서 지구(浦西地區)며 19세기 말에서 20세기 초에 걸쳐 발전한 '번드(bund)', 중국어로는 와이탄(外灘)이라는 역사적인 시가지가 펼쳐져 있다. 즉, 황포강을 사이에 두고 역사적 시가지와 새로운 초고층빌딩 도시가 대치하는 다이내믹한 경관을 형성하고 있다. 지금은 푸서지구에서도 역사적 시가지를 보전하면서, 고층개발을 추진하고 있다.

상하이 푸동신구 스카이라인

(사진: 余亮)

와이탄 스카이라인

(출처: 상하이시 웹사이트(https://www.shanghai.gov.cn))

푸동신구의 루자쭈이 금융무역구(陸家嘴金融貿易區)에는 텔레비전 탑인 동방명주전시탑(東方明珠電視塔, Oriental Pearl Tower, 1995년 완성, 높이 468m)과 진마오 타워(金茂大廈, 1998년 완성, 420.5m) 등 초고층 건조물이 늘어서 있다.

그 높이를 웃도는 빌딩이 2008년에 준공된 상해환구금융중심이다. 이 빌딩은 푸동신구 개발이 결정되고 바로, 1993년 일본의 모리빌딩(森ビル) 중심의 기업 그룹에 의해 시작된 프로젝트다. 그 무

렵, 일본에는 거품경제 붕괴로 지가 하락이 이어지고 있었으며, 모리빌딩은 새로운 투자처로 상하이를 선택한 것이다. 그러나 공사를 시작한 직후, 1997년 아시아 통화위기가 일어나면서 정세는 급변한다. 상하이에 오피스 공급 과잉이 우려되어 공사가 일시 동결된 것이다. 그리고 2001년 뉴욕에서 발생한 동시다발 테러의 영향으로 공사 중지가 이어지게 된다.

약 6년이 지나고 2003년에 프로젝트가 재개됐다. 계획 내용은 크게 변경됐다. 가장 큰 변경은 높이가 460m(94층)에서 492m(101층)로 높아진 것이다. 당초 계획에서 말레이시아의 페트로나스 트윈타워를 제치고 세계 제일이 될 것으로 예상되었으나, 도중에 타이페이 101이 세계 제일의 높이가 될 것이 확실해졌다. 타이페이 101이 이 상해환구중심의 높이를 의식하고 더 높게 계획했으나, 그것을 상해환구금융중심이 다시 넘어서고자 한 것이다.

상해환구금융중심 높이는 492m로 타이페이 101의 503m에 미치지 못한다. 단 타이페이 101의 508m는 첨탑부분(약 70m)을 포함한 것으로, 건물 본체의 높이로 본다면 상해환구금융중심이 당시 세계 최고였다.

한편, 인근 지역에 상해환구금융중심 높이를 140m 웃도는 빌딩의 건설이 추진된다. 높이 632m, 지상 128층의 상해중심(Shanghai Tower)이다.

상해중심 건설이 발표된 것은 중국 경제위기가 한창이던 때였다. 상해환구금융중심이 완성된 2008년 8월의 다음 달에 일어난 리먼 쇼크(the financial crisis of 2007~2008, the global financial crisis)는 세계적 금융위기를 가져왔다. 중국의 빌딩 붐에도 찬물을 끼얹게 됐

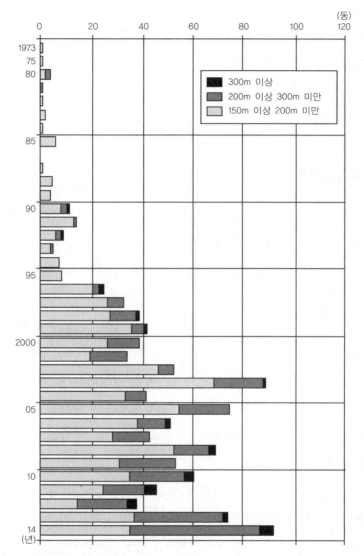

중국의 높이별 고층건축물 건설 수 추이

(출처: CTBUT의 고층건축물 데이터베이스를 참고하여 작성)
※ 1986년 데이터는 없음

다. 그런 상황에서, 중국정부는 4조 원 규모의 경기대책을 발표하고, 인프라 정비를 포함하는 내수확대책을 실시한다. 그 상징적 존재가 상해중심이었다.

상해중심의 준공으로 푸동신구의 스카이라인도 일단은 완성을 맞이한다.

베이징의 변용

중국의 수도 베이징도 고층화가 현저한 도시 중 하나기는 하나, 150m 이상의 고층빌딩 수는 상하이의 약 5분의 1 정도다(2014년 시점에서, 150m 이상이 23동, 그중 200m 이상은 7동). 그 요인의 하나는 초고층빌딩을 건축할 수 있는 지역을 한정한 것이다.

현재, 150m 이상 빌딩의 대부분은 베이징 시 동부에 위치한 베이징 CBD(면적 3.99㎢)에 입지해 있다. CBD란 Central Business District, 중심업무지구의 약칭이다. 베이징 CBD는 국제금융, 무역, 상업, 관광 등 다국적 기업을 다수 유치하는 국제적 오피스거리로 개발을 했으며, 2009년에는 동측에 약 3㎢를 확대하는 계획을 결정했다.

베이징 CBD의 마스터플랜에는 남북을 관통하는 환상3호선을 따라서, 높이 100m 이상의 초고층빌딩을 유도하는 것으로 계획되어 있었다. 2014년 현재, 높이 330m의 중국국제무역센터(The China World Trade Center)가 가장 높으나, 2018년에는 높이 528m의 차이나 준(China Zun)이 준공될 예정이었다. 한편, CBD 내 거주지역 등은 80m 이하로 높이가 제한되어 있었다. CBD 중심으로 초고층빌딩군이 높은 산을 만들고, 주변으로 가면서 완만하게 산기슭이 펼쳐지듯한 스카이라인 형성을 의도하고 있었다.

베이징 CBD 도시경관
(사진: 王蕊佳)

이와 같은 베이징의 고층화는 시내의 역사적 도시경관에도 많은 영향을 미치고 있다. 베이징에는 후퉁(胡同)이라고 불리는 노지(露地)나 전통적 거주형식인 사합원(四合院)이 역사적 경관을 만들어 왔다. 그러나 도시재개발로 급속히 그 모습을 지워가고 있다.

후퉁은 여섯 걸음(6~7m)의 폭원을 가진 노지를 말한다. 베이징이 '대도시'로 불리던 원(元) 시대에 탄생한 것으로, 700년 이상의 역사를 가진다. 후퉁은 몽골어의 '우물', '집락'과 동음(同音)으로, 사람들이 모여 산다는 의미에 유래한다는 설이 있다('元'은 몽골민족의 왕조).

후퉁에 면하여 늘어선 주택이 사합원이다. 사합원은 중정을 둘러싸듯 건물을 사면에 배치하는 단독주택 건물군으로 구성된다. 대가족이 모여 사는 거주형식이 사합원이었다.

지붕이 한 단 높은 북면이 주동(主棟)으로 일가의 어른이 살고, 동서의 각 동에서 장남, 차남의 핵가족이 산다. 그리고 남면이 부엌, 변소나 창고, 하인 방 등으로 채워진다. 중정에는 늘 차양의 포도시렁, 어항, 석류나무가 마련되어 있다고 한다. 파티오(patio)식 생활공간을 만든다.*

현재는 사합원에 한 대가족이 사는 예는 적다. 복수, 많으면 십수 세대가 섞여 사는 형태로 변했다. 또한, 여기저기 여러 곳에서 재개발과 함께 노후화된 사합원 재건축도 진행되고 있다.

'커다란 후통은 306개, 작은 후통은 쇠털만큼 있다'고 전해지던 후통도 이제는 급속히 그 모습을 감추고 있다. 1949년 중화인민공화국 건국 시에는 구성(舊城) 내에 3050개 있던 것이, 2000년에는 1571개로 반감, 2001년 베이징 올림픽의 개최 결정을 계기로, 재개발이 수도의 풍경을 일변시키며, 후통의 감소에 박차를 가하고 있었다. 2005년에는 1353개까지 감소했다.

최근, 후통의 역사적, 문화적 가치를 되돌아보게 되면서, 2014년 현재, 합계 25개 지구가 보전지구로 지정됐다. 그러나 이들 지구 이외 후통은 철거라는 결정이 내려져 있다.

즉, 생활의 장으로서의 후통은 사라지고, 관광지화·박물관화된 후통이 남게 된 것이다.

---

* 倉沢進, 李国慶, 北京.

4 두바이와 사우디아라비아의 초고층빌딩

2000년대 중반 이후, 중동의 두바이 등에서는 초고층빌딩 건설 러시가 이어진다. 2000년 시점, 150m 이상 건축물은 10동에 지나지 않았으나, 2014년에는 257동으로 25배 이상 증가했다.

2010년에는 세계 최고의 높이를 대폭으로 갱신한 828m의 부르즈 할리파가 두바이에 완성되었으며, 사우디아라비아의 상업도시 제다에는 높이 1000m가 넘는 초고층빌딩도 계획되어 있다.

이들 초고층빌딩 건설의 배경과 특징, 그리고, 사우디아라비아의 마카와 메디나의 2대 모스크에 대해서도 살펴보자.

석유가격 상승과 오일머니

중동에서 초고층빌딩이 급증한 배경에는 2000년대의 석유가격 상승이 있다. 1990년대까지 1배럴당 20달러대였던 선물원유가격(WTI)은 2004년에 40달러, 2006년 60달러로 상승을 계속하여, 2008년에는 100달러를 넘어섰다.

이 배경에는 달러 불안(달러 절하)으로 인하여 투자자금이 석유와 금으로 옮겨간 것이 있다. 게다가 중국이나 인도 등 신흥국에서의 석유수요가 증대하는, 이른바 '수요 쇼크'가 석유에 대한 투기 머니에 박차를 가했다. 중국은 연 10% 넘는, 인도도 평균 8% 이상의 경제성장이 이어졌으며, 석유수요도 확대되어 갔다.

중국의 주요 에너지가 여전히 석탄이기는 하나, 석유의 수요

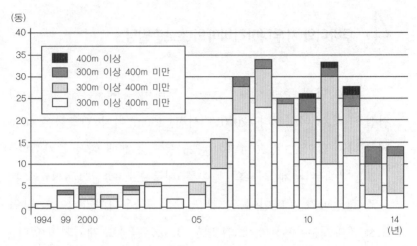

중동의 높이별 고층건축물 건설 수 추이

(출처: CTBUT의 고층건축물 데이터베이스를 참고하여 작성)

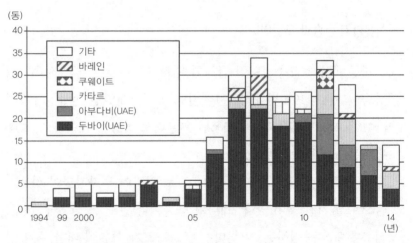

중동의 주요 도시별 고층건축물 건설 수 추이

(출처: CTBUT의 고층건축물 데이터베이스를 참고하여 작성)

가 현저히 증가하고 있었다. 2002년까지는 연간 5~6%의 증가율이었으나, 2004년에는 16%가 됐다. 이전에는 석유수출국이었으나, 2014년 현재는 수요의 절반 이상을 수입에 의존하는 석유소비국이다.

신흥국의 수요증가로 세계의 석유수요는 1999~2002년 1일 140만 배럴 증가했던 것이, 2003~2006년에는 그 3.5배인 1일 490만 배럴로 증산됐다. 그 결과, 산유국은 팽대한 석유수출 수입에 의한 이른바 '오일머니(Oil Money, Petro Dollar)'로 윤택해졌다. OPEC의 연간 석유수입은 2004년 2430억 달러, 2007년 6930억 달러, 2008년 중반에 연간 1조 2500억 달러로 추계되며, 겨우 4년 간 약 5배로 증가한 것이다.

석유 수출수입으로 축적된 여유자금은 투자로 향했다. 1970년대 오일쇼크 때, 오일머니의 대부분은 구미의 금융기관으로 흡수되었으나, 2000년대가 되면서 중동의 부동산개발이나 인프라 정비로, 그리고 일부는 환류됐다. 산유국에서는 석유 이외 산업은 발달하지 않았기에, 여유자금이 초고층빌딩 등의 부동산 관련으로 집중한 것이다.

오일머니가 중동으로 환류한 것에는 2001년의 미국 동시다발 테러의 영향도 있었다. 이 테러 이후, 미국이 이슬람에 대한 기피감이 강해졌으며, 금융봉쇄나 자산동결 위험을 우려한 산유국은 미국으로의 투자 일부를 중동의 개발로 향하게 한 것이다.

두바이의 상징, 부르즈 할리파

   현재, 중동에서 초고층빌딩 건설을 견인하고 있는 것이 두바이다. 높이 828m의 부르즈 할리파(Burj Khalifa)를 포함하여, 중동의 높이 150m 이상의 빌딩 중 약 60%(143동)가 두바이에 집중되어 있다.(2014년 말 현재)

   그 배경에는 두바이가 놓인 특수한 환경이 있다. 두바이는 UAE를 구성하는 일곱 개 수장국의 하나며, 수도인 아부다비를 잇는 두 번째 수장국이다. 그러나 석유매장량은 석유자원이 풍부한 아부다비에 비해 30분의 1에 지나지 않는다. 그런 이유로 두바이는 이른 시기부터 탈(脫)석유의존을 추진하지 않을 수 없었다. 8대째 수장 라시드(Sheikh Rashid bin Saeed Al Maktoum)는 1970년대부터 항만과 국제허브공항 정비, 항공회사(에미레이트항공)의 설립 등 인프라 확충에 주력하고 '중앙아시아부터 아프리카 동해안까지를 커버하는 물류거점'*을 목표로 했다. 그중에서도 제벨 알리 자유무역특구(Jebel Ali Free Zone, JAFZ)라는 경제특구를 통해 해외기업의 투자를 유치하는 것에 성공했으며(600개 이상의 기업을 유치), 지금에 이르는 두바이의 방향성을 만들었다.

   2006년에 모하메드(Mohammed bin Rashid Al Maktoum) 수장 시대가 시작되고부터는 특히 부동산개발을 적극적으로 추진하고, 금융·관광 서비스 부문을 강화해 간다. 외국기업의 법인세를 50년간 면제하는 등 외국인의 부동산 취득을 가능하게 해 해외로부터 투자를 불러들이고 국제금융센터로서의 기반을 견고히 했다. 두

---

*   前田高行, アラブの大富豪.

바이의 부동산개발은 중동으로 환류한 오일머니를 받아들이는 그릇이 됐다.

두바이에는 야자나무 형태의 인공섬군인 고급 리조트(Palm Jumeirah, Palm Jebel Ali, The World), 세계 최대 쇼핑몰 등 거대한 시설이 계속해서 건설됐다. 특히 두바이의 상징적 프로젝트가 부르즈 할리파다. 828m, 163층의 높이는 그때까지 세계 최고의 고층빌딩이었던 타이페이 101(508m)뿐만 아니라, 당시 세계 제일의 자립식 전파탑 CN타워(553m)도 웃돌았다. 예를 들면, 타이페이 101 위에 도쿄 타워를 올린 정도 높이에 이른다.

본래 이 건물의 명칭은 '부르즈 두바이'였다. 부르즈는 아라비아어로 '탑'을 의미하는 것으로, 두바이의 상징 타워를 목표로 했다고 할 수 있다. 부르즈 두바이가 두바이의 상징이 되기 위해서는 세계 제일의 높이가 필요했다. 그런 이유로, 당초 설계자였던 SOM이 제시한 80층의 계획안은 모하메드 수장의 기대에 미치지 못했을 것이다.

모하메드는 세계 최고에 대한 집착을 다음과 같이 밝혔다.

"우리는 늘 첫째가 되기를 원한다. 두 번째로 에베레스트에 오르거나 달에 간 사람은 누구도 기억하지 않는다. 사람들의 기억에 남는 것은 첫째뿐이다."[*]

재검토 결과, 당초 계획의 두 배인 163층의 높이 800m를 넘

---

[*] 2013년 '정상회담' 연설. 두바이의 뉴스사이트 7daysindubai.com 2013년 2월 11일의 기사.

부르즈 할리파
(출처 : Dave Parker, Antony Wood, 2013, The Tall Buildings
Reference Book, p.88, Routledge)

어, 모하메드가 말한 '인류사상 최고의 건물'*이 건설되게 됐다. 공사 중, 최종적 높이를 비밀에 부친 것도 다른 빌딩에게 최고의 높이를 빼앗기지 않고 달성하기 위한 것이었다.

그러나 부르즈 두바이의 건설이 한창이던 2009년, 이른바 두바이 쇼크(Dubai crisis, Dubai debt crisis)가 일어난다. 두바이 정부가 정부계 기업인 두바이 월드(Dubai World)와 그 산하의 부동산 개발사업자 나킬사(Nakheel)의 채무 변제 연기를 요구한 것이 발단이 된 신용불안으로 세계의 주가가 급락한 것이다.

같은 해 12월, 아부다비 수장국 등의 100억 달러 금융지원으로 위기를 벗어나게 된다. 두바이의 모하메드 수장은 할리파(Khalīfa bin Zāyid bin Sultān Āl Nuhayyān) UAE 대통령 겸 아부다비 수장에게 경의를 표하고, 부르즈 두바이의 명칭을 '부르즈 할리파'로 변경했다.

경제위기의 원인이기도 했던 나킬사는 2008년 부르즈 할리파에 대항하여 1000m가 넘는 고층빌딩(나킬 타워) 건설을 개시했으나

* 전게 기사.

두바이 쇼크의 영향으로 계획은 중지된다. 1000m 넘는 빌딩 계획은 그 무대를 두바이에서 사우디아라비아로 옮겨 추진되고 있다.

사우디아라비아의 1000m 빌딩

2008년 10월, 사우디아라비아의 알왈리드(Al-Walid bin Talal bin Abdul Aziz Al Saud) 왕자는 서부의 상업도시 제다에 1000m급 초고층빌딩 '킹덤 타워(Kingdom Tower)' 건설계획을 발표한다.

킹덤 타워는 호텔, 주택, 오피스 등 복합빌딩으로, 8만 명이 거주하고 1일 25만 명이 찾는 빌딩이다. 이른바 하나의 도시라고 말할 수 있는 규모의 건축물이다. 완성되면, 앞장에서 이야기한 프랭크 로이드 라이트가 발표한 환상계획 '디 일리노이'의 실현이라고 말해도 좋을 것이다(최고 높이는 1마일=1.6km가 아니고 1km기는 하지만). 최종적인 높이는 부르즈 할리파 건설 때와 같이, 세계 최고를 노리는 다른 빌딩을 견제하기 위해 발표하지 않았다.

알왈리드 왕자는 투자회사 킹덤 홀딩 컴퍼니(Kingdom Holding Company)를 이끄는 기업경영자며, 미국 경제지 〈포브스(Forbes)〉의 억만장자 랭킹에 이름을 올리

제다 킹덤 타워

(출처 : CTBUH 홈페이지(https://www.skyscrapercenter.com/building/jeddah-tower/2)

킹덤 센터
(출처: 킹덤센터 웹페이지(https://kingdomcentre.com.sa))

는 중동 최고의 자산가, 실업가로 잘 알려져 있다.(2014년 판에서 33위, 217억 달러) 또한, 이미 수도 리야드에도 같은 회사가 소유한 초고층빌딩을 건설했다. 2002년에 완성된 높이 302m의 킹덤 센터로 최상층에는 왕자의 집무실이 있다. 정상부에 구멍이 뚫린 디자인은 2008년 준공의 상해환구금융중심과 유사하다.

킹덤 센터의 세 배가 넘는 킹덤 타워의 계획에 대해 알왈리드 왕자는 "OPEC에서 중심적 역할을 하며, 정치적으로도 경제적으로도 안정된 사우디아라비아라는 국가의 강함을 상징한다"*고 설명한 바 있다. 세계 최대의 산유국 사우디아라비아에는 세계 원유의 4분의 1이 매장되어 있다고 한다. 그러한 윤택한 오일머니를 구사하여 두바이보다 높은 초고층빌딩을 건설하고, 중동의 맹주는 사우디아라비아라는 것을 내외에 보여주고 있는 것이다.

두 개의 신성한 모스크

사우디아라비아는 초고층빌딩 건설뿐만 아니라 무슬림 성지

* AFP통신, 2011년 8월 3일의 기사.

정비에도 적극적이다. 성지(聖地)란 마카의 모스크와 메디나의 예언자 모스크(al-Masjid an-Nabawi)를 이른다.

사우디아라비아에서는 2000년의 법 개정으로 외국인의 사업용 부동산 취득이 허가되었으나 마카와 메디나는 제외다. 두 개의 신성한 모스크가 있는 두 도시가 얼마나 특별한가를 이해할 수 있다.

'두 개의 신성(神聖) 모스크의 수호자'를 자임하는 사우디아라비아 국왕은 지금까지 여러 차례 모스크를 확장했다. 마카에서는 1950년대와 1980년대에 확장공사가 이루어져, 총면적은 4만 2000㎡에서 35만 6000㎡로, 수용인 수도 약 77만 명이 됐다. 메디나의 예언자 모스크도 1950년대와 1990년대에 이루어진 정비의 결과, 총면적 16만 6000㎡, 수용인 수 27만 명이 됐다. 두 공사 모두 사우디아라비아의 최대 건설회사인 빈라덴 그룹(Saudi Binladin Group, SBG)이 수행했다. 빈라덴 그룹은 알카에다의 오사마 빈라덴의 부친이 창업한 기업이다.

두 모스크 확장공사에서는 미너렛 증설도 이루어졌다.

마카에서는 미너렛 두 개가 신설되어 합계 아홉 개가 됐다. 높이는 모두 약 90m나 된다.

한편, 증설 전 일곱 개째 미너렛에 대해서는 다음과 같은 일화가 남겨져 있다. 시대는 거슬러 올라 17세기 초 오스만 제국 시대다. 당시 왕 아흐메드 1세는 이스탄불의 상징 모스크 아야 소피아(하기야 소피아)에 대항하기 위해 높이 43m, 직경 27.5m의 거대한 돔이 있는 술탄 아흐메드 모스크(Sultan Ahmet Camii)를 건설한다. 내측 벽에 파란 타일이 붙어 있어 '블루 모스크'로 불렸다.

아흐메드 1세는 이 모스크에 모두 여섯 개의 미너렛을 건설하려 했다. 네 개 미너렛이 있는 아야 소피아보다 많은 것으로 권세를 과시하고자 한 것이다.

그러나 당시 여섯 개의 미너렛이 있는 모스크는 성지 마카뿐으로, 이슬람 학자 울라마(ulama)는 그보다 많아서는 안 된다고 진언했다. 그런 이유로, 아흐메드 1세는 일곱 개째 미너렛을 마카에 기증하고, 자기의 모스크에는 예정대로 여섯 개의 미너렛을 건립했다고 한다. 이 에피소드는 미너렛이 지닌 의미를 상징적으로 보여주는 듯하다.

메디나의 예언자 모스크의 미너렛은 확장공사로, 모스크의 확장부분을 둘러싸듯이 여섯 개가 추가되어, 모두 열 개가 됐다. 마카의 미너렛보다도 한 개 더 많으며, 높이도 20m 가까이 더 높은 105m다. 확장 이전부터 있던 미너렛이 72m였으니 33m나 높아진 것이다.

2005년 압둘아지즈(Abdullah bin Abdulaziz Al Saud) 국왕 즉위 이후로도 확장공사는 계속 이어지고 있다. 두 개의 모스크 모두 수용인 수 200만 명 이상의 모스크가 되어가고 있다. 미너렛도 앞으로 더 많이 증설될 것으로 보인다.

마카 로열 클락 타워 호텔

모스크 주변에는 고층빌딩도 많다.

그 하나가 마카 모스크의 바로 앞에 높게 솟아있는 마카 로열 클락 타워 호텔(Makkah Royal Clock Tower Hotel)이다. 유난히 눈에 띄는 이 호텔은 런던 빅벤과 같은 시계탑 모양의 건물이나, 그 높이 601m(120층)는 빅벤의 여섯 배를 넘는다. 2014년 말 시점에서 부르즈 할리파를 잇는 세계 두 번째 높이다,

높이 약 400m 위치에 거대한 시계가 사방 벽에 있다. 그 크기는 직경 약 46m(빅벤의 시계는 직경 7m), 예배시각이 되면 녹색으로 점등한다. 그 빛은 약 16㎞ 멀리서도 확인할 수 있으며, 주간에도 11~12㎞ 떨어진 곳에서 볼 수 있다고 한다.

마카 로열 클락 타워 호텔
(출처: 호텔 인스타그램 계정(fairmontmakkah))

이 시계가 마카를 순례 중인 신자들에게 하루 다섯 번의 기도 시각을 전하고 있다. 이슬람 성직자들은 세계 표준시인 영국의 그리니치 표준시는 구미로부터 강요된 표준이라고 생각한다. 마카가 세계의 중심이라고 주장하기 때문에, 이 거대한 시계가 설치된 것이다.

마카 로열 클락 타워 호텔은 그 이름이 나타내듯이 시계탑 이외의 기능도 있다. 이 타워는 압둘아지즈 국왕의 기부로 개발이 추진되고 있는 아브라즈 알 바이트 콤플렉스(Abraj Al Bait Complex)에 있는 초고층건축물군 중의 하나로 순례자를 위한 고급 호텔이다.

이러한 숙박시설이나 순례시설을 대대적으로 확충한 배경에는

성지를 찾는 순례자의 증가가 있다.

마카 순례는 무슬림의 다섯 개 의무인 신앙고백, 예배, 단식, 희사(喜捨), 마카 순례 중 하나며, 생애에 한 번은 행해야 한다. 건강하고 재력 있는 자에 한정된다고는 하나, 근년의 이슬람 국가들의 경제발전으로 경제적 여유가 있는 신자가 늘고 있다. 대순례 시기에는 300만 명이나 되는 신자가 마카와 메디나를 찾기 때문에 예배시설, 숙박시설, 도로, 철도 등 인프라 부족이 문제였다. 그러한 상황에서 두 개의 신성한 모스크의 수호자다운 국왕이 인프라 정비에도 적극적으로 나선 것이다. 예를 들면, 교통 인프라로 마카와 메디나 간 약 444㎞를 잇는 '순례고속철도'와 메카에서 성지 미나(Mina)와 라흐마산(Jabal al-Rahmah) 등을 둘러싸는 경전철(LRT, Light Rail) 정비가 진행 중이다.

순례자를 맞이하기 위한 도시정비라고 하면, 앞서 제3장에서 본 로마 교황 식스토 5세가 떠오른다. 로마에서는 순례지(성당) 앞에 표식인 오벨리스크를 건립하고 각각의 순례지를 잇는 직선가로가 정비됐다. 마카의 경우는 오벨리스크가 아닌 미너렛과 초고층빌딩, 그리고 직선도로가 아닌 철도, LRT라는 차이는 있으나 순례자를 맞아들여 신의 위광을 신자에게 알리고 보여주기 위한 도시 개조라는 의미에서 보면 다르지 않다.

사우디아라비아는 석유의존형 경제에서 벗어남을 목표로 하였으며, 관광산업을 중요한 정책 중 하나로 추진했다. 정부는 앞에서 이야기한 교통 인프라 등의 정비와 함께, 순례자용 비자의 기간연장이나, 마카와 메디나 외 지역의 방문을 용인하는 등의 조치도 취했다. 일련의 도시개발에는 순례자 중심의 관광수입 증가, 급증하는 젊은 층 인구에 대한 고용창출 등 경제효과의 기대도 있었다.

한편, 모스크의 확장과 주변지역 개발에 의해 역사적 지구나 건축물이 사라져가고 있다고 비판하는 현지 고고학자도 적지 않다. 그러나 역사적인 유산을 보전하는 것보다도, 순례를 지지하는 것이 이슬람 전통의 계승이며, '성스러운 모스크의 수호자'다운 국왕의 의무라고 생각했을 것이다.

5 유럽의 초고층빌딩 증가

지금까지 보았듯이, 초고층빌딩 경쟁의 주요 무대는 미국에서 아시아와 중동으로 옮겨 왔다. 그러나 고층화에 대한 반발이 컸던 유럽의 도시에서도 초고층빌딩을 요구하는 움직임이 활발해져 갔다. 2000년대에 들어서는 고층빌딩 입지를 억제하고 있던 런던, 파리 등 대도시의 중심부에서도 초고층빌딩 건설이 증가했다. 초고층빌딩의 도심 회귀가 진행되어 갔다.

2000년대 이후, 초고층빌딩의 증가

유럽 전체의 150m 이상 초고층건축물 수를 보면 2014년 말 현재 146동으로, 상하이와 베이징의 초고층건축물 수 147동과 비슷한 정도다.

유럽의 초고층빌딩 상위 10위(2014년 말 현재)

순위	건물명	소재지	높이	층수	준공년도	주용도
1	머큐리 시티 타워	모스크바, 러시아	339m	75층	2013년	주택, 오피스
2	더 샤드	런던, 영국	306m	73층	2013년	주택, 호텔, 오피스
3	캐피털 시티 모스크바 타워	모스크바, 러시아	302m	76층	2010년	주택
4	나베르자나야 타워	모스크바, 러시아	268m	61층	2007년	오피스
5	트라이엄프 팰리스	모스크바, 러시아	264m	61층	2005년	호텔, 주택
6	사파이어 타워	이스탄불, 튀르키예	261m	55층	2010년	주택
7	코메르츠은행 타워	프랑크푸르트, 독일	259m	56층	1997년	오피스
8	캐피털 시티 상트페테르부르크 타워	모스크바, 러시아	257.2m	65층	2010년	주택
9	메세 타워	프랑크푸르트, 독일	256.5m	64층	1990년	오피스
10	토레 데 크리스털	마드리드, 스페인	249m	50층	2008년	오피스

그러나 2000년대 들어서서부터 그 변화가 현저하다. 1990년 이전 (대략 베를린 장벽 붕괴 이전)에는 150m 이상 고층빌딩은 겨우 21동에 지나지 않았으나, 2000년 이후에 현재의 4분의 3에 해당하는 108동이 건설됐다.

그리고 유럽의 초고층빌딩 높이 상위 10동을 보면, 여덟 개(영국, 러시아, 터키, 스페인)가 2000년대 중반 이후에 건설된 것이다.

러시아에서는 중동과 같이, 2000년대의 원유 · 천연가스의 가격 상승에 의한 풍부한 자금을 배경으로 초고층빌딩 붐이 일어났다. 1950년대에는 사회주의가 초고층빌딩(스탈린 데코레이션)을 만들고, 2000년대에는 자본주의화가 초고층빌딩을 만들었다고 할 수 있다.

런던 시티의 초고층빌딩

2000년 이전, 유럽 초고층빌딩은 주로 독일의 프랑크푸르트, 프랑스의 라데팡스 지구에 많았다. 독일 제일의 경제도시 프랑크푸

루트는 국제금융의 거점이며, 라데팡스 지구는 역사적 경관이 펼쳐진 파리 근교의 재개발지구다.

파리에서와 같이, 런던에서도 초고층빌딩은 시의 동부 도크랜즈 등 도심에서 떨어진 지역에서 건설됐다. 제4장에서 보았듯이 런던 시티에는 엄격한 높이제한(세인트폴즈하이츠)이 실시되고 있었기 때문에 기본적으로 초고층빌딩은 건설될 수 없었다. 그러한 상황에서 1980년대 마가렛 대처(Margaret Hilda Thatcher) 정권에서 규제 완화책의 일환으로 도크랜즈 지구 재개발이 추진됐다.

그러나 경제의 글로벌화 진전으로 도시 간 경쟁이 격화되고, 편리성 높은 도심부의 초고층빌딩 건설에 대한 요구가 유럽에서도 활발해져 간다.

런던 중심부 시티에서도 경제·금융센터로서의 지위가 약화되고, 도크랜즈 지구 등 다른 지역으로 투자자금이 유출될 것이라는 우려에서 시티에 초고층빌딩을 건설하자는 요구가 커졌다. 이러한 배경에서 제안된 계획 중 하나가, 높이 385.6m, 96층의 런던 밀레니엄 타워(London Millennium Tower)다. 1996년 건축가 노먼 포스터(Norman Foster)가 설계한 이 계획안은 런던 중심부에서의 초고층빌딩을 둘러싼 논쟁을 부르는 계기가 된다.

1998년 런던계획자문위원회(LPAC)는 영국 정부의 자문을 받아 '초고층빌딩은 부와 권위와 영향력의 현시(顯示)'에 지나지 않으며, '2등 도시(second cities)가 권위를 갖기 위해 초고층빌딩을 필요로 하는 것'으로, 런던에 초고층빌딩은 필요하지 않다는 견해를 나타냈다.* 시티에서 도크랜즈로 기업이 유출한다고 해도, 런던

* 矢作弘, ロンドンの超高層ビル論争, 福川裕一, 矢作弘, 岡部明子, 持続可能な都市.

런던 시티 금융가의 스카이라인(30 세인
트 메리 액스)

(사진 : 大澤昭彦)

경제에는 불리하지 않다는 주장이다. 위원회는 세계도시 런던의 강점은 "경제력에 더불어 다양하고 풍부한 문화에 있으며" 초고층빌딩을 건설한다고 해도 "런던 고유의 도시 매력을 삼키는 것이 되어서는 안 된다"고 지적했다.

결국, 밀레니엄 타워는 건설되지 못했다. 그리고 그 부지에는 높이 180m의 스위스리(Swiss Re) 본사 빌딩(30 세인트 메리 액스, 30 St Mary Axe)이 2004년 문을 열게 된다. 설계는 밀레니엄 타워와 같이 노만 포스터가 했다. 마치 오이 피클과 같은 형태를 하고 있어 '거킨(The Gherkin)'이라고도 불린다. 이 빌딩은 기존의 세인트 폴 대성당 중심의 런던 스카이라인에 커다란 변화를 가져왔다. 세인트 폴 대성당의 사제는 대성당 돔에 대항하려 한다는 우려를 나타내기도 했다.

그러나 이후 런던 중심부에서는 초고층빌딩 건설이 계속 진행된다. 2004년 켄 리빙스톤(Kenneth Robert Livingstone) 대런던 시장은 콤팩트시티 실현을 위해서는 초고층빌딩이 유용하다며 지구를 한정하여 초고층빌딩을 도심부에 유치하는 방침을 시행한다.

방침전환의 결과, 지금 런던에 있는 높이 150m 이상 빌딩 12개 동 중, 5개 동이 시티와 그 인근에 입지해 있다.

그 하나가 2013년 7월에 완성된 샤드(The Shard)다. 템스 강을 사이에 두고 시티의 맞은편에 자리 잡고 있으며, 높이 306m(73층)로 유럽에서 두 번째로 높은 빌딩이다.(2014년 말 시점) 앞에서 이야기했듯이, 2000년 이후 초고층빌딩 붐과 마찬가지로 샤드의 건설자금도 중동의 오일머니였다.

샤드
(사진 : 大澤昭彦)

파리의 규제완화와 초고층빌딩 개발

앞장에서 살펴본 대로, 파리는 1970년대 초 높이 209m의 몽파르나스 타워 건설이 계기가 되어, 시내의 전통적 도시경관을 지키기 위한 규제강화가 실시됐다. 시내는 높이 37m(재개발구역)까지로 제한되었기 때문에 고층빌딩은 시외 라데팡스 지구에 건설됐다.

라데팡스 지구는 그랑드 아르슈(Grande Arche)라는 높이 110m의 대개선문을 중심으로 높이 100m 넘는 고층빌딩군이 임립해 있는 재개발지구다. 대개선문은 1989년에 프랑스 혁명 200주년을 기념해 세워진 것으로, 루브르 미술관의 카루젤 개선문과 에투알 개선문을 잇는 파리의 역사적 축선의 연장선상에 위치하여 새로운 파리 도시권의 상징이 됐다.

파리 시 내에서는 고층빌딩이 제한되고 있었으나, 2008년 베르트랑 드라노에(Bertrand Delanoë) 시장은 규제완화를 발표한다. 시의 외곽도로변 여섯 곳에 높이 150m부터 200m 정도의 상업·오피스

빌딩과 높이 20m의 주택을 건설하는 계획을 구상하고 시의회의 승인을 얻었다. 그 배경에는 시내의 만성적 오피스 부족으로 인한 시외·국외로의 기업유출이 있었다. 도심부 주택이 오피스로 사용되는 사례가 늘어나면서 주택부족 문제도 생겨났다.

이 규제완화에 대해서는 70년대로 거슬러 돌아가는 것이라는 비판의 목소리도 많았다. 2004년의 한 조사에 의하면 시민의 60%가 고층화에 반대했다고 한다.

그러나 고층화는 진행됐으며, 프로젝트 중 하나로 시 남서부 전시장 부지에 높이 200m의 유리 삼각추상 고층빌딩 트라이앵글(Triangle)이 계획됐다. 이 외에도 여러 계획이 있으나, 모두 샹젤리제 등 도심부가 아닌, 시의 주변부에서 추진되고 있다. 이는 몽파르나스 타워 건설 경험에 대한 반성의 영향이라고도 할 수 있다. 고층건축물에 대한 반대의견은 아직도 적지 않다.

6 일본 초고층빌딩의 현재

2000년대에 들어서면서, 일본에서도 초고층빌딩 건설이 활발해진다. 세계적인 도시 간 경쟁 격화와 함께 버블경제가 붕괴되고, 경기대책으로 용적률 등 규제완화가 강구됐다. 도쿄, 오사카, 나고야 도심부에서 재개발이 이뤄지면서, 앞에서 보았던 런던이나 파리에서와 같이 고층빌딩의 도심회귀가 진행된다.

일본의 높이 150m 이상의 건축물 수를 보면, 2014년 말 현재

요코하마 랜드마크 타워와 미나토미
라이21 지구의 스카이라인

(사진 : 大澤昭彦)

츠텐카쿠와 아베노 하루카스가 만드는
오사카 남부의 스카이라인

(사진: 이기배)

190동으로, 유럽 전체(146개)와 비교하면 많지만 중국(1105개)에는
미치지 못한다. 높이에서도 중국에는 300m 이상이 29개 동 있으
나, 일본의 300m 이상 고층빌딩은 2014년에 준공한 아베노 하루
카스(Abeno Harukas, 300m)뿐이다. 초고층빌딩 건설에 있어서 일본
의 존재감은 옅어져 가고 있다.

임해부의 초고층빌딩 개발

아베노 하루카스가 등장하기 전까지, 일본 제일의 자리에 있던
것은 1993년 완성된 요코하마 랜드마크 타워(296m)였다.

요코하마의 미나토미라이 지구에 있는 이 요코하마 랜드마크
타워를 포함하여, 1990년대 중반의 초고층빌딩을 보면, 이즈미사
노 시 링쿠타운의 링쿠 게이트 타워 빌딩(Rinku Gate Tower Building),
코스모스퀘어 지구의 오사카 월드 트레이드 센터 빌딩(Osaka World
Trade Center Building, Cosmo Tower) 등 도심에서 떨어져 있는 임해개
발부에 입지한 것이 많았다. 토지의 부족, 일극집중 폐해를 해소

아베노하루카스

(사진 : 大澤昭彦)

하는 수단의 하나로서 초고층개발이 추진되었기 때문이기도 했다. 버블시기에는 토지가 부족하여 도심 국유지의 매각도 추진된다. 방위청 이전 종전부지에 건설된 미드타운 타워(Midtown Tower, 높이 248m, 2007년)나 국철의 조차장(操車場) 부지였던 시오도매, 시나가와의 일련의 초고층빌딩 개발은 버블 붕괴 후에 진행되어 갔다.

일본의 초고층빌딩 상위 10위(2014년 말 현재)

순위	건물명	소재지	높이	층수	준공년도	주용도
1	아베노 하루카스	오사카 아베노	300m	60층	2014년	호텔, 오피스, 상업
2	요코하마 랜드마크 타워	요코하마 미나토 미라이	296m	73층	1993년	호텔, 오피스, 상업
3	린쿠 게이트 타워빌딩	오사카 린쿠타운	256m	56층	1996년	호텔, 오피스
4	오사카 월드트레이드센터빌딩 (현재 오사카부 사키시마 청사)	오사카 코스모스 퀘어	256m	55층	1995년	오피스
5	도라노몬 힐즈	도쿄 토라노몬	256m	52층	2014년	호텔, 주택, 오피스, 상업
6	미드타운 타워	도쿄 아카사카	248m	54층	2007년	호텔, 오피스
7	미드랜드 스퀘어	나고야 나고야 역 앞	247m	48층	2007년	오피스, 상업
8	JR 센트럴타워즈 오피스타워	나고야 나고야 역 앞	245m	51층	2000년	오피스, 상업
9	도쿄도청 제1본청사	도쿄 니시신주쿠	243m	48층	1991년	오피스
10	선샤인60	도쿄 이케부쿠로	240m	60층	1978년	오피스

버블 후의 규제완화와 초고층빌딩의 도심회귀

버블경제 붕괴 후, 경기회복의 수단으로 각종 규제완화가 행해졌다. 토지의 유동화와 유효이용을 촉진하기 위하여 용적률 완화가 시행되었으며, 그 결과, 도쿄, 오사카, 나고야 도심부에서 재개발이 추진되었고, 초고층빌딩도 증가하게 됐다.

도쿄 도 내 높이 60m 이상 건축물의 건설 추이를 보면, 1990년대는 거의 연간 30개 동 이하였으나, 규제완화책이 본격적으로 추진된 2000년대에 들어서면 연간 40개 동에서 70개 동 정도로 크게 증가한다. 높이 60m 넘는 고층건축물의 절반 이상이 2002년 이후 약 10년 동안 건설됐다. 그러나 높이 200m를 넘는 것은 거의 없었다.

한편 일본에서 300m를 넘는 빌딩이 건설되지 않는 이유 중에는 항공법에 의한 제한이 있다. 도쿄의 경우, 하네다 공항의 이착륙 안전성을 확보하기 위해 일정 범위의 지역에 대하여 높이를 제한하고 있다. 초고층빌딩 수요가 있는 도심부에도 이 높이제한이 적용된다. 따라서 일본에서 건물의 높이로 세계와 경쟁하는 길은 애초에 막혀있다고 할 수 있다. 그러한 상황에서 기업과 개발사업자가 높이의 추구가 아닌, 용적률 완화에 주력해 간 것은 필연이었을 것이다.

이들 일련의 개발로 도쿄 도심의 스카이라인은 크게 변한다. 예를 들어, 마루노우치에는 1990년대 말부터 재개발이 진행되어, 최근 150~200m 규모의 초고층빌딩이 건설됐다. 이전 미관논쟁의 발단이 되었던 도쿄해상빌딩(제5장 참조)은 주위 건물 속으로 매몰

마루노우치의 스카이라인

(사진 : 大澤昭彦)

되어 눈에 띄지 않게 되었을 정도였다.

1997년에는 마루빌딩(1923년 준공)이 해체되고, 2002년에 높이 180m의 새로운 마루빌딩이 다시 태어난다. 마루노우치에서 100m 넘는 빌딩은 도쿄해상빌딩뿐이었으나, 지금은 새로운 마루빌딩을 포함해 약 30개 동(2013년 시점)까지 늘어났다.

마루노우치 지구의 고층화라고 하면, 주로 1959년 '마루노우치 종합계획' 이후 만들어진 높이 31m 라인(이전의 100척) 도시경관을 계승하기 위하여 높이 31m 기단부(저층부분) 위에 벽면을 후퇴시켜 고층부분을 올리는 형태로 재개발을 추진했다. 사실, 메이지 시기의 적연와 개발부터 생각하면 재재개발이라고 할 수도 있겠다.

앞장에서 보았듯이, 1960년대 이후로 건물 주위에 공지를 취하는 타워 인 더 파크형의 고층빌딩이 이상적이라고 생각되고 있었다. 그러나 공지가 반드시 도시환경에 기여한 것은 아니었다. 넓기만 한 공지는 이용하기 어려워 사람이 없는 삭막한 광장이 되는 경우도 적지 않았다. 마루노우치 재개발은 타워 인 더 파크의 문제점을 인식하고, 도로변을 따라서 건물을 배치하는 종래의 도시

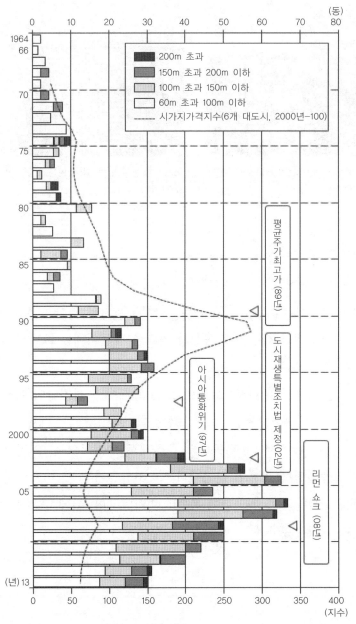

도쿄 도의 초고층빌딩 건설 추이(높이 60m 이상)

※ 도쿄 도 도시정비국 시가지건축부 건축기획편 「건축통계연보」, 「시가지가격지수」를 사용하여 작성.

도쿄 중심부 스카이라인(도쿄도청에
서 바라본 전경)
(사진 : 이기배)

도쿄 중심부에서 바라본 고층빌딩군과
후지산
(사진 : 이기배)

경관을 유지하면서 동시에 고층화를 도모했다.

아이러니하게도 1960년대에는 시대에 뒤처진 것으로 간주되었
던 종래의 높이 31m 가로경관이 마루노우치의 역사적 자산으로
인식되고, 도시경관의 연속성과 활력을 만들어내는 요소로 평가
받게 된 것이다.

또한, 용적률 완화의 요건에 오픈 스페이스 설치만이 아니라,
역사적 건조물의 보존 등도 포함됐다. 예를 들면, 메이지생명
관(明治生命館. 1934년 준공)을 중요문화재로 지정하면서, 인접 부지
의 고층빌딩 용적률이 완화됐다. 1968년 철거된 옛 미츠비시1호
관은 2009년 재개발과 함께 복원(재현)되었으며, 이에 따른 용적률
완화가 적용됐다.

7 자립식 타워의 현재

고층건축물 수가 증가하는 한편, 전파탑과 전망탑 등 자립식 타워 건설은 1990년대를 최고점으로 감소세를 이어왔다. 2000년대 이후 건설된 세계의 높이 200m 넘는 고층빌딩은 총 688개 동에 이르나, 자립식 타워는 겨우 9개 동 정도다.

타워 건설이 적어진 이유는 300m, 400m급의 고층빌딩이 늘어나, 빌딩 옥상에 안테나를 설치하면 전파탑으로도 활용할 수 있게 되었기 때문이다. 앞장에서 살펴본 북미에서 자립식 전파탑이 적었던 이유와 같다고 할 수 있다.

20세기 중반 이후, 가장 높은 건조물은 전파탑이었다.

그러나 현재, 세계에서 제일 높은 건조물은 고층빌딩 부르즈 할리파다. 같은 중동의 쿠웨이트에서도 전파탑 리버레이션 타워(Liberation Tower, 372m)보다도 고층빌딩인 알 함라 타워(Al Hamra Tower, 413m)가 더 높다. 아시아로 눈을 돌리면, 상하이에서는 동방명주 전시탑(468m) 바로 옆에, 상해중심(632m)이 건설 중이다. 쿠알라

연대별로 본 높이 200m 이상의 고층빌딩 · 자립식 타워의 건설 수

연대	고층빌딩	자립식 타워
1960년대	11동	9동
1970년대	44동	11동
1980년대	64동	12동
1990년대	108동	22동
2000년대	298동	5동
2010년대	390동	4동
계	929동	63동

(출처: CTBUH의 고층건축물 데이터베이스를 기초로 작성)

룸푸르에는 452m의 페트로나스 트윈 타워가 전파탑인 메나라 쿠
알라룸푸르(Menara Kuala Lumpur, KL타워, 1996년 준공)를 30m 정도 웃
돈다.

이러한 세계적 흐름을 보면, 2012년에 완성된 높이 634m의 도
쿄 스카이트리는 이질적 존재다.

도쿄 스카이트리

도쿄 스카이트리(TOKYO SKYTREE) 건설의 직접적 계기는 1998년
에 우정성(郵政省, 현 총무성)이 결정한 텔레비전 방송의 지상 디지털
화 방침으로 거슬러 올라간다(1998년 10월 〈지상디지털방송 간담회 보고
서〉). 지상 디지털화는 세계적 추세였으며 1998년 9월에 영국, 같
은 해 11월에는 미국에서도 개시된다.

지상 디지털방송을 관동지역 일원에 송신하기 위해서는 600m
급 전파탑이 필요했다. 종래의 지상 아날로그에서 사용하고 있던
VHF대와 달리, UHF대의 전파는 직진성이 강하고 도달거리도 짧
기 때문에 더 높은 장소에서 송
신할 필요가 있다고 한다. 높이
333m의 도쿄 타워는 UHF대 전
파의 송신능력을 충분히 갖추고
있지 못했다.

우선, 도쿄 타워를 운영하는
일본전파탑주식회사가 도쿄 타
워의 인접지에 약 700m의 전파

도쿄 스카이트리
(사진 : 大澤昭彦)

탑을 신설하는 구상을 제시했다. 그 후, 다른 지역에서도 전파탑을 신설하는 계획을 제안한다.

신주쿠 부도심에 600m급의 전파탑을 만드는 안을 포함하여, 다마, 사이타마 신도심, 도시마 구, 네리마 구, 아다치 구, 아키하바라, 다이토 구, 스미다 구 등 여러 지역이 타워 건설 후보지로 이름을 올렸다.

최종적으로는 2006년 3월에 재경 방송국으로 구성된 '재경 6사 신타워 추진협의회(在京六社新タワー推進協議会)'에서 도부철도(東武鉄道)가 소유하던 화물철도용지를 포함해 스미다 구 오시아게 지역의 6만 4000㎡로 결정한다. 스미다 구를 선택한 이유로는 도심에서 가깝고 혼신(混信)이 적은 점 등, 기술적 문제가 해결되는 것이 컸다고 한다.

그러나 가장 결정적이었던 것은 도부철도라는 구체적인 사업주체의 확보였을 것이다.

방송국 측은 타워 건설이나 운영에는 직접 관여하지 않고, 임대료를 지불하고 임차하는 형태였다. 기존의 도쿄 타워와 같은 방법이다. 앞에서 '여러 지역이 타워 건설 후보지로 이름을 올렸다'고 했으나, 후보지 측이 타워 건설·운영의 사업주체를 찾아서 건설자금에 관한 내용을 제출해야 했다. 많은 후보지가 건설에 의욕을 가지고 있었으나 자금을 확보하는 일은 쉽지 않았다. 가장 실현성 높은 후보지가 스미다 구 오시아게였던 것이다.

텔레비전방송국 측에서 보면, 새로운 타워가 반드시 필요한 상황은 아니었다. 도쿄 타워를 이용해도 문제는 없었다. 즉, 타워 건설을 계기로 도시를 활성화하려는 지역의 필요가 없었다면, 새로운 타워를 건설하지 않고 이전과 마찬가지로 도쿄 타워에서 송신을 계속했을 것이다. 실제, 지상 디지털방송 실시 후에도 당분간 도쿄 타워에서 문제없이 전파를 송신했다.

앞장에서 보았듯이, 자립식 전파탑 대신 옥상에 안테나가 있는 300m급의 초고층빌딩을 건설하는 편이 경제적으로 더 합리적이었으며, 도심부(주로 도심 3구)에서는 빌딩에 대한 수요도 왕성했다. 그러나 대부분 지역이 항공법상 높이제한에 걸리기 때문에 실현성은 낮았다. 반대로, 항공법의 영향을 받지 않는 지역에서는 그 정도의 수요가 없었다. 도쿄 타워를 대신할 전파탑이, 고층빌딩이 아닌 자립식 전파탑이 된 것에는 도쿄 나름대로 사정이 있었던 것이다.

광저우 타워와 도쿄 스카이트리

새로운 전파탑의 높이는 610m, 당초 임시로 '스미다 타워(黑田 Tower)'라고 불렸다. 이 높이는 제5장에서 보았던 실현되지 못한 'NHK 타워'와 같은 높이다. 2003년 공모 결과, '도쿄 스카이트리'가 정식 명칭으로 결정됐다. 그리고 다음 해 10월, 높이가 610m에서 634m로 변경된다. 이 높이는 흔히 '무사시(武蔵)'라고 불린다.*

높이의 상향에는 같은 시기 건설되고 있던 중국의 자립식 전파탑, 광저우 타워(廣州電視觀光塔, Canton Tower)의 영향이 있었다. 광저우 타워는 610m로 계획되어 있었다. 다시 말해, 아시아 제일의 자리를 둘러싼 경쟁이었다. 한편, 나중에 광저우 타워는 높이

---

* 일본어로 '무사시'의 발음은 한국어의 '육삼사(634)'와 같이 숫자를 읽는 발음과 유사하여, 흔히 언어유희로서 '무사시(634)'로 부른다.

600m로 완성된다. 항공국의 문제 제기로 계획보다 10m 낮아졌다.

광저우 타워와 스카이트리의 디자인을 비교해보자. 광저우 타워는 장구 모양의 강관(鋼管) 구조로, 고베 포트타워(神戸ポートタワー)가 떠오르는 디자인이다. 도쿄 스카이트리도 강관구조기는 하나, 장구형도 아니며 도쿄 타워와 같은 개각형 철골탑도 아니다. 개각식으로 하면 지표면에서 각 변 200m 사방의 면적이 필요하다. 건설부지는 좁고 길어 공간적 여유가 없었다. 유럽의 타워와 같이 RC조 실린더형이라면 필요한 평면면적을 줄일 수는 있으나, 철골과 비교하여 중량이 크게 증가하기 때문에 갈라짐 문제 등이 우려됐다. 그런 이유로 철골의 강관구조를 채용하면서, 지표에서 300m 정도 높이까지 한 변 68m의 정삼각형상의 평면으로 했다. 그다지 넓지 않은 부지에 타워를 건설하기 위한 연구의 결과였다. 타워가 입지한 지역은 이른바 밀집시가지다. 고밀도 주거지역 속에 600m 넘는 타워가 흘립해 있는 모습은 도심에서 벗어난 장소에 전파탑을 건설하는 유럽의 경관과는 다른 모습이다.

1950년대 텔레비전 방송이 개시되던 당시 상황을 돌아보면, 도쿄에는 NHK, 니혼테레비, TBS의 텔레비전 탑이 시가지 정중앙에 서 있었다. 도쿄 타워는 시바 공원 안이기는 하지만, 공원 끝 쪽이라 실질적으로는 시가지에 입지한다. 즉, 도쿄 스카이트리는 도쿄에서의 전통적인 전파탑의 배치를 답습하고 있다고도 할 수 있겠다.

도쿄 타워의 변화

도쿄 스카이트리가 완성되자 도쿄 타워의 역할이 크게 변한다. 도쿄의 시각적 랜드마크로서만이 아니라 본래 가지고 있던 전파 탑으로서의 기능도 더 이상 필요하지 않았다. 단, 긴급 시의 백업 기능이나 FM방송 등 일부 전파의 발신은 계속했다.

랜드마크와 실용적 기능·역할이 약해지기는 했으나, 최근 영화 '올웨이즈 3번가의 석양(ALWAYS 三丁目の夕日)' 등에서와 같이, 도쿄 타워는 쇼와 시대의 상징으로, 정감과 향수를 불러일으키는 존재가 되고 있다.

도쿄 타워는 2008년에 50주년을 맞이했다. 그리고 2013년에는 문화재보호법에 근거하여 등록유형문화재로 등록된다.

문부과학성이 고시한 등록유형문화재의 등록기준을 보면, 건축물, 토목구조물 및 그 외 공작물 중, 원칙적으로 건설 후 50년이 경과되면, 동시에 ①국토의 역사적 경관에 기여할 것, ②조형의 규범이 될 것, ③재현이 용이하지 않을 것, 모두에 해당해야 한다. 고도성장기에 선진성과 미래의 상징이었던 도쿄 타워가 이제는 '역사적'인 건조물이 되었다고도 할 수 있다.

텔레비전 탑 등 타워를 문화재로 등록하는 것은 도쿄 타워가 최초는 아니다. 2005년에는 일본 최초의 집약전파탑 나고야 텔레비전 탑, 2007년에는 츠텐카쿠, 2014년에는 고베 포트타워가 등록유형문화재가 됐다.

쿠웨이트와 이란의 전파탑

이 책은 처음, 중동 고대문화의 거대 건조물로부터 이야기를 시작했다. 마지막에서도 다시 중동으로 돌아간다.

중동의 전파탑 중, 다른 국가의 전파탑과는 다른 역할과 의미를 지닌 타워가 있다. 쿠웨이트의 리버레이션 타워와 이란의 밀라드 타워다.

중동 유수의 산유국 중 하나인 쿠웨이트의 수도 중심부에는 높이 372m의 텔레비전 탑 리버레이션 타워가 솟아 있다. 372m는 도쿄 타워보다 40m 넘게 더 높다.

리버레이션 타워(Liberation Tower)는 1987년부터 쿠웨이트 텔레커뮤니케이션(telecommunication) 타워로 건설이 진행되고 있었다. 그러나 1990년 8월, 이라크군이 쿠웨이트를 침공하면서 걸프전이 발발하고, 타워 공사는 중단됐다. 전후, 1993년에 공사는 재개되고, 타워 이름은 '리버레이션 타워'로 변경됐다. 그리고 1998년에 완성된다. 처음에

쿠웨이트 타워

(출처 : Erwin Heinle, Fritz Leonhardt, 1989, Towers: a Historical Survey, p.275, Rizzoli International Publications)

는 단순히 시의 랜드마크인 전파탑으로 추진되었으나, 이라크로 부터의 해방을 기념하는 상징성이 부여된 것이다.

쿠웨이트에는 걸프전의 영향을 받은 타워가 또 하나 있다. 이라크군이 침공하면서 곧바로 공격했던 쿠웨이트 타워(Kuwait Towers)다. 쿠웨이트 타워는 187m와 147m의 높이가 다른 두 개의 급수탑으로, 1979년 페르시아 만에 면하고 있는 공원 내에 건설됐다.

급수탑이지만 실용성을 넘는 독특하고 상징적인 디자인으로, 실린더 형상의 탑신에 거대한 구체가 꾀어진 형태다. 구체는 이슬람 건축과 같이 푸른 도기제 타일로 덮여 있다. 거대한 구체 부분은 정수탱크며, 4500㎘나 되는 물을 담을 수 있다고 한다. 높은 쪽 타워에는 크고 작은 두 개의 구체가 있으며, 높이 123m 위치에 설치된 작은 구체에는 회전식 카페와 전망데크가 설치되어 있다.

굳이 급수탑에 상징성을 부여한 것에는 특별한 이유가 있었다.

쿠웨이트의 지세를 보면, 대부분이 사막지대다. 그리고 하천이 없다. 육수량이 적기 때문에 국가발전을 위해서는 수자원 확보가 급선무였다. 해수증류공장에서 정제한 물은 급수탱크에 저장된다. 수도는 석유와 함께 쿠웨이트의 명운을 결정하는 생명선이며, 그것을 상징하는 건물이 급수탑이다.

이 두 개 급수탑이 계획된 것은 영국으로부터 독립한 1967년의 바로 다음 해다. 유럽 제국 열강에 지배받고 있던 시대에서 벗어남을 기념하는 의미를 담아 더 이슬람 색이 짙은 타워를 건설했을 것이다.

이란의 정보통제를 위한 타워

2008년, 이란의 수도 테헤란의 북서부에 높이 435m의 밀라드 타워(Milad Tower)가 완성된다. CN타워와 비슷한 형상이며, RC조 탑체에 높이 120m의 안테나가 설치되어 있다. 높이 300m 위치에는 전망대가 있다. 전망대 부분은 12층 정도 되는 거대한 건물이다. 이 타워는 통신·무역·관광의 거점이며 타워 바로 아래에는 국제회의장도 마련되어 있다. 복합개발로 건설된 도시의 랜드마크다.

테헤란의 상징으로 잘 알려진 건조물로는 아자디 광장에 있는 아자디 타워(자유의 기념비, Azadi Tower)가 있다. 높이 약 50m의 아치 콘크리트 타워로, 팔레비 왕조 2대 황제 모하마드 레자 샤 팔레비가 페르시아 제국 건국 2500주년을 기념하여 1971년에 건립한 모뉴먼트다. 이른바 1979년 일어난 이란 혁명(이슬람 혁명) 이전 왕정기의 상징이다. 그런 이유로, 혁명 후 정권은 밀라드 타워를 아자디 타워를 대신하는 새로운 상징으로 삼았을 것이다.

혁명 후의 보수적 이슬람 정

밀라드 타워

(출처 : Romin Shoraka 플리커(https://www.flickr.com/photos/rshoraka)

권은 서양문명을 이슬람 문명에 대한 위협으로 간주했다. 1995년, 서방 국가들의 정보침투를 방어하기 위해 위성방송 수신 금지법을 제정한 것이 대표적이다. 그러나 서방의 정보를 얻고 싶은 사람들의 욕구를 억제하기는 쉽지 않았다. 실제로 암거래를 통해 파라볼라 안테나(parabolic antenna)를 세우는 집이 적지 않았다.

그러한 상황에서 정부가 취한 수단이 수신방해전파 발신이었다. 그 방해전파를 밀라드 타워에서 송신했다. 정보를 송신하는 전파탑이 오히려 그것을 방해하는 목적으로 사용된 것이다. 서구 문화의 침입을 막기 위해 서방문화의 산물인 전파탑을 사용하고 있다는 것은 참 역설적이다.

제 7 장

고층건축물의 의미

지금까지 살펴보았듯이, 인류는 여러 이유로 고층건축물을 만들어 왔다. 건물의 높이에는 의식적으로든 또는 무의식적으로든 다양한 의미가 담겨왔다.

건물의 높이나 고층화가 지닌 의미는 다음의 두 가지 관점으로 나누어 볼 수 있겠다.

만든 자('높이'를 만들어내는 측)가 가지는 높이의 의미, 그리고 받아들이는 자('높이'를 향유하는 측)에 있어서의 의미다.

전자에는 권력의 상징 · 권위의 과시 수단, 인간의 본능 · 능력의 과시, 경제성 추구, 국가 간 · 도시 간 경쟁의 수단 등이 있으며, 후자에는 아이덴티티의 형성, 조망 획득, 경관 · 스카이라인의 형성이 있다.

이 중에서 일곱 개의 시점, 즉 ①권력, ②본능, ③경제성, ④경쟁, ⑤아이덴티티, ⑥조망, ⑦경관의 시점에서 이 책의 내용을 정리하면서 마무리하고자 한다.

① 권력(權力)

나폴레옹 1세가 남긴 "인간은 스스로가 남긴 모뉴먼트로 위대해진다"*라는 말과 같이, 위정자는 고층건축물이나 거대 건조물

---

* Thomas van Leeuwen, The Skyward Trend of Thought: The Metaphysics of the American Sky-

을 만드는 것으로 자신이 지닌 권력의 크기를 과시하고자 해왔다.

거대한 건축물을 건설하기 위해서는 막대한 부와 노동력, 고도의 기술이 필요하다. 거대 건조물 건설은 그것 모두를 손에 쥐고 있는 것을 세상에 알리는 최적의 방법이었다.

건축평론가 디얀 수지크(Deyan Sudjic)는 "풍경 속에 건축물로 흔적을 남기는 것, 그리고 정치적 권력을 사용하는 것"은 "모두 의지의 강요에 의존"하고 있다는 점에서 심리적으로 유사하다고 지적한다.* 고층건축물과 권력자는 친화성이 높은 조합인 것이다.

고층건축물이나 거대 건조물이 상징하는 권력의 종류는 시대와 지역에 따라 다르다.

전에는 주로 종교적 권위를 상징했다. 사람의 모습으로 나타난 신파라오를 상징하는 피라미드나 지상과 천국을 잇는 지구라트, 크리스트교의 고딕 대성당, 석가의 유골을 넣어둔 불탑 등을 보면 알 수 있듯이, 압도적인 높이나 규모를 한 건조물은 인간의 힘을 초월한 존재를 암시했으며, 국왕과 성직자는 그것을 이용해 스스로의 힘을 과시했다.

16세기의 종교개혁 이후, 유럽에서는 기념비적인 거대 건조물이 국가의 위신을 나타냈다.

19세기 말부터는 자본주의경제가 발전하면서 기업 등이 고층오피스빌딩과 고층주택을 건설했고, 고층건축물의 세속화와 대중화가 진행됐다. 그 시대를 대표하는 산업의 대기업이 고층건축물의 주인이었다. 예를 들면, 뉴욕의 크라이슬러 빌딩이나 이탈

---

scraper.
* Deyan Sudjic, The Edifice Complex: How the Rich and Powerful Shape the World.

리아의 피렐리 빌딩은 모터리제이션이 본격화하는 시대에 만들어진 자동차 관련 기업의 본사 빌딩이었다. 시카고의 시어스 타워는 전후 미국의 소비문화를 상징하는 백화점 시어스의 본사 빌딩으로 만들어졌다. 1990년대 이후는 윤택한 오일머니로 국영·정부계 에너지기업이 중동, 동남아시아, 러시아 등에서 초고층빌딩을 건설했다.

20세기 시작, 나치스 독일을 포함한 전체주의국가에서는 국민의 자긍심을 되찾는 것을 대의명분으로 개선문이나 대회당 등 거대 건조물이 계획됐다. 냉전시대 건설된 소련의 오스탄키노 타워나 동독의 베를린 텔레비전 탑은 사회주의·공산주의 이데올로기의 침투를 의도한 것이었다.

고층건축물이 권력의 표상이라는 것은 민주주의국가에서도 다르지 않다. 미국의 수도 워싱턴 D.C.의 중심에 솟아있는 오벨리스크상의 워싱턴 기념탑은 미국의 국가이념을 상징하고 연방의 유대를 위해 건립한 기념비였다. 프랑스의 미테랑 대통령이 1980년대 샹젤리제 축의 연장선상에 세운 신개선문 등은 나폴레옹 1세나 나폴레옹 3세와 같이, 스스로의 존재를 도시에 새기는 모뉴먼트였다고 말할 수 있다.

새로운 정치체제가 탄생하면, 과거 권력을 상징하는 건조물을 파괴함으로써 스스로의 정통성을 나타내는 것도 적지 않았다. 예를 들면, 소비에트 연방의 스탈린은 구체제의 상징인 구세주 크리스트 대성당을 파괴하고, 그 적지에 공산당을 기리는 소비에트 궁전을 짓고자 했다. 또한 일본의 메이지 신정부는 각지의 천수를 봉건시대의 유물이라 하여 파괴하고, 군용지, 행정시설 등으로 전용함으로써 근대국가의 옷으로 갈아입고자 했다.

파괴하지는 않으나, 이전의 위정자가 만든 거대 건조물의 높이를 넘어서는 건축물을 지어 자신의 권력, 권위를 과시하고자 한 것도 있다.

나폴레옹 1세의 에투알 개선문(높이 50m)은 고대 로마의 개선문보다 높게 지어졌으며, 히틀러가 베를린에 계획한 개선문은 다시 그 두 배 이상인 120m 높이였다. 북한의 수도 평양에 있는 김일성 개선문은 에투알 개선문보다 10m 더 높다는 것으로 관광객을 불러들이고 있다. 그리고 앞에서 말한 미테랑의 신개선문은 원조의 두 배 넘는 약 110m에 이른다.

높은 건물을 '만들지 못하게 하는 것'으로 권력을 드러낸 것도 역사 속에서 이루어져 왔다.

일본 쪽을 보면, 도쿠가와 막부는 일국일성령으로 성의 건설과 수선을 원칙적으로 금지했다. 도시민에 대해서도 신분제에 따라 3층 건물의 건설을 금지했다.

1960년대 중반의 마루노우치 미관논쟁에서는 황거 인접지역에 건설 예정이었던 도쿄해상빌딩이 황거를 내려다보게 되자 '불경하다'고 문제를 제기한 의견도 있었다. 이것도 건물의 높이가 권력의 존재를 뒷받침한 예라고 말할 수 있다.(제5장에서 보았듯이 미관논쟁의 본질은 황거가 아니었다)

중세 유럽을 보아도, 잉글랜드에서는 기욤에 의하여 11세기 이후 수백 개의 성이 만들어졌으나, 그의 손자인 헨리 1세는 허가 없이는 축성할 수 없도록 금지했다. 12세기부터 14세기, 이탈리아에서는 호족과 귀족이 탑의 높이를 다투었으나, 자치정부가 힘을 얻게 되면서 시청이나 재판소보다 높은 탑을 건설하는 것이 금지됐다. 이 높이제한에는 사적인 건물이 도시의 스카이라인을 지배해서는 안 된다는 의사가 담겨있었다.

이슬람국가인 오스만 제국은 지배 아래에 있는 크리스트교국에 대해서, 성당에 돔과 탑, 종루를 설치하는 것을 인정하지 않았을 뿐만 아니라 모스크 높이나 무슬림 주택의 높이를 넘어서는 안 된다고 명령했다. 이것도 건물의 '높이'가 지배자와 피지배자의 관계를 상징하는 요소였다는 것을 나타낸다. 게다가 오스만 제국으로부터 독립한 불가리아에서는 학교와 성당, 종루, 시계탑과 같은 공공적인 건물을 높은 지대에 건설함으로써, 의도적으로 모스크보다 높게 지었다고 한다. 이는 '높이'가 옛 권력으로부터의 벗어남을 상징한 예라고 할 수 있다.

이슬람 세계에서 빛은 중요한 의미를 지닌다. 그 빛을 상징하는 미너렛은 모스크에서 빠질 수 없는 상징적인 건축물이다. 모스크에 복수의 미너렛이 설치되기도 했으나, 그 수는 성지 메카의 미너렛 수를 넘어설 수 없었다. 이는 메카를 정점으로 하는 이슬람 권력구조를 시각적으로 표현한 것이라고도 말할 수 있겠다.

② 본능(本能)

고층건축물의 역사는 붕괴·소실의 역사기도 하다. 건물 자신의 무게를 버티지 못한 자연붕괴나 지진에 의한 붕괴, 낙뢰, 소실 등에 의해 무너진 대성당, 불탑, 종탑 등 그 수는 상당하다(최근에는 테러 위협도 위험 요인의 하나가 된다). 그들은 그 후 재건되기도 하고,

더 높은 모습으로 다시 건축되기도 했다.

무너질 수 있는 위험을 무릅쓰고도 더욱 더 높은 건축물을 원했던 이유는 무엇이었을까.

종교학자 미르치아 엘리아데(Mircea Eliade)는 "사람은 직립자세를 취함으로써 상-하 축을 중심으로 하여, 전후, 좌우, 상하로 넓어지는 공간을 인식할 수 있게 되었다"고 말한다.* 즉, 사람은 직립자세에 의해, 중력에 속박된 존재인 것을 강하게 의식하고, 그런 까닭에 위를 향한 높이로의 동경이 생겨났다고도 생각할 수 있다. 종교적 기능을 지닌 지구라트나 고딕 대성당 등이 하늘로 솟는 고층건축물로 만들어진 것도 현실을 초월한 존재(神)가 사는 영역으로의 동경, 경외를 나타내고 있다고 해석할 수 있다.

중력에 속박된 존재인 것을 극복하고자 높이를 원했다는 견해도 있다. 건축사가 크리스티안 노르베르그-슐츠(Christian Norberg-Schulz)는 수직성의 표현이란 "중력, 즉 지상의 존재를 지배하거나, 혹은 중력에 굴복하는 어떤 현실로 향하는 하나의 통로(path)를 나타내며, 건설하는 것은 인간이 가지고 있는 자연정복 기능을 표현한다"라고 말한다.**

또한, 높이의 추구는 종교적 감각이나 자연정복의 욕구만이 아니라, 인간의 근원적인 욕구라고 보는 시각도 있다.

마그다 레베츠 알렉산더(Magda Revesz Alexander)는 중세 이탈리아의 탑이 실용성에 기초한 것이라면, 그 정도 높이가 필요할 리가 없다며, 탑의 건설은 "인간의 거역하기 어려운 하나의 충동"이

* Mircea Eliade, Histoire des croyances et des idees religieuses.
** Christian Norberg-Schulz, Existence, space and architecture.

라고 지적한다.*

　19세기 영국의 미술평론가·사상가 존 러스킨(John Ruskin)도 "사람은 건축기술을 익히면 높은 것을 짓고자 하는 성향을 가진다. 그것은 종교적 감각에서가 아니라, 단지 넘쳐흐르는 정신과 힘에 기초하는 것이다. 마치 허영심을 따라 춤추고 노래하듯이, 어린이가 트럼프 타워를 세울 때의 감각처럼 높이를 추구해 왔다"고 서술한다.** 그 감각은 "높은 수목이나 험준한 산에 대해서 느끼는 것과 같이, 건물 그 자체가 지닌 장엄함, 높이, 강함에서 느끼는 격렬한 감각과 환희의 마음을 따르는 것이다"***라고도 이야기한다.

　마천루 여명기의 건축가 루이스 설리번은 고층빌딩의 특징을 "그 훤칠한 높이, 대지에서 솟아올라 날아오르려는 열망, 그 방자함의 아름다움"이라고 지적한다. 이 단순한 원리를 알지 못한다면 "저속하고 감성적인, 그도 아니면 경솔하고 마치 강압하듯 하며 둔한, 한 무리의 기형물"이 되어버린다. 그것은 "인간의 뛰어난 힘을 부정하는 것이며, 그에 대한 모욕일 뿐이다"****라고 말한다.

　높은 건조물을 짓고자 하는 충동은 '눈에 익은 것의 한계를 시험하고, 미지의 것을 탐구한다는 모험자의 감각'*****이었다. 이러한 '모험자 감각'이 건설기술의 진보를 가져왔으며, 피라미드, 지구라트, 대성당, 마천루라는 당시 선진적 거대 건조물 건설을 가능하게 한 것이었다.

*　Magda Revesz Alexander, Der Turm, als Symbol und Erlebnis.
**　John Ruskin, Lectures on Architecture and Painting: Delivered at Edinburgh in Novemner 1853.
*** John Ruskin, 상게서.
**** Louis Henry Sullivan, The Autobiography Of An Idea.
***** Thomas van Leeuwen, 전게서.

건설에 관계된 사람들에게 고층건축물은 자랑거리였을지도 모른다. 파라미드 건설에 종사한 노동자는 파라오와 신을 위해 일하는 것을 기쁨으로 여겼다는 기록이 비문에 남겨져 있다. 이는 대성당의 경우에도 같았으며, 종교적 환희가 노동의 원천이 됐다.

설계자를 보아도, 산 피에트로 대성당의 설계에 만년을 바친 미켈란젤로나 사그라다 파밀리아에 후반을 보낸 안토니오 가우디의 정열에도 경건한 신앙심이 있었다.

수정궁이나 에펠 탑이 산업과 기술의 진보를 노래하는 만국박람회의 상징으로 건설된 이유는 시대를 구분 짓는 새로운 산업사회와 선진적 기술을 시각적으로 체현하고 있었기 때문이었다. 근대 이후, 오피스빌딩과 전파탑, 전망탑 등 선진적 기술을 구사한 고층건축물은 엔지니어의 기술력을 발휘하는 대상으로도 최적이었다.

③ 경제성

고층건축물은 경제적인 이익을 주는 것이기도 하다. 고층화는 토지로부터 얻을 수 있는 이익을 최대화하기 위한 합리적인 방법이었다. 섬이나 반도 내에 늘어서 있는 초고층빌딩을 보면 알 수 있듯이, 고층화는 한정된 토지를 효과적으로 활용하기 위한 고민의 결과이기도 했다.

건물을 고층화하여 이익을 얻는 것은 고대 로마 시대에도 이미 행해지고 있었다. 로마 시의 증가하는 인구를 받아들이는 고층아파트 '인슐라'는 투자의 대상이기도 했다.

고층건축물을 통하여 본격적으로 경제적 이익을 창출하는 데 성공한 것은 19세기 말 이후, 시카고와 뉴욕의 마천루였다. 그러나 공급 과다는 지가와 임대료를 떨어뜨리는 요인이 되기도 했다. 이 시대 이후로, 경제적 채산성은 건물의 높이를 결정하는 요소로서 중요한 위치를 차지하게 된다.

　　초고층빌딩은 경제발전의 상징이기도 했다. 경제발전은 도시의 고층화를 재촉했고, 초고층건축물은 경제발전의 증거로 간주된 경우도 적지 않았다. CTBUH(고층빌딩 · 도시거주협의회, Council on Tall Buildings and Urban Habitat)의 안토니 우드(Antony Wood)는 "마천루를 건설하는 것은, 그 국가가 세계적 수준에 도달하여 선진국의 일원이 됨을 나타내는 중요한 상징으로 여겨지고 있다"[*]고 말한다. 20세기 초의 뉴욕, 고도성장기의 일본, 개혁 · 개방노선 이후의 중국, 오일머니가 몰렸던 중동과 러시아 등 지금까지의 초고층빌딩 붐은 각 시대의 신흥국에서 일어났다고 말할 수 있다.

　　단, 경제발전이 초고층빌딩을 낳은 것이며, 그 반대는 아니라는 점에 주의해야 한다. 도시경제학자 에드워드 글레이저(Edward Glaeser)는 다음과 같이 설명한다. "성공한 도시에서는 확실히 건설이 증가한다. 경제 활력으로 사람들은 공간에 돈을 사용하고 싶어 하며, 건설업자도 기꺼이 그에 대응하기 때문이다. 그러나 건축은 성공의 결과인 것이지 원인은 아니다. 이미 필요 이상의 건축물이 있는 쇠퇴도시에 건물은 더 짓는다는 것은 어리석은 행동일 뿐, 그 외 아무런 의미도 없다."[**]

---

[*]　Mark Lamster, 進化する摩天楼, 別冊日経サイエンス189号.
[**]　Edward Glaeser, Triumph of the City.

초고층건축물은 경제발전의 상징인 동시에, 불황의 상징이기도 했다. 많은 이들이 지적했듯이 세계 최고의 초고층빌딩은 세계적 경제불황이 한창일 때 탄생했다. 예를 들면, 크라이슬러 빌딩 건설 중이었던 1929년에는 주가폭락이 계기가 된 세계대공황이 일어났으며, 시어스 타워 건설 중인 1973년에 제1차 오일 쇼크가 일어났다. 그 시어스 타워의 높이를 넘어선 페트로나스 트윈 타워는 1997년 아시아 통화위기, 부르즈 할리파는 2009년의 두바이 쇼크 중에 건설됐다.

물론, 초고층빌딩 건설이 경제불황의 직접적 원인은 아니다. 호황은 언젠가 종언을 맞이한다. 호황기 절정에 초고층빌딩 건설이 시작되어 경기가 후퇴하는 타이밍에 완성되었기 때문일 것이다.

④ 경쟁

고층건축물은 국가 간 경쟁, 도시 간 경쟁, 그리고 도시 내 경쟁의 수단이기도 했다.

예를 들면, 중세 유럽에서 각 도시들은 대성당의 첨탑, 탑상주택, 종루의 높이로 서로 경쟁했다. 피렌체와 시에나에서는 귀족 등이 서로 다투듯 탑상주택을 짓는 한편, 적대하는 그룹의 탑을 파괴했다. 시에나는 시청사의 탑을 라이벌 도시 피렌체보다 높게 건설했다.

현대에도 세계의 도시 간 경쟁이 격화하고 있다. 글로벌화하는 경제정세 중에서, 세계적 경제거점의 상징으로 초고층빌딩을 건설하는 도시는 적지 않다. 중국, 인도, 중동 제국 등 신흥국뿐 아니라, 그다지 초고층빌딩에 적극적이지 않았던 프랑스나 영국도, 파리나 런던 등에 국제경쟁력을 높일 수단으로 초고층화를 추진하고 있다. 두바이의 부르즈 할리파, 타이페이 101, 런던의 샤드 등은 초고층빌딩군 중에서도 돌출된 높이를 자랑하며 도시의 얼굴이 되고 있다. 국제적 경제 중심지에 상징적 고층건축물을 건설하는 것은 지중해 세계 경제 · 물류 거점이었던 고대 알렉산드리아에 건설된 파로스 대등대를 보면 알 수 있듯이 현대에 한정된 이야기는 아니다.

더 높은 건물을 만드는 것 자체가 목적이 되었던 경쟁도 볼 수 있다. 뉴욕의 크라이슬러 빌딩과 엠파이어 스테이트 빌딩, 히틀러의 대회당과 스탈린의 소비에트 궁전 계획, 상해환구금융중심과 타이페이 101, 도쿄 스카이트리와 광저우 타워 등 그러한 예는 상당히 많다.

부르즈 할리파는 다른 빌딩에 최고 높이를 빼앗기는 것을 우려하여 완성 직전까지 최종 높이를 공표하지 않았다. 두바이의 무함마드 수장의 '두 번째는 의미가 없다'는 말이 상징하듯이, 경제적 수익성보다도 세계 최고인 것 자체를 무엇보다도 중요하게 생각하는 수장의 존재가 높이경쟁을 과열시켜 온 것이다.

⑤ 아이덴티티

고층건축물은 애향심, 도시에 대한 애착심 강화로 이어졌다. 고층건축물은 사람들에게 자긍심을 주거나 자랑거리가 되기도 했다. 때로는 사람들이 마음을 기댈 수 있는 존재가 됐다.

유럽 도시에서는 마을 중심의 광장에 면하여 성당과 시청사가 건설됐다. 시민들은 성당 첨탑과 시청사의 시계탑을 '공동체를 통합하는 상징'으로 우러러본다. '시청사 시계탑의 거대한 문자판이 보여주는 시각은 공동체 성원을 하나로 이어주는 동시성의 상징'*이었다. 또한 이탈리아에서는 애국심을 '캄파닐리스모(campanilismo)'라고 하며, 이는 교회의 종탑에서 유래한다. 마을 사람들은 그 높이를 자랑으로 여겼을 것이다.

근세 일본에서 성은 영주의 권위를 나타내는 존재였으나, 도쿠가와 세상이 되고 군사적 기능이 약해지면서 성은 상징적 역할에 특화됐다. 민속학자 야나기타 구니오는 "자기는 낮고 작은 집에 사는 사람들에게도 성은 자랑거리였다. 후에는 방어라는 본래 역할보다도 오히려 이것이 더 중요했을지도 모른다"**라고 한다. 천수는 마을 사람들의 긍지였으며, 고향에 대한 애착으로 이어졌다. 현재, 일본 각지의 천수가 보존, 복원되고 있는 것은 성이 지역의 랜드마크로 친숙해져 있기 때문이라고도 할 수 있다. 그 상징적인 예가 아이즈와카마츠(会津若松)의 츠루가 성(鶴ヶ城)이다. 1874년에 폐성이 되었으나, 아이즈의 '정신적 지주(横山武, 아이즈 시장)'라고 하여, 1965년에 재건됐다.

고향이나 자신이 살고 있는 곳의 건물이 아니더라도, 높은 건물에서 마음의 안식을 찾기도 했다. 1099년 십자군의 예루살렘 침공으로, 시리아 수도 다마스쿠스로 탈출한 무슬림 사람들이 있었

---

*　前田愛, 都市空間のなかの文学.
**　柳田國男, 明治大正史 世相篇.

다. 도피처인 다마스쿠스를 향하던 중, 멀리 우마이야 모스크의 세 개 미너렛이 보이자, 바로 "기도용 융단을 펼치고 그 위에 꿇어 엎드려 생을 마감하지 않고 지금까지 살게 해준 전능한 신께 감사를 드렸다"*고 한다.

시대는 흘러, 제2차 세계대전 당시 독일군으로부터 해방된 프랑스군 병사들은 파리 시로 향하면서 에펠 탑을 발견하자 "전차도 장갑차도 트럭도, 모두가 자석에 이끌리듯 속도를 높였다"고 한다. 그들에게 에펠 탑은 '프랑스 불멸성의 증거'며, '프랑스인 불굴의 희망과 용기를 상징하는 것'이었다.**

고층건축은 '부흥의 상징'으로서의 역할도 담당했다. 제2차 세계대전 후, 쇼와 축성 붐으로 건설된 천수를 포함하여, 도쿄 타워, 나고야 텔레비전 탑, 츠텐카쿠는 모두 전후 부흥의 상징이라는 의미도 지닌다.

의지를 담은 높이도 있다. 2001년 동시다발 테러로 붕괴된 뉴욕의 WTC 부지에 건설된 원 월드 트레이드 센터(당초 명칭은 Freedom Tower) 높이는 542m다. 미국 독립선언이 발포된 1776년에 연유한 높이로, 국가이념인 자유를 강조하고 테러에 대한 대항 의지를 명확히 나타낸 것이다.

고층건축물 존재가 마음의 안식처가 되는 한편, 그 뒷면에서는 부정적 반응도 있었다. 에펠 탑이나 마천루에 대한 거부반응, 마루노우치 미관논쟁, 그리고 작금의 고층건축물을 둘러싼 분쟁에서는, 도시의 모습이 급속히 변화하고 물리적 · 시간적 연속성을

---

* Amin Maalouf, Les croisades vues par les Arabes.
** Dominique Lapierre et al., Paris brûle-t-il?

잃어가는 것에 대한 심리적 불안을 읽을 수 있다.

그러나 이러한 심리적인 반발도 시간이 흐르면서 익숙함과 친밀감이 생기는 경우도 있다. 예를 들면, 에펠 탑에 대해서는 당초 지식인을 중심으로 거부반응이 있었으나, 이제는 파리의 빼놓을 수 없는 랜드마크적 존재가 되어 있다. 작가이자 프랑스 문학자 마츠우라 히사키(松浦寿輝)는 "오늘날, 에펠 탑의 이미지와 파리의 이미지는 서로를 지지하면서, 그 실물을 체험한 적이 없는 전 세계 문화권을 횡단하면서 생성되고 유통되고 갱신되고 소비되어 재생산되는 것을 계속해 가고 있다"*고 이야기한다. '파리' 하면 '에펠 탑', '에펠 탑' 하면 '파리'라는 이미지 보완구조를 형성하고 있다.

어느 건물을 시야 전체에 담기 위해서는 일정한 거리를 두고 뒤로 물러난 시점에서 바라볼 필요가 있다. 랜드마크가 친숙해지기까지도 어느 정도의 시간적 거리가 필요할 것이다.

⑥ 전망

고층건축물은 도시를 내려다보는 전망을 제공해 준다.

높은 곳에서 도시를 내려다 바라보는 전망, 이전에는 일부 특권층이 독점하고 있었다. 산이나 언덕 위에서 바라볼 수는 있었으나, 천수, 성당의 종루, 모스크의 미너렛 등 인공 구조물 위에 오를 수 있는 것은 한정된 사람들만이었다. 그러나 근대 이후 고층건축물의 대중화는 높은 곳에서 바라보는 전망을 일반시민에

---

* 松浦寿輝, エッフェル塔試論.

게 개방했다.

전망의 장으로 에펠 탑 등의 전망탑을 들 수 있다. 그리고 전망대로는 엠파이어 스테이트 빌딩이 있다. 일본에는 아사쿠사 주니카이를 포함하는 망루건축이 인기를 얻었으며, 다이쇼 시대 이후로는 백화점 옥상 등이 전망을 제공했다.

현대의 고층건축물을 보아도, 관광지가 된 복원 천수를 시작으로 도쿄 타워 등 텔레비전 탑, 시애틀의 스페이스 니들 전망타워, 오피스빌딩 최상층에 설치된 전망실 등, 전망 가능한 공간을 설치하고 있다. 초고층주택 중에는 방에서 보이는 조망을 상품으로 하여 상층부에 비싼 가격을 설정한 것도 적지 않다.

이와 같이, 고층건축물의 의미가 '보이는 것'에서 '조망의 장'으로 확대된 것이다. 새의 눈으로 도시를 내려다보는 체험이 '도시의 이미지'에도 변질을 가져왔다.

또한, 초고층건축물 존재가 높은 곳으로부터의 전망에 대한 욕망을 환기시키고, 도시를 바라보는 경험은 다시 초고층빌딩을 원하는 순환을 만들어내고 있으며, 그것이 도시 활력의 원천이 되고 있다고도 할 수 있겠다.

⑦ 경관

고층건축물은 도시의 랜드마크가 된다. 다양한 장소에서 보이는 표식이 되며, 도시의 스카이라인을 형성하는 중요한 경관요소기도 하다.

단, 높다고 해서 랜드마크가 되는 것은 아니다. 랜드마크는 그

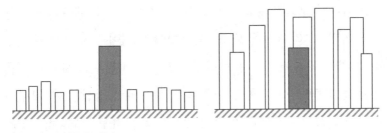

랜드마크 매몰의 개념도

(저자 작성)

주위 건물과의 관계에 의존한다. 도시계획가인 케빈 린치는 "명료한 형상을 가지고 배경과 대조가 현저하며, 또한 공간적 배치가 걸출한 것이라면 랜드마크는 한층 더 확실히 알아보기 쉽다"[*]고 했다. 즉, 주위의 건물이 높아진다면 전체 속으로 매몰된다. 쿠푸 왕의 파라미드, 샤르트르 대성당, 에펠 탑 등을 보면 알 수 있듯이, 이들이 랜드마크가 된 것은 주위에 높은 건물이 존재하지 않기 때문이다.

또한, 지형과 일체를 이루는 랜드마크도 있다. 아크로폴리스 위에 서 있는 파르테논 신전, 바다에 둘러싸인 암산에 만들어진 수도원 몽 생 미셸, 산 위에 건설된 일본의 천수 등은 산이나 언덕 위에 서 있는 것으로 걸출한 랜드마크가 되어 있다.

이 책에서는 랜드마크가 되는 건물을 '도(圖)', 그 외의 건축물을 '지(地)'라고 불렀다. '도'와 '지'의 조화로움이 랜드마크를 중심으로 하는 도시경관을 만들어왔다고 할 수 있다.

그러나 20세기 이후, 초고층빌딩으로 인한 '지'의 고층화는 랜드마크에 커다란 영향을 미쳤다. 예를 들어, 19세기 말까지는 월

[*]   Kevin Lynch, The Image of the City.

가 트리니티 교회가 뉴욕의 랜드마크였으나, 그 후 랜드마크는 울워스 빌딩, 크라이슬러 빌딩, 엠파이어 스테이트 빌딩으로 변했다. 소설가 헨리 제임스는 트리니티 교회가 마천루의 사이에 매몰된 것을 한탄했으나, 현재 마천루가 뉴욕의 상징인 것은 모두가 인식하고 있다. 사회심리학자인 안셀름 스트라우스(Anselm Leonard Strauss)가 영화 속에서 뉴욕이라는 장소를 인식시키려면 스크린에 마천루 윤곽을 수초만 보여줘도 된다고 한 것처럼, 마천루의 스카이라인은 뉴욕의 고유성을 형성하고 있다.

경관을 만드는 고층건축물이 있다면, 도시경관을 해치는 것도 있다. '지'의 고층화로 랜드마크를 핵으로 하는 스카이라인이 저해되는 것도 적지 않다. 고층건축물을 둘러싼 경관논쟁이나 건축분쟁은 세계 각지에서 있었다. 1930년대 런던에서는 대성당 돔을 바라보는 조망을 보전하기 위해서 세인트 폴 대성당 주변의 높이를 제한했으며, 1970년대 파리에서는 몽파르나스 타워 건설을 계기로 규제를 강화했다. 한편, 유럽의 전파탑이 중세 이래, 역사적 시가지에서 떨어진 장소에 입지한 경우가 많은 이유는 성당과 시청사라는 전통적 랜드마크에 대한 배려가 있었기 때문이다.

고층건축물과 경관의 문제는 지금도 중요한 과제다. 이 책에서 다루지는 않았으나, 세계 유산의 경관만 보아도 독일의 쾰른 대성당, 러시아의 상트페테르부르크 역사지구, 히로시마의 원폭 돔 주변에서 고층건축물을 둘러싼 경관논쟁이 일어나고 있다.

경관은 보는 사람의 평가나 가치관과 관련이 있어, 단순히 그 좋고 나쁨을 판단하기는 어렵다. 그러나 사람의 가치관이나 평가의 틀은 그 사람이 자라고 생활하는 장소나 시대에 적지 않게 의

존할 것이다. 즉, 경관이란 단지 눈에 비치는 모습의 아름다움만이 아니라, 생활의 누적인 '장소성'과 '역사성'이 수반되어야만 사람들에게 공유될 것이다. 그런 의미에서 고층건축물과 경관을 둘러싼 문제는 지역 고유의 장소성이나 역사성을 어떻게 이해하고, 계승할 것인가의 문제기도 하다.

마치며

　대략 10년 전 즈음에 건축물의 높이규제에 관한 연구를 시작했다. 지역의 경관이나 주환경을 지키는 유효한 수법이라 생각했기 때문이다. 그 당초부터 의문이었다. '사람은 왜 고층건축물을 지어 온 것일까', '건물의 높이에는 어떤 의미가 담겨있는가'. 높이제한을 논하기 전에, 우선 그 의문에 답을 해야 한다고 생각했다. 그리고 그러한 생각은 《고층건축물의 세계사》 집필로 이어졌다.

　이 책에서 보았듯이, 고층건축물은 늘 사람들을 매료시켜 왔다. 앞으로도 고층건축물은 계속해서 건설될 것이다. 고층건축물이 일상적 존재가 된 지금이야말로, 그 빛과 그림자의 양면을 음미하고 도시에 미치는 영향에 이야기할 필요가 있다.

　건물 하나하나는 거기에 사는 사람의 기억에 적지 않게 작용한다. 그리고 그런 각각 기억의 집합이 토지나 지역의 기억을 채워 간다. 그러한 기억은 사람들 아이덴티티의 근간이 된다. 즉, 건축물은 높은 공공성이 요구되는 존재라고 할 수 있다.

　프랑스의 작가 빅토르 위고는 이렇게 이야기한다. "하나의 건물에는 두 개의 요건이 있다. 효용과 아름다움이다. 효용은 건물

소유자에 귀속하나, 건물의 아름다움은 모든 이에게 귀속된다.'"*

위고는 '아름다움'이라는 단어를 사용하여, 건물이 단순히 사적 소유물이 아니라, 공공적 존재임을 강조한 것이다. 특히 고층건축물은 도시 위에 펼쳐지는 하늘을 차지하기 위해서 토지의 기억에 상당한 영향을 미친다. 앞으로 고층건축물은 어떻게 공공성을 획득하여야 하는가에 대한 답을 묻는다. 일본은 인구가 감소하고 있다. 무턱대고 고층빌딩을 만들 필요는 없다. 그 역할과 의의를 다시 물어야 한다. 이 책이 도시경관의 높이나 고층건축물의 의미, 나아가 앞으로의 도시 모습을 생각하는 계기가 된다면 좋겠다.

마지막으로, 이 책은 여러분의 도움으로 출판됐다. 박사논문을 지도해 주신 나카이 노리히로(中井検裕) 교수님은 많은 가르침을 주셨으며, 지금 소속되어 있는 연구실의 오노 류조(大野隆造) 교수님은 여러 조언과 자유롭게 집필할 수 있도록 지원해주셨다. 저의 스승인 두 분께 감사를 드린다.

이 책의 출판은 고교 동급생인 오코시 유타카(大越裕)와 가토 히로시(加藤弘土)가 계기를 만들어주었다. 두 친구의 우정에 감사를 표하고 싶다.

그리고 고단샤(講談社)의 호리사와 가나(堀沢加奈) 씨로부터 2년 반이라는 긴 시간동안 조언과 따뜻한 격려를 받았다. 진심으로 감사드린다.

2015년 1월
오사와 아키히코

* Joseph L. Sax, Playing Darts with a Rembrandt: Public and Private Rights in Cultural Treasures.

참고문헌

□ 전체 관련 참고문헌

太田博太郎, 1989, 日本建築史序説(増補第2版), 彰国社.

太田博太郎, 2013, 日本の建築:歴史と伝統, ちくま学芸文庫.

川添登, 1970, 都市と文明(改正版), 雪華社.

川添登, 1982, 象徴としての建築, 筑摩書房.

河村英和, 2013, タワーの文化史, 丸善出版.

ジョナサン・グランシー, 2010, 失われた建築の歴史, 中川武(日本版監修), 清野有希, 千葉麻由子, 島田
　　　麻里子訳, 東洋書林.

スピロ・コストフ, 1990, 建築全史:背景と意味, 鈴木博之訳, 住まいの図書館出版局.

佐藤彰, 2006, 崩壊について, 中央公論美術出版.

佐原六郎, 1971, 塔のヨーロッパ, NHKブックス.

佐原六郎, 1985, 世界の古塔, 雪華社.

彰国社編, 1993, 建築大辞典(第2版), 彰国社.

P・D・スミス, 2013, 都市の誕生:古代から現代までの世界の都市文化を読む, 中島由華訳, 河出書房新
　　　社

坪井善昭, 小堀徹, 大泉楯, 原田公明, 鳴海祐幸著, 2007, 広さ長さ高さの構造デザイン, 建築技術.

イ・フ・トゥアン, 1992, トポフィリア:人間と環境, 小野有五, 阿部一訳, 筑摩書房.

東京都江戸東京博物館, 読売新聞社, NHK, NHKプロモーション編, 2012, ザ・タワー:都市と塔のものが
　　　たり, 東京都江戸東京博物館, 読売新聞社, NHKプロモーション.

アレクシ・ド・トクヴィル, 2008, アメリカのデモクラシー(第二巻)＜上＞, 松本礼二訳, 岩波書店.

ジェームズ・トレフィル, 1994, ビルはどこまで高くできるか, 出口敦訳, 翔泳社.

ジョナサン・バーネット, 2000, 都市デザイン:野望と誤算, 兼田敏之訳, 鹿島出版会.

日端康雄, 2008, 都市計画の世界史, 講談社現代新書.

藤岡通夫, 渡辺保忠, 桐敷真次郎, 平井聖, 1967, 建築史, 市ヶ谷出版社.

ケネス・フランプトン, 2003, 現代建築史, 中村敏男訳, 青土社.

レオナルド・ベネーヴォロ, 1976, 近代都市計画の起源, 横山正訳, 鹿島出版会(SD選書).

レオナルド・ベネーヴォロ, 2004, 近代建築の歴史, 武藤章訳, 鹿島出版会.

ルイス・マンフォード, 1974, 都市の文化, 生田勉訳, 鹿島出版会.

ローランド・J・メインストン, 1984, 構造とその形態:アーチから超高層まで, 山本学治, 三上祐三訳, 彰国
　　　社.

スティーン・アイラー・ラスムッセン, 1993, 都市と建築, 横山正訳, 東京大学出版会.

マグダ・レヴェツ・アレクサンダー, 1992, 塔の思想:ヨーロッパ文明の鍵(新装版), 池井望訳, 河出書房新

社.

エドワード・レルフ, 1999, 都市景観の20世紀:モダンとポストモダンのトータルウォッチング, 高野岳彦, 岩瀬寛之, 神谷浩夫訳, 筑摩書房.

Jonathan Barnett, City Design: Modernist, Traditional, Green and Systems Perspectives, Routledge, 2011.

Georges Binder(ed.), Tall Buildings of Europe, The Middle East And Africa, Images Publishing, 2006.

Georges Binder(ed.), 101 of the World's Tallest Buildings, Images Publishing, 2006.

Peter Hall, Cities of Tomorrow(third edition), Blackwell Publishing, 2002.

Erwin Heinle, Fritz Leonhardt, Towers: A Historical Survey, Rizzoli, 1989.

K. Al-Kodmany, M. M. Ali, The Future of the City: Tall Buildings and Urban Design, WIT Press, 2013.

Spiro Kostof, The City Shaped: Urban Patterns and Meanings Through History, Bulfinch, 1991.

□ 제1장

[고대 오리엔트(메소포타미아, 이집트)]

ベアトリス・アンドレ=サルヴィ=サルヴィニ, 2005, バビロン, 斎藤かぐみ訳, 白水社(文庫クセジュ).

磯崎新, 2001, 磯崎新の建築談議#01:カルナック神殿[エジプト時代], 六耀社.

リチャード・H.ウィルキンソン, 2002, 古代エジプト神殿大百科, 内田杉彦訳, 東洋書林.

ヘルムート・ウーリッヒ, 2001, 人類最古の文明の源流:シュメール, 戸叶勝也訳, アリアドネ企画.

ミロスラフ・ヴェルナー, 2003, ピラミッド大全, 津山拓也訳, 法政大学出版局.

大城道則, 2010, ピラミッドへの道:古代エジプト文明の黎明, 講談社選書メチエ.

岸本通夫, 伴康哉他, 1989, 世界の歴史2:古代オリエント, 河出書房新社.

小林登志子, 2005, シュメル:人類最古の文明, 中央公論新社(中公新書).

ケヴィン・ジャクソン, ジョナサン・スタンプ, 2004, 図説 大ピラミッドのすべて, 吉村作治監修, 月森左知訳, 創元社.

イアン・ショー, ポール・ニコルソン, 1998, 大英博物館 古代エジプト百科事典, 内田杉彦訳, 原書房.

アルベルト・シリオッティ, 1998, ピラミッド, 矢島文夫監訳, 吉田春美訳, 河出書房新社.

ニナ・バーリー, 2011, ナポレオンのエジプト, 竹内和世訳, 白揚社.

ラビブ・ハバシュ, 1985, エジプトのオベリスク, 吉村作治訳, 六興出版.

アンドレ・パロ, 1976, 聖書の考古学, 波木居斉二, 矢島文夫訳, みすず書房.

ピョートル・ビエンコウスキ, アラン・ミラード編著, 2004, 大英博物館版 図説 古代オリエント事典, 池田裕, 山田重郎翻訳監修, 池田潤, 山田恵子, 山田雅道訳, 東洋書林.

J・G・マッキーン, 1976, バビロン, 岩永博訳, 法政大学出版局.

ヤロミール・マレク, 2004, エジプト美術(岩波 世界の美術), 近藤二郎訳, 岩波書店.

吉村作治, 2006, ピラミッドの謎, 岩波書店(岩波ジュニア新書).

ポール・ランプル, 1983, 古代オリエント都市:都市と計画の原型, 北原理雄訳, 井上書院.

Dieter Arnold, The Encyclopedia of Ancient Egyptian Architecture, Princeton University Press, 2003.

[고대 로마]

青柳正規, 1990, 古代都市ローマ, 中央公論美術出版.

青柳正規, 1992, 皇帝たちの都ローマ:都市に刻まれた権力者像, 中公新書.

アルベルト・アンジェラ, 2012, 古代ローマ人の24時間:よみがえる帝都ローマの民衆生活, 関口英子訳, 河出文庫.

ウィトルーウィウス, 1979, ウィトルーウィウス 建築書(普及版), 森田慶一訳, 東海大学出版会.

エドワード・ギボン, 1996, ローマ帝国衰亡史第31-38章:アッティラと西ローマ帝国滅亡, 朱牟田夏雄訳, ちくま学芸文庫.

ピエール・グリマル, 1995, ローマの古代都市, 北野徹訳, 白水社(文庫クセジュ).

ピエール・グリマル, 1998, 都市ローマ, 青柳正規, 野中夏実訳, 岩波書店.

ピエール・グリマル, 2005, 古代ローマの日常生活, 野徹訳, 白水社(文庫クセジュ).

ピエール・グリマル, 1981, ローマ文明, 桐村泰次訳, 論創社.

タキトゥス, 1981, 年代記:ティベリウス帝からネロ帝へ ＜下＞, 国原吉之助訳, 岩波文庫.

Jérôme Carcopino, Daily Life in Ancient Rome, Yale University Press, 2003.

[알렉산드리아]

イブン・ジュバイル, 2009, イブン・ジュバイルの旅行記, 藤本勝次, 池田修監訳, 談社学術文庫.

ストラボン, 1994, ギリシア・ローマ世界地誌＜Ⅰ・Ⅱ＞, 飯尾都人訳, 龍溪書舎.

野町啓, 2009, 学術都市アレクサンドリア, 講談社学術文庫.

E・M・フォースター, 1994, ファロスとファリロン, E.M.フォースター著作集7 ファロスとファリロン・デーヴィーの丘, 池澤夏樹, 中野康司訳, みすず書房.

E・M・フォースター, 2010, アレクサンドリア, 中野康司訳, ちくま学芸文庫.

ジャスティン・ポラード, 2009, アレクサンドリアの興亡:現代社会の知と科学技術はここから始まった, 藤井留美訳, 主婦の友社.

ダニエル・ロンドー, 1999, アレクサンドリア, 条省平, 中条志穂訳, Bunkamura.

[일본]

一瀬和夫, 2009, 古墳時代のシンボル:仁徳陵古墳, 新泉社.

国立歴史民俗博物館編, 2009, 高きを求めた昔の日本人:巨大建造物をさぐる, 山川出版社.

清水眞一, 2007, 最初の巨大古墳・箸墓古墳, 新泉社.

都出比呂志, 2000, 王陵の考古学, 岩波新書.

寺沢薫, 2000, 日本の歴史02 王権誕生, 講談社学術文庫.

広瀬和雄, 2010, 前方後円墳の世界, 岩波新書.

松木武彦, 2007, 全集日本の歴史 第1巻 列島創世記, 小学館.

松木武彦, 2009, 進化考古学の大冒険, 新潮選書.

松木武彦, 2011, 古墳とはなにか:認知考古学からみる古代, 角川選書.

□ 제2장

アニェス・ジェラール, 2000, ヨーロッパ中世社会史事典, 池田健二訳, 藤原書店.

[성곽]

太田静六, 2011, ヨーロッパの古城:城郭の発達とフランスの城(新装版), 吉川弘文館.

J・E・カウフマン, H・W・カウフマン, 2011, 中世ヨーロッパの城塞:攻防戦の舞台となった中世の城塞、要塞、および城壁都市, 中島智章訳, マール社.

白幡俊輔, 2012, 軍事技術者のイタリア・ルネサンス:築城・大砲・理想都市, 思文閣出版.

[고딕 대성당]

浅野和生, 2009, ヨーロッパの中世美術:大聖堂から写本まで, 中公新書.

ヘンリー・アダムズ, 2012, モン・サン・ミシェルとシャルトル, 野島秀勝訳, 法政大学出版局.

馬杉宗夫, 1992, 大聖堂のコスモロジー：中世の聖なる空間を読む, 講談社現代新書.

ジョゼフ・ギース, フランシス・ギース 2012 大聖堂・製鉄・水車：中世ヨーロッパのテクノロジー, 栗原泉訳, 講談社学術文庫.

酒井健, 2006, ゴシックとは何か：大聖堂の精神史, ちくま学芸文庫.

サン＝テグジュペリ, 1984, サン＝テグジュペリ著作集2 夜間飛行・戦う操縦士, 山崎庸一郎訳, みすず書房.

志子田光雄, 志子田富寿子, 1999, イギリスの大聖堂, 晶文社.

ジャン・ジェンペル, 1969, カテドラルを建てた人びと, 飯田喜四郎訳, 鹿島研究所出版会(SD選書).

出口保夫, 小林章夫, 齋藤貴子編, 2009, 21世紀 イギリス文化を知る事典, 東京書籍. [제3장, 제4장에서도 참고]

ジョルジュ・デュビィ, 1995, ヨーロッパの中世：芸術と社会, 池田健二, 杉崎泰一郎訳, 藤原書店.

パトリック・ドゥムイ, 2010, 大聖堂, 武藤剛史訳, 白水社.

グザヴィエ・バラル・イ・アルテ, 2001, 中世の芸術, 西田雅嗣訳, 白水社(文庫クセジュ).

蛭川久康, 桜庭信之, 定松正, 松村昌家, ポール スノードン編著, 2002, ロンドン事典, 大修館書店. [제3장, 제4장에서도 참고]

ハンス・ヤンツェン, 1999, ゴシックの芸術：大聖堂の形と空間, 前川道郎訳, 中央公論美術出版.

ジャック・ル・ゴフ, 2007, 中世西欧文明, 桐村泰次訳, 論創社.

ジャック・ル・ゴフ, ピエール・ジャンナン, アルベール・ソブール, クロード・メトラ, 2012, フランス文化史, 桐村泰次訳, 論創社.

[이탈리아 탑]

池上俊一, 2001, シエナ：夢見るゴシック都市, 中公新書.

石鍋真澄, 1988, 聖母の都市シエナ：中世イタリアの都市国家と美術, 吉川弘文館.

D・ウェーリー, 1971, イタリアの都市国家, 森田鉄郎訳, 平凡社(世界大学選書).

金沢百枝, 小澤実, 2011, タリア古寺巡礼：フィレンツェ→アッシジ, 新潮社.

黒田泰介, 2011, イタリア・ルネサンス都市逍遥：フィレンツェ 都市・住宅・再生, 鹿島出版会.

齊藤寛海, 山辺規子, 藤内哲也編, 2008, イタリア都市社会史入門：12世紀から16世紀まで, 昭和堂.

陣内秀信, 大坂彰執筆協力, 1988, 都市を読む：イタリア, 法政大学出版局.

髙橋慎一朗, 千葉敏之編, 2009, 中世の都市：史料の魅力, 日本とヨーロッパ, 東京大学出版会.

カルロ・M・チポラ, 1977, 時計と文化, 常石敬一訳, みすず書房.

徳橋曜編著, 2004, 環境と景観の社会史, 文化書房博文社.

クリストファー・ヒバート, 1999, フィレンツェ ＜上＞, 横山徳爾訳, 原書房.

二川幸夫企画・撮影, 横山正文解説, 1973, 世界の村と街 ＃4 イタリア半島の村と街 I . A.D.A. EDITA Tokyo.

ジーン・A．ブラッカー, 2011, ルネサンス都市フィレンツェ, 森田義之, 松本典昭訳, 岩波書店.

[이슬람]

会田雄次, 江上波夫, 高津春繁, 富永惣一, 森鹿三監修, 1968, 世界歴史シリーズ 第9巻 イスラム世界, 世界文化社.

浅野和生, 2003, イスタンブールの大聖堂：モザイク画が語るビザンティン帝国, 中公新書.

飯島英夫, 2010, トルコ・イスラム建築, 冨山房インターナショナル.

片倉もとこ編集代表, 2002, イスラーム世界事典, 明石書店.

ウォルター・S・ギブソン, 1992, ブリューゲル：民衆劇場の画家, 森洋子, 小池寿子訳, 美術公論社.

アンリ・スチールラン, 1987, イスラムの建築文化, 神谷武夫訳, 原書房.

セゾン美術館編, 1993, ボイマンス美術館展：バベルの塔をめぐって, セゾン美術館.

日本イスラム協会, 嶋田襄平, 板垣雄三, 佐藤次高監修, 2002, 新イスラム事典, 平凡社.

羽田正, 1994, モスクが語るイスラム史, 中公親書.

深見奈緒子, 2003, イスラーム建築の見かた：聖なる意匠の歴史, 東京堂出版.

深見奈緒子, 2005, 世界のイスラーム建築, 講談社現代新書.

深見奈緒子, 2013, イスラーム建築の世界史, 岩波書店.

ジョナサン・ブルーム, シーラ・ブレア, 2001, イスラーム美術(岩波 世界の美術), 桝屋友子訳, 岩波書店.

アミン・マアルーフ, 2001, アラブが見た十字軍, 牟田口義郎, 新川雅子訳, ちくま学芸文庫.

水谷周, 2010, イスラーム建築の心：マスジド, 国書刊行会.

[불탑 · 이즈모타이샤(出雲大社)]

足立康, 1987, 塔婆建築の研究, 中央公論美術出版.

井上章一, 1994, 法隆寺への精神史, 弘文堂.

上田篤編, 1996, 五重塔はなぜ倒れないか, 新潮選書.

大林組プロジェクトチーム編, 2000, 古代出雲大社の復元(増補版), 學生社.

川添登, 1960, 民と神の住まい：大いなる古代日本, 光文社.

川添登, 1964, 日本の塔, 淡交新社.

木下正史, 2005, 飛鳥幻の寺, 大官大寺の謎, 角川選書.

五重塔のはなし編集委員会編著, 2010, 五重塔のはなし, 建築資料研究社.

佐竹昭広他校注, 1999, 新日本古典文学大系1：萬葉集一, 岩波書店.

東京国立博物館, 島根県立古代出雲歴史博物館編, 2012, 特別展：出雲　聖地の至宝, 島根県立古代出雲歴史博物館.

奈良文化財研究所編, 2003, 奈良の寺：世界遺産を歩く, 岩波新書.

藤島亥治郎, 1978, 塔, 光村推古書院.

藤森照信, 前橋重二, 2012, 五重塔入門, 新潮社(とんぼの本).

村井康彦, 2013, 出雲と大和：古代国家の原像をたずねて, 岩波新書.

山岸常人, 2005, 塔と仏堂の旅：寺院建築から歴史を読む, 朝日選書.

幼学の会編, 1997, 口遊注解, 勉誠社.

和田萃, 2003, 飛鳥：歴史と風土を歩く, 岩波新書.

□ 제3장
[르네상스]

ジュウリオ・C.アルガン, 1983, ルネサンス都市(THE CITIES＝New illustrated series), 堀池秀人監訳, 中村研一訳, 井上書院.

レオン・バティスタ・アルベルティ, 1982, 建築論, 相川浩訳, 中央公論美術出版.

ドナルド・J・オールセン, 1992, 芸術作品としての都市：ロンドン・パリ・ウィーン, 和田旦訳, 芸立出版.

アンソニー・グラフトン, 2012, アルベルティ：イタリア・ルネサンスの構築者, 森雅彦, 足達 薫, 石澤 靖典, 佐□木千佳訳, 白水社.

ポール・ジョンソン, 2006, ルネサンスを生きた人□, 富永佐知子訳, ランダムハウス講談社.

白幡俊輔, 2012, 軍事技術者のイタリア・ルネサンス：築城・大砲・理想都市, 思文閣出版.

ジャン・ドリュモー, 2012, ルネサンス文明, 桐村泰次訳, 論創社.

中嶋和郎, 1996, ルネサンス理想都市, 講談社選書メチエ.

野口昌夫, 2008, イタリア都市の諸相：都市は歴史を語る, 刀水書房.

レオナルド・ダ・ヴィンチ, 1958, レオナルド・ダ・ヴィンチの手記 <上>, 杉浦明平訳, 岩波文庫.

若桑みどり, 1999, フィレンツェ：世界の都市と物語, 文藝春秋.

石鍋真澄, 1991, サン・ピエトロが立つかぎり：私のローマ案内, 吉川弘文館.

石鍋真澄, 2000, サン・ピエトロ大聖堂, 吉川弘文館.

河島英昭, 2000, ローマ散策, 岩波新書. [第4장에서도 참고]

ジークフリート・ギーディオン, 1973, 空間・時間・建築1(新版), 太田実訳, 丸善.

バーバラ・W・タックマン, 2009, 愚行の世界史：トロイアからベトナムまで <上>, 大社淑子訳, 中央公論新社.

弓削達, 1999, ローマ：世界の都市の物語, 文藝春秋.

コーリン・ロウ, レオン・ザトコウスキ, 2006, イタリア十六世紀の建築, 稲川直樹訳, 六耀社.

小池滋, 1999, ロンドン(世界の都市の物語), 文春文庫.

小林章夫, 2000, ロンドン・シティ物語：イギリスを動かした小空間, 東洋経済新報社.

クリストファー・ヒバート, 1997, ロンドン：ある都市の伝記, 横山徳爾訳, 朝日選書.

見市雅俊, 1999, ロンドン＝炎が生んだ世界都市：大火・ペスト・反カソリック, 講談社選書メチエ.

矢島鈞次, 1994, 1666年ロンドン大火と再建, 同文館.

S・E・ラスムッセン, 1987, ロンドン物語：その都市と建築の歴史, 兼田啓訳, 中央公論美術出版.

[파리]

鹿島茂, 2010, 怪帝ナポレオン三世：第二帝政全史, 講談社学術文庫.

ハワード・サールマン, 2011, パリ大改造：オースマンの業績(新装版), 小沢明訳, 井上書院.

鈴木隆, 2005, パリの中庭型家屋と都市空間：19世紀の市街地形成, 中央公論美術出版.

アルフレッド・フィエロ, 2011, パリ歴史事典, 鹿島茂訳, 白水社.

松井道昭, 1997, フランス第二帝政下のパリ都市改造, 日本経済評論社.

L・S・メルシエ, 1989, 十八世紀パリ生活誌 <上>, 原宏編訳, 岩波書店.

ヴィクトル・ユゴー, 2000, ノートル＝ダム・ド・パリ(ヴィクトル・ユゴー文学館 第五巻), 辻昶, 松下和則訳, 岩波書店.

ル・コルビュジェ, 1967, ユルバニスム, 樋口清訳, 鹿島研究所出版会.

[워싱턴 D.C.]

石川幹子, 2001, 都市と緑地：新しい都市環境の創造に向けて, 岩波書店.

入子文子, 2006, アメリカの理想都市, 関西大学出版部.

ロネール・アイクマン, 1982, われら国民：アメリカ合衆国国会議事堂物語 その過去と展望, 山田慰左男訳, 合衆国国会議事堂歴史協会.

チャールズ・ディケンズ, 2005, アメリカ紀行 <上>, 伊藤弘之, 下笠徳次, 隈元貞広訳, 岩波文庫.

マーク・トウェイン, チャールズ・ダドレー・ウォーナー, 2001, 金メッキ時代 <上>, 柿沼孝之訳, 彩流社.

中村甚五郎, 2011, アメリカ史 読む 年表事典2：19世紀, 原書房.

吉村正和, 1989, フリーメイソン, 講談社現代新書.

M・C・ペリー著, F・L・ホークス編, 2014, ペリー提督日本遠征記 <下>, 宮崎壽子監訳, 角川ソフィア文庫.

[일본]

石井良助, 服藤弘司編, 1993, 幕末御触書集成 第四巻, 岩波書店.

近江栄, 1998, 光と影：蘇る近代建築史の先駆者たち, 相模書房.

太田牛一, 2013, 現代語訳：信長公記, 中川太古訳, KADOKAWA(新人物文庫).

岡本良一, 1970, 大阪城, 岩波新書.

岡本良一編, 1982, 日本城郭史叢書8 大阪城の諸研究, 名著出版.

川崎桃太, 2006, フロイスの見た戦国日本, 中公文庫.

木下直之, 2007, わたしの城下町：天守閣からみえる戦後の日本, 筑摩書房. [제5장에서도 참고]

近世史料研究会編, 1994, 江戸町触集成 <第一巻>, 塙書房.

近世史料研究会編, 2002, 江戸町触集成 <第十八巻>. 塙書房.

新建築社編, 1992, 別冊新建築 日本現代建築家シリーズ 三菱地所, 新建築社. [제4장에서도 참고]

鈴木博之, 1999, 日本の近代10 都市へ, 中央公論新社.

千田嘉博, 2013, 信長の城, 岩波新書.

高尾一彦, 2006, 近世の庶民文化：付 京都・堺・博多, 岩波現代文庫.

東京都編, 1955, 都史紀要03 銀座煉瓦街の建設, 東京都.

東京都江戸東京博物館監修, 1994, 復元文明開化の銀座煉瓦街, ユーシープランニング.

内藤昌, 1966, 江戸と江戸城, 鹿島研究所出版会(SD選書).

内藤昌, 2001, 日本 町の風景学, 草思社.

内藤昌, 2006, 復元安土城, 講談社学術文庫.

内藤昌編著, 城の日本史, 講談社学術文庫.

中村彰彦, 2006, 保科正之：徳川将軍家を支えた会津藩主, 中公新書.

野口孝一, 1997, 銀座物語：煉瓦街を探訪する, 中公新書.

橋爪紳也, 2008, 増補 明治の迷宮都市：東京・大阪の遊楽空間, ちくま学芸文庫. [제4장, 제7장에서도 참고]

NHKデータ情報部編, 1993, ヴィジュアル百科 江戸事情 第5巻 建築編, 雄山閣出版.

平井聖監修, 2000, 図説 日本城郭大事典 <第一巻~第三巻>, 日本図書センター. [제5장에서도 참고]

藤岡通夫, 城と城下町, 中央公論美術出版.

藤森照信, 1990, 明治の東京計画, 岩波書店(同時代ライブラリー).

藤森照信, 1993, 日本の近代建築 <上> 幕末・明治篇, 岩波新書.

ルイス・フロイス, 2000, 完訳 フロイス日本史 <3> 安土城と本能寺の変：織田信長篇Ⅲ, 松田毅一, 川崎桃太訳, 中公文庫.

前田愛, 1992, 都市空間のなかの文学, ちくま学芸文庫. [제7장에서도 참고]

前田愛, 2005, 前田愛対話集成Ⅱ 都市と文学, みすず書房.

正岡子規著, 阿部昭編, 1985, 飯待つ間：正岡子規随筆選, 岩波文庫.

三菱地所株式会社. 1952, 縮刷 丸の内今と昔, 三菱地所. [제4장에서도 참고]

□ 제4장
[철・유리・엘리베이터]
エッフェル塔100周年記念展実行委員会編, 1989, エッフェル塔　100年のメッセージ　建築・ファッション・絵画, エッフェル塔100周年記念展実行委員会, 群馬県立近代美術館.

倉田保雄, 1983, エッフェル塔ものがたり, 岩波新書.

倉田保雄, 2010, エッフェル塔ミステリ, 近代文藝社.

フレデリック・サイツ, 2002, エッフェル塔物語, 松本栄寿, 小浜清子訳, 玉川大学出版部.

ロラン・バルト, 1997, エッフェル塔, 宗左近, 諸田和治訳, ちくま学芸文庫.

W・ベンヤミン 2003 パサージュ論 第1巻, 今村仁司, 三島憲一他訳, 岩波現代文庫. [第3章でも参考]

松浦寿輝, 1995, エッフェル塔試論, 筑摩書房.

松村昌家, 2000, 水晶宮物語:ロンドン万国博覧会1851, ちくま学芸文庫.

アンリ・ロワレット, 1989, ギュスターヴ・エッフェル:パリに大記念塔を建てた男, 飯田喜四郎, 丹羽和彦訳, 西村書店.

Gustave Eiffel, Bertrand Lemoine, The Eiffel Tower. The Three-Hundred Metre Tower, Taschen, 2008.

[마천루 : 미국·유럽]

有賀夏紀, 2002, アメリカの20世紀 <上> 1890年~1945年, 中公新書.

磯崎新, 2001, 磯崎新の建築談議#12:クライスラー・ビル <20世紀>, 六耀社.

英米文化学会編, 君塚淳一監修, 2004, アメリカ1920年代:ローリング・トウェンティーズの光と影, 金星堂.

ノーマ・エヴァンソン, 2011, ル・コルビュジエの構想:都市デザインと機械の表象(新装版), 酒井孝博訳, 井上書院.

岡田泰男, 2000, アメリカ経済史, 慶應義塾大学出版会.

賀川洋, 2000, 図説 ニューヨーク都市物語, 河出書房新社.

上岡伸雄, 2004, ニューヨークを読む:作家たちと歩く歴史と文化, 中公新書.

亀井俊介, 1984, 摩天楼は荒野にそびえ:わがアメリカ文化誌, 旺文社文庫.

亀井俊介, 2002, ニューヨーク, 岩波新書.

ポール・ゴールドバーガー, 1988, 摩天楼:アメリカの夢の尖塔, 渡辺武信訳, 鹿島出版会.

小林克弘, 1990, アール・デコの摩天楼, 鹿島出版会(SDライブラリー).

坂本圭司, 2007, 米国における主として摩天楼を対象とした建物形態規制の成立と変遷に関する研究:シカゴ及びニューヨークの事例から, 東京大学学位論文.

ルイス・ヘンリー サリヴァン, 1977, サリヴァン自伝:若き建築家の肖像, 竹内大, 藤田延幸訳, 鹿島出版会. [第7章でも参考]

ヘンリー・ジェイムズ, 1976, アメリカ印象記, 青木次生訳, 研究社出版.

フランツ・シュルツ, 2006, 評伝ミース・ファン・デル・ローエ, 澤村明訳, 鹿島出版会. [第5章でも参考]

ポール・ジョンソン, 2002, アメリカ人の歴史II, 別宮貞徳訳, 共同通信社.

G・トマス, M・モーガン=ウィッツ, 1998, ウォール街の崩壊:ドキュメント 世界恐慌・1929年 <上・下>, 常盤新平訳, 講談社学術文庫.

中井検裕, 村木美貴, 1998, 英国都市計画とマスタープラン:合意に基づく政策の実現プログラム, 学芸出版社.

ミッチェル・パーセル, 2002, エンパイア, 実川元子訳, 文藝春秋.

トーマス・ファン・レーウェン, 2006, 摩天楼とアメリカの欲望, 三宅理一, 木下壽子訳, 工作舎. [第7章でも参考]

フランシス・スコット・フィッツジェラルド, 2006, マイ・ロスト・シティー. 村上春樹訳, 中央公論新社.

ル・コルビュジェ, 1976, アテネ憲章, 吉阪隆正編訳, 鹿島出版会(SD選書).

ル・コルビュジェ, 2007, 伽藍が白かつたとき, 生田勉, 樋口清訳, 岩波書店.

コーリン・ロウ, 1981, マニエリスムと近代建築, 伊東豊雄, 松永安光訳, 彰国社.

Neal Bascomb, Higher: A Historic Race to the Sky and the Making of a City, Broadway Books, 2003.

Vincent Curcio, Chrysler: The Life and Times of an Automotive Genius(Automotive History and Personalities), Oxford University Press USA, 2001.

David Farber, Everybody Ought to Be Rich: The Life and Times of John J. Raskob, Capitalist, Oxford University Press, 2013.

Francisco Mujica, History Of The Skyscraper, Archaeology and Architecture Press, 1929.

Ann Saunders, St Paul's Cathedral: 1400 years at the Heart of London, Scala Arts Publishers, 2012.

Robert A. Slayton, Empire Statesman: The Rise and Redemption of Al Smith, The Free Press, 2001.

Carol Willis, Form Follows Finance: Skyscrapers and Skylines in New York and Chicago, Princeton Architectural Press, 1995.

Herbert Wright, London High: A Guide to the Past, Present and Future of London's Skyscrapers, Frances Lincoln, 2006.

Herbert Wright, Skyscrapers: Fabulous Buildings That Reach for the Sky, Parragon, 2008.

[전체주의]

井上章一, 2006, 夢と魅惑の全体主義, 文春新書.

下斗米伸夫, 1994, スターリンと都市モスクワ:1931-34年, 岩波書店.

アルベルト・シュペーア, 2001, 第三帝国の神殿にて:ナチス軍需相の証言 <上・下>, 品田 豊治訳, 中公文庫 BIBLIO.

ディヤン・スジック, 2007, 巨大建築という欲望:権力者と建築家の20世紀, 五十嵐太郎監修, 東郷えりか訳, 紀伊國屋書店. [제5장에서도 참고]

多木浩二, 2006, ものの詩学:家具, 建築, 都市のレトリック, 岩波現代文庫.

パオロ・ニコローゾ, 2010, 建築家ムッソリーニ:独裁者が夢見たファシズムの都市, 桑木野幸司訳, 白水社. [제5장에서도 참고]

藤沢房俊, 2001, 第三のローマ:イタリア統一からファシズムまで, 新書館.

松戸清裕, 2011, ソ連史, ちくま新書.

松本佐保, 2013, バチカン近現代史:ローマ教皇たちの近代との格闘, 中公新書.

リシャット・ムラギルディン, 2002, ロシア建築案内, TOTO出版.

八束はじめ, 小山明, 未完の帝国:ナチス・ドイツの建築と都市, 福武書店.

[일본]

池田稔, 1911, 高層建築, 須原屋書店.

大蔵省営繕管財局編纂, 1936, 帝国議会議事堂建築の概要, 大蔵省営繕管財局.

岡本哲志, 2009, 丸の内の歴史:丸の内スタイルの誕生とその変遷, ランダムハウス講談社.

木村至聖, 2014, 産業遺産の記憶と表象:軍艦島をめぐるポリティクス, 京都大学学術出版会.

高層住宅史研究会編, 1989, マンション60年史:同潤会アパートから超高層へ, 住宅新報社.

渋谷区立松濤美術館, 2009, 野島康三 作品と資料集, 渋谷区立松濤美術館.

鈴木博之, 1999, 日本の地霊(ゲニウス・ロキ), 講談社現代新書.

田中厚子, 2014, 土浦亀城と白い家, 鹿島出版会.

東京市役所, 1935, 東京市高層建築物調査 昭和十年五月調査, 東京市役所.

東京電機大学阿久井研究室編, 阿久井喜孝, 滋賀秀實, 松葉一清解説編集筆, 2011, [復刻] 実測・軍艦

　　島：高密度居住空間の構成, 鹿島出版会.

永井荷風著, 野口冨士男編, 1986, 荷風随筆集 <上>, 岩波文庫.

永井荷風, 2002, あめりか物語, 岩波文庫.

芳賀徹, 岡部昌幸, 1992, 写真で見る江戸東京, 新潮社(とんぼの本).

初田亨, 1999, 百貨店の誕生：都市文化の近代, ちくま学芸文庫.

原田棟一郎, 1914, 紐育, 政教社.

細馬宏通, 2011, 浅草十二階：塔の眺めと近代のまなざし <増補新版>, 青土社.

前田愛, 2005, 都市と文学 <前田愛対話集成 Ⅱ>, みすず書房.

ピエール・ロチ, 1953, 秋の日本, 村上菊一郎, 吉氷清訳, 角川文庫.

渡部功編纂, 1990, 日本におけるエレベーター百年史, 日本エレベータ協会.

□　第5章
[미국의 초고층]
飯塚真紀子, 2010, 9・11の標的をつくった男：天才と差別 建築家ミノル・ヤマサキの生涯, 講談社.

ボブ・オルテガ, 2000, ウォルマート：世界最強流通業の光と影, 長谷川真実訳, 日経BP社.

ドナルド・R・カッツ, 1989, シアーズの革命：巨大企業の危機を救った男たち, 堤清二, 鈴田敦之訳), ダイ
　　ヤモンド社.

アンガス・クレス・ギレスピー, 2002, 世界貿易センタービル：失われた都市の物語, 秦隆司訳, KKベスト
　　セラーズ.

神代雄一郎, 1967, 現代建築を創る人々, 鹿島研究所出版会(SD選書).

チャールズ・ジェンクス, 1978, ポスト・モダニズムの建築言語 <a+u 建築と都市 1978年10月臨時増刊号
　　>, 竹山実訳, エー・アンド・ユー.

ディヤン・スジック, 1994, 新世紀末都市：The 100 Mile City, 植野糾訳, 鹿島出版会.

ロン・チャーナウ, 2000, タイタン：ロックフェラー帝国を創った男 <上・下>, 井上広美訳, 日経BP社.

オスカー・ニューマン, 1976, まもりやすい住空間：都市設計による犯罪防止, 湯川利和, 湯川聡子訳, 鹿
　　島出版会.

二川幸夫写真, 円堂政嘉, 椎名政夫文, 1968, SOM <現代建築家シリーズ>, 美術出版社.

アンソニー・フリント, 2011, ジェイコブズ対モーゼス：ニューヨーク都市計画をめぐる闘い, 渡邉泰彦訳,
　　鹿島出版会.

アーサー・マルティネス, チャールズ・マディガン, 2004, 巨大百貨店再生：名門シアーズはいかに復活し
　　たか, 松岡真宏解説, 菊田良治訳, 日経BP社.

ミース・ファン・デル・ローエ, 2009, 建築家の講義：ミース・ファン・デル・ローエ, 小林克弘訳, 丸善.

八束はじめ, 2001, ミースという神話：ユニヴァーサル・スペースの起源, 彰国社.

デイヴィッド・ロックフェラー, 2007, ロックフェラー回顧録, 楡井浩一訳, 新潮社.

James Glanz, Eric Lipton, City in the Sky: The Rise and Fall of the World Trade Center, Henry Holt and
　　Co., 2003.

Phyllis Lambert, Building Seagram, Yale University Press, 2013.

[유럽의 초고층]
荒又美陽, 2011, パリ神話と都市景観：マレ保全地区における浄化と排除の論理, 明石書店.

マーク・カーランスキー, 2008, 1968：世界が揺れた年 <前編>, 越智道雄監修, 来住道子訳, ヴィレッジブ

ックス.

シモーナ・コラリーツィ, 2010, イタリア20世紀史：熱狂と恐怖と希望の100年, 村上信一郎監訳, 橋本勝雄
　　訳, 名古屋大学出版会.

西武美術館, 鹿島出版会編, 1986, ジオ・ポンティ作品集 1891~1979, 鹿島出版会.

オギュスタン・ベルク編, 2007, 日本の住まいと風土性, 国際日本文化研究センター(日文研叢書41).

[일본의 초고층]

石田繁之介, 1968, 超高層ビル, 中公新書.

磯崎新, 鈴木博之, 2013, 二〇世紀の現代建築を検証する, エー・エディタ・トーキョー.

大橋雄二, 1993, 日本建築構造基準変遷史, 日本建築センター出版部.

霞が関ビル建設委員会監修, 1968, 霞が関ビルディング, 三井不動産.

田中誠, 1968, 超高層ビルの話, 日経新書.

野口悠紀雄, 2008, 戦後経済史, 新潮選書.

平松剛, 2008, 磯崎新の都庁：戦後日本最大のコンペ, 文藝春秋.

前川國男, 宮内嘉久, 1981, 一建築家の信条, 晶文社.

前川國男, 1996, 建築の前夜：前川國男文集, 而立書房.

三菱地所株式会社社史編纂室編, 1993, 丸の内百年のあゆみ：三菱地所社史 <下>, 三菱地所.

三菱地所株式会社制作編纂, 1988, 丸の内再開発計画, 三菱地所.

武藤清, 岩佐氏寿, 1968, 超高層ビルのあけぼの, 鹿島研究所出版会.

武藤清監修, 吉武泰水編, 1972, 超高層建築 1 <計画編>, 鹿島研究所出版会.

[유럽의 타워]

Joachim Kleinmanns, Christiane Weber, Fritz Leonhardt 1909-1999: The Art of Engineering, Edition Axel
　　Menges, 2009.

Chad Randl, Revolving Architecture: A History of Buildings That Rotate, Swivel, and Pivot, Princeton
　　Architectural Press, 2008.

[북미의 타워]

ブレンダン・ギル, 2009, ライト 仮面の生涯, 塚口眞佐子訳, 学芸出版社.

二川幸夫企画・編集, ブルース・ブルックス・ファイファー文, 1987, フランク・ロイド・ライト全集 <第11巻>：
　　プレミナリー スタディ 1933-1959, 小林克弘訳, A. D. A. EDITION TOKYO.

オルギヴアンナ・L・ライト, 1977, ライトの生涯, 遠藤楽訳, 彰国社.

[일본의 타워]

株式会社京都産業観光センター社史刊行委員会, 1969, 京都タワー十年の歩み, 京都産業観光センタ
　　ー社史刊行委員会.

木下直之, 2007, わたしの城下町：天守閣からみえる戦後の日本, 筑摩書房.

京都を愛する会, 1964, 古都の破壊：京都タワー反対の論点, 京都を愛する会.

建築・都市ワークショップ編, 2006, タワー：内藤多仲と三塔物語, INAX BOOKLET.

鮫島敦著, 日本電波塔株式会社監修, 2008, 東京タワー50年：戦後日本人の熱き思いを, 日本経済新聞
　　出版社(日経ビジネス文庫).

鈴木博之編, 2006, 復元思想の社会史, 建築資料研究社.

通天閣観光株式会社, 1987, 通天閣30年のあゆみ, 通天閣観光.

東京放送編, 2002, TBS50年史, 東京放送.

豊科穂監修, 2012, ニッポンのタワー：LOVE TOWER!, 朝日新聞出版.

内藤多仲, 1965, 日本の耐震建築とともに, 雪華社.

中川大地, 2012, 東京スカイツリー論, 光文社新書. [제6장에서도 참고]

日本テレビ放送網株式会社社史編纂室, 1978, 大衆とともに25年, 沿革史, 日本テレビ放送網.

日本テレビ放送網株式会社総務局編, 1984, テレビ塔物語：創業の精神を, いま, 日本テレビ放送網.

日本電波塔株式会社編, 1977, 東京タワーの20年, 日本電波塔.

日本放送協会編, 1977, 放送五十年史 <資料編>, 日本放送出版会.

橋爪紳也, 2012, ニッポンの塔：タワーの都市建築史, 河出ブックス.

氷川丸マリンタワー30年史編纂委員会編, 1991, 氷川丸マリンタワー30年史, 氷川丸マリンタワー.

兵頭二十八, 小松直之, 1999, 日本の高塔―写真&イラスト, 四谷ラウンド.

前田久吉, 1959, 東京タワー物語, 東京書房.

前田久吉伝編纂委員会編, 1980, 前田久吉伝, 日本電波塔.

渡部茂, 一九五〇年代の人物風景 <第3部>, 人物展望社.

□ 제6장

榎本泰子, 上海：多国籍都市の百年, 中公新書.

大阪市立大学経済研究所監修, 植田政孝, 古沢賢治編, アジアの大都市5：北京・上海, 日本評論社.

大西国太郎, 朱自暄編, 中国の歴史都市：これからの景観保存と町並みの再生へ, 井上直美監訳, 鹿島
　　出版会.

倉沢進, 李国慶, 2007, 北京：皇都の歴史と空間, 中公新書.

エドワード・グレイザー. 2012. 都市は人類最高の発明である, 山形浩生訳, NTT出版. [제7장에서도 참
　　고]

アンソニー・H・コーデスマン, 2012, 21世紀のサウジアラビア：政治・外交・経済・エネルギー戦略の成果
　　と挑戦, 中村覚監修, 須藤繁, 辻上奈美江訳, 明石書店.

酒井啓子, 2010, 中東の考え方, 講談社現代新書.

佐々木信彰編, 1992, 上海浦東開発戦略：中国世紀大プロジェクト, 晃洋書房.

柴田聡, 長谷川貴弘, 2012, 中国共産党の経済政策, 講談社現代新書.

ディヤン・スジック, 2011, ノーマン・フォスター：建築とともに生きる, 三輪直美訳, TOTO出版.

鳥居高編, 2006, マハティール政権下のマレーシア―イスラーム先進国をめざした22年, アジア経済研
　　究所.

任哲, 2012, 中国の土地政治：中央の政策と地方政府, 勁草書房.

サイイド・ホセイン・ナスル著, 野町和嘉写真, 1997, メッカ巡礼, 集英社.

野町和嘉, 2002, メッカ：聖地の素顔, 岩波新書.

福川裕一, 岡部明子, 矢作弘, 2005, 持続可能な都市：欧米の試みから何を学ぶか, 岩波書店.

保坂修司, 2005, サウジアラビア：変わりゆく石油王国, 岩波新書.

前田高行, 2008, アラブの大富豪, 新潮新書.

森稔, 2009, ヒルズ：挑戦する都市, 朝日新書.

ダニエル・ヤーギン, 2012, 探求：エネルギーの世紀 <上>, 伏見威蕃訳, 日本経済新聞出版.

Georges Binder, Taipei 101, Images Publishing, 2008.

David Parker, Antony Wood(ed.), The Tall Buildings Reference Book, Routledge, 2013.

Michael J. Short, Planning for Tall Buildings, Routledge, 2012.

□ 제7장

ミルチア・エリアーデ, 2000, 世界宗教史1：石器時代からエレシウ密儀まで <上>, 中村恭子訳, ちくま書房.

スザンヌ・スティーブンス, 2004, グラウンド・ゼロ再生への始動：ニューヨークWTC跡地 建築コンペティション選集, 下山裕子訳, エクスナレッジ.

鶴見俊輔編著, 2007, 日本の百年1：御一新の嵐, ちくま学芸文庫.

クリスチャン・ノルベルグ・シュルツ, 1973, 実存・空間・建築, 加藤 邦男 翻訳, 鹿島研究所出版会(SD選書).

柳田國男, 1993, 明治大正史：世相篇, 講談社学術文庫.

ジョン・ラスキン, 1933, 建築と絵画, 内田佐久郎訳, 改造社(改造文庫).

ドミニク・ラピエール, ラリー・コリンズ, 1977, パリは燃えているか? <下>, 志摩隆訳, ハヤカワ文庫.

ケヴィン・リンチ, 2007, 都市のイメージ(新装版), 丹下健三, 富田玲子訳, 岩波書店.